21世纪高等教育计算机规划教材

PHP动态网站程序设计 第2版

唐四薪 主编
李于 陈胜 副主编

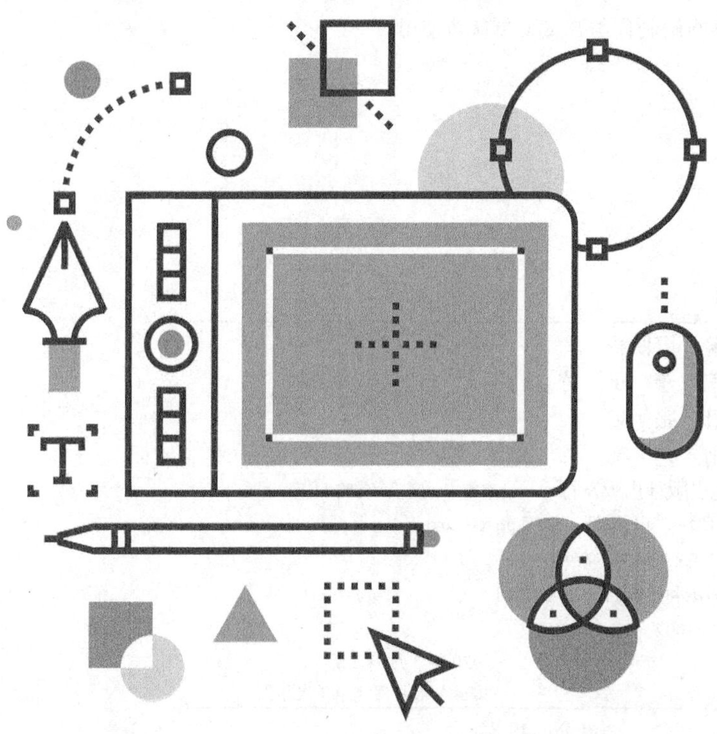

人民邮电出版社
北京

图书在版编目（CIP）数据

PHP动态网站程序设计 / 唐四薪主编. -- 2版. -- 北京 : 人民邮电出版社, 2020.3
21世纪高等教育计算机规划教材
ISBN 978-7-115-50524-8

Ⅰ. ①P… Ⅱ. ①唐… Ⅲ. ①网页制作工具－PHP语言－程序设计－高等学校－教材 Ⅳ. ①TP393.092.2 ②TP312.8

中国版本图书馆CIP数据核字(2019)第243152号

内容提要

PHP 是动态网站编程领域的主流语言。本书由浅入深、系统地介绍了 PHP 的核心知识，在叙述有关原理时安排了大量的实例。本书分为 8 章，内容包括动态网站的原理和运行机制、HTML、PHP 语言基础、函数和面向对象编程、Web 交互编程、MySQL 数据库、PHP 访问数据库、PHP 文件访问技术等。附录中安排了 PHP 的相关实验。

本书适合作为高等院校各专业“Web 开发技术”或“动态网站设计”等课程的教材，也可作为 Web 编程的培训类教材，还可供网站制作与开发人员参考使用。

◆ 主　　编　唐四薪
副 主 编　李　于　陈　胜
责任编辑　张　斌
责任印制　王　郁　陈　犇
◆ 人民邮电出版社出版发行　　北京市丰台区成寿寺路 11 号
邮编　100164　　电子邮件　315@ptpress.com.cn
网址　http://www.ptpress.com.cn
固安县铭成印刷有限公司印刷
◆ 开本：787×1092　1/16
印张：16　　2020 年 3 月第 2 版
字数：430 千字　　2024 年 8 月河北第 7 次印刷

定价：49.80 元

读者服务热线：(010)81055256　印装质量热线：(010)81055316
反盗版热线：(010)81055315
广告经营许可证：京东市监广登字20170147号

前言 PREFACE

PHP 是目前开发动态网站最理想的语言之一。相比其他 Web 编程语言，PHP 具有简单易学、功能强大、成本低廉、安全性较高和运行环境易于配置等优点，是初学者学习 Web 编程的理想入门语言，且能够用来制作企业级的 Web 应用程序及动态网站。

近年来，PHP 在国内外的应用发展非常迅速，许多大型的电子商务网站（如淘宝网等）都采用 PHP 作为网站开发的语言；同时，通过对众多软件企业的调查发现，各种企业对 PHP 开发人才的需求缺口很大。但是与此不相称的是，PHP 方面的课程在我国高校教学中并不普遍。我国高校中很多专业都已开设了与 Web 编程相关的课程，但是该类课程的内容以讲述 ASP.NET、ASP 或 JSP 为主，可见 PHP 尚未在高校教学中引起足够的重视，但 PHP 的培训课程却在大量培训机构中广泛开设。

为了能编写一本适合高校教学的 PHP 教材，也为了能方便读者自学，作者在写作本书时注重解决以下问题。

（1）针对 PHP 的运行环境，本书主要介绍安装 AppServ 集成运行环境，而没有单独介绍 PHP 运行环境中几种软件的安装方法，因为单独安装和配置各种软件，对初学者来说比较难，也没有必要去学习。

（2）在体系结构上仿照一些经典的 ASP 教材进行编写，如果读者具有 ASP 编程基础，就能够很快通过体会 PHP 和 ASP 的异同，来领会 PHP 编程的思路。如果读者不具有任何网站编程经验，本书也能循序渐进地让读者掌握 PHP 网站开发的基本原理。

（3）对 PHP 访问数据库进行了重点讲解。分别介绍了 mysql 函数、mysqli 函数和 PDO 方法访问数据库，并在介绍完每种方法的原理后，安排了一节实例内容。

（4）对 PHP 的传统内容去粗取精。Web 应用程序的功能主要包括查询、添加、删除和修改记录，因此本书对这些功能的实现进行了重点叙述，在普通的 PHP 程序、生成静态网页的 PHP 程序中分别实现了查询、添加、删除和修改等基本功能模块。

（5）在传统 PHP 教材的基础上，增加了新的流行内容，如分别在数据库端和 Web 服务器端实现分页程序、用 PHP 生成静态 HTML 文件的新闻系统，以及 PHP 生成 XML 或 RSS 文件。

本书的内容包括 PHP 网站制作技术的各个方面，如果要将整本书的内容讲授完毕，大约需要 54 学时，其中可安排 18 学时的实验。本书带有“*”的部分内容供学有余力的学生自学。

本书在教学安排上有两种方案，如果希望尽早进入 PHP 数据库编程以提高学生学习 PHP 的兴趣，可将 4.3 节、5.3 节、5.4 节、5.5 节放在第 7 章以后再讲授；而对于编程基础较低的学生，可以按照本书的章节顺序来讲授。

本书提供教学用多媒体课件、实例源文件和习题参考答案，读者可登录人民邮电出版社人邮教育社区（www.ryjiaoyu.com）免费下载，也可与作者联系（tangsix@163.com）。

唐四薪担任本书主编，并编写了第 3～8 章的内容；湖南中兴网信科技有限公司的李于、陈胜担任本书副主编，并编写了第 1 章的内容。参加编写工作的还有谭晓兰、喻缘、刘燕群、唐沪湘、刘旭阳、陆彩琴、唐金娟、谢海波、尹军、唐琼、何青、唐佐芝、舒清健、高正东、唐代明等，编写了本书其余部分内容。

本书得到了衡阳师范学院“十三五”专业综合改革试点项目“计算机科学与技术”的支持。

由于编者水平和教学经验有限，书中错误和不妥之处在所难免，欢迎广大读者和同行批评指正。

编者

2019 年 9 月

目 录 CONTENTS

第 7 章 PHP 访问数据库 ·········150

第 8 章 PHP 文件访问技术······214

1 第1章　动态网站的原理和运行机制

随着“互联网+”时代的到来，各行各业制作网站的热情高涨。目前的网站一般都是动态网站，简单地说，动态网站是一种使用HTTP（Hypertext Transfer Protocol，超文本传输协议）作为通信协议，通过网络让浏览器与服务器进行通信的计算机程序。开发动态网站可分为两个方面：一是网站的界面设计，主要是用浏览器能理解的代码及图片设计网页的界面；二是网站的程序设计，用来实现网站的新闻管理、与用户进行交互等各种功能。

1.1 动态网站的原理

1.1.1 动态网站的起源

动态网站是一种基于 B/S 结构的网络程序。那么什么是 B/S 结构呢？这就先要从网络软件的应用模式说起。

早期的应用程序都是运行在单机上的，称为桌面应用程序。后来由于网络的普及，出现了运行在网络上的网络应用程序（网络软件）。网络应用程序有 C/S 和 B/S 两种体系结构。

1. C/S 体系结构

C/S 是 Client/Server 的缩写，即客户机/服务器结构，这种结构的软件包括客户端程序和服务器端程序两部分。就像大家常用的 QQ 等网络软件，需要下载并安装专用的客户端软件（见图 1-1），并且服务器端也需要特定的软件支持才能运行。

C/S 结构最大的缺点是不易于部署，因为每台客户端计算机都要安装客户端软件。而且，如果客户端软件需要升级，则必须为每台客户端单独升级。另外，客户端软件通常对客户机的操作系统也有要求，如有些客户端软件只能运行在 Windows 平台下。

2. B/S 体系结构

B/S 是 Browser/Server 的缩写，即浏览器/服务器结构。它是随着 Internet 技术的兴起，对 C/S 结构的一种变化或者改进的结构。在这种结构下，客户端软件由浏览器来代替（见图 1-2），一部分事务逻辑在浏览器端（Browser）实现，但是主要事务逻辑在服务器端（Server）实现。目前流行的是三层 B/S 结构，即表现层、事务逻辑层和数据处理层。

图 1-1 C/S 结构的 QQ 客户端界面

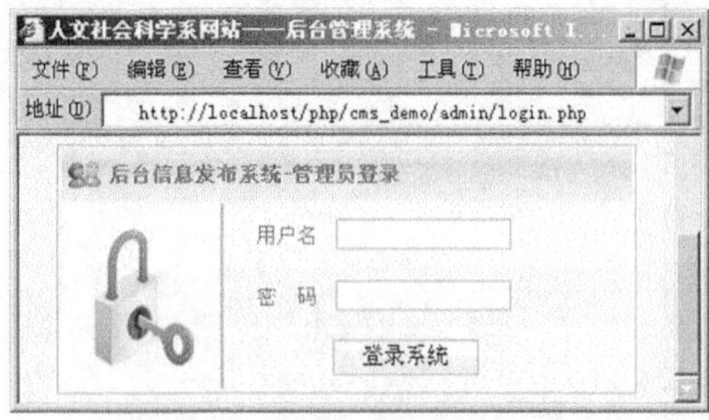

图 1-2 B/S 结构的浏览器端界面

B/S 结构很好地解决了 C/S 结构的上述缺点。因为每台客户端计算机都自带浏览器，就不需要额外安装客户端软件了，也就不存在客户端软件升级的问题了。另外，由于任何操作系统一般都带有浏览器，因此 B/S 结构对客户端的操作系统也没有要求了。

但是 B/S 结构与 C/S 结构相比，也有其自身的缺点，首先因为 B/S 结构的客户端软件界面就是网页，因此操作界面不可能做得很复杂、漂亮。例如，很难实现树形菜单、选项卡式面板或鼠标右键快捷菜单等（或者虽然能够模拟实现，但是响应速度比 C/S 中的客户端软件要慢很多）。其次，B/S 结构下的每次操作一般都要刷新网页，响应速度明显不如 C/S 结构。再次，在网页操作界面中，操作大多以鼠标方式为主，无法定义快捷键，也就无法满足快速操作的需求。

提示：C/S 结构和 B/S 结构的网络软件，其程序都是分布在客户机和服务器上，因此它们统称为分布式系统（Distributed System）。

1.1.2　动态网站的组成与运行

1. 动态网站的组成

动态网站通常由 HTML 文件、服务器端脚本文件和一些资源文件组成。

（1）HTML 文件提供静态的网页内容。

（2）脚本文件提供程序，实现客户端与服务器之间的交互，以及访问数据库或文件等。

（3）资源文件提供网站中的图片、视频等资源，包括图片文件、多媒体文件和配置文件等。

2. 运行动态网站程序的要素

要运行动态网站程序，需要 Web 服务器、浏览器和 HTTP 通信协议等要素。

（1）Web 服务器

运行动态网站需要一个载体，称为 Web 服务器。一个 Web 服务器可以部署多个动态网站（或 Web 应用程序）。

通常 Web 服务器有两层含义，一方面它代表运行 Web 应用程序的计算机硬件设备，一台计算机只要安装了操作系统和 Web 服务器软件，就可算作一台 Web 服务器。另一方面 Web 服务器专指一种软件——Web 服务器软件，该软件的功能是响应用户通过浏览器提交的 HTTP 请求，如果用户请求的是 PHP 脚本，则 Web 服务器软件将解析并执行 PHP 脚本，生成 HTML 格式的文本，并发送到客户端，显示在浏览器中。

（2）浏览器

浏览器是用于解析 HTML 文件（可包括 CSS 代码和客户端 JavaScript 脚本）并显示的应用程序，它可以从 Web 服务器接收、解析和显示信息资源（可以是网页或图像等），信息资源一般使用统一资源定位符（Universal Resource Locator，URL）标识。

浏览器只能解析和显示 HTML 文件，而无法处理服务器端脚本文件（如 PHP 文件），这就是为什么可以直接用浏览器打开 HTML 网页文件，而服务器端脚本文件只有被放置在 Web 服务器上才能被正常浏览。

（3）HTTP 通信协议

HTTP 是浏览器与 Web 服务器之间通信的语言。浏览器与服务器之间的会话（见图 1-3），总是由浏览器向服务器发送 HTTP 请求信息开始（如用户输入网址，请求某个网页文件），Web 服务器根据请求返回相应的信息，这称为 HTTP 响应，响应中包含请求的完整状态信息，并在消息体中包含请求的内容（如用户请求的网页文件内容等）。

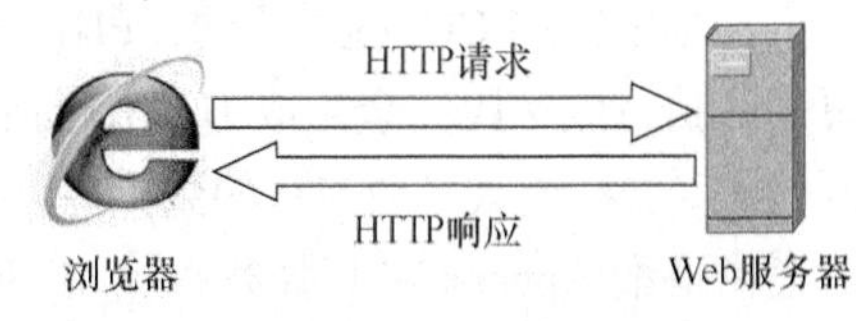

图 1-3　浏览器与服务器之间的会话

3. 动态网站与 Web 应用程序

一般来说，网站的内容需要经常更新，并添加新内容。早期的网站是静态的，更新静态网站的内容是非常烦琐的，例如，要增加一个新网页，就需要手工编辑这个网页的 HTML 代码，然后再更新相关页面到这个页面的链接，最后把所有更新过的页面重新上传到服务器。

为了提高网站内容更新的效率，我们可以通过构建 Web 应用程序来管理网站内容。Web 应用程序可以把网站的 HTML 页面部分和数据部分分离开。要更新或添加新网页，只要在数据库中更新或添加记录就可以了，程序会自动读取数据库中的记录，生成新的页面代码发送给浏览器，从而实现了网站内容的动态更新。

可见，Web 应用程序能够动态生成网页代码，可以通过各种服务器端脚本语言来编写 Web 应用程序。而服务器端脚本代码是可以嵌入网页的 HTML 代码中的，嵌入了服务器端脚本代码的网页就称为动态网页文件。因此，如果一个网站中含有动态网页文件，则这个网站就相当于是一个 Web 应用程序。

Web 应用程序是 B/S 结构软件的产物。它首先是“应用程序”，与标准的程序语言（如 C、C++）编写出来的程序没有本质的区别。然而 Web 应用程序又有其自身独特的地方，表现为：①Web 应用程序是基于 Web 的，依赖通用的 Web 浏览器来表现它的执行结果；②需要一台 Web 服务器，在服务器上对数据进行处理，并将处理结果生成网页，以方便客户端直接使用浏览器浏览。

利用 Web 应用程序，网站可以实现动态更新页面，以及与用户进行交互（如留言板、论坛、博客、发表评论）等各种功能。但 Web 应用程序并不等同于动态网站，它们的侧重点不同。一般来说，动态网站侧重于给用户提供信息，而 Web 应用程序侧重于完成某种特定任务，如基于 B/S 的管理信息系统（Management Information System，MIS）就是一种 Web 应用程序，但不能称作网站。Web 应用程序的真正核心功能是对数据库进行处理。

1.1.3 动态网站开发语言

动态网站开发语言用来编写动态网站的服务器端程序。常见的动态网站开发语言有 CGI、PHP、ASP、JSP 和 ASP.NET 等。下面分别进行介绍。

1. CGI

最早能够动态生成 HTML 页面的技术是通用网关接口（Common Gateway Interface，CGI），由美国的国家超级计算技术应用中心（National Center for Supercomputing Applications，NCSA）于 1993 年提出。CGI 技术允许服务器端应用程序根据客户端的请求，动态生成 HTML 页面。早期的 CGI 大多是编译后的可执行程序，其编程语言可以是 C、C++等任何通用的程序设计语言，也可以是 Perl、Python 等脚本语言。但是，CGI 程序的编写比较复杂而且效率低，并且每次修改程序后都必须将 CGI 的源程序重新编译成可执行文件。因此目前很少有人使用 CGI 技术。

2. PHP

1994 年，拉斯马斯·勒德尔夫（Rasmus Lerdorf）发明了专门用于 Web 服务器编程的 PHP 工具语言，与以往的 CGI 程序不同，PHP 语言将 HTML 代码和 PHP 指令结合成为完整的服务器端动态页面，执行效率比完全生成 HTML 标记的 CGI 要高得多。PHP 的其他优点包括：跨平台并且开放源代码，支持绝大多数流行的数据库，可以运行在 UNIX、Linux 或 Windows 操作系统上。开发 PHP 时通常搭配 Apache Web 服务器和 MySQL 数据库。

3. ASP

1996 年，微软（Microsoft）公司推出了 ASP 1.0。ASP 是 Active Server Pages 的缩写，即动态服务器页面。它是一种服务器端脚本编程环境，可以混合使用 HTML、服务器端脚本语言（VBScript 或 JavaScript），以及服务器端组件创建动态、交互的 Web 应用程序。从 Windows NT 4.0 开始，所有 Windows 操作系统都提供了互联网信息服务（Internet Information Services，IIS）组件，它可以作为 ASP 的 Web 服务器软件。

提示：脚本（Script）是一种可以在 Web 服务器端或浏览器端运行的程序，目前比较流行的 Web 编程脚本语言有 JavaScript 和 VBScript，并且一般采用 Javascript 作为客户端脚本语言，VBScript 作为服务器端脚本语言。

4. JSP

1997—1998 年，Sun 公司相继推出了 Servlet 技术和 JSP（JavaServer Pages）技术。这两者的组合（还可以加上 JavaBean 技术），让程序员可以使用 Java 语言开发 Web 应用程序。

JSP 实际上是将 Java 程序片段和 JSP 标记嵌入 HTML 文档中，当客户端访问一个 JSP 网页时，将执行其中的程序片段，然后返回给客户端标准的 HTML 文档。与 ASP 不同的是：客户端每次访问 ASP 文件时，服务器都要对该文件解释执行一遍，再将生成的 HTML 代码发送给客户端。而在 JSP 中，当第 1 次请求 JSP 文件时，该文件会被编译成 Servlet，再生成 HTML 文档发送给客户端，当以后再次访问该文件时，如果文件没有被修改，就直接执行已经编译生成的 Servlet，然后生成 HTML 文档发送给客户端。由于以后每次都不需要重新编译，因此 JSP 在执行效率和安全性方面有明显优势。JSP 的另一个优点是可以跨平台，缺点是运行环境及 Java 语言都比较复杂，导致学习难度大。

5. ASP.NET

2002 年，Microsoft 公司正式发布了.NET FrameWork 和 Visual Studio.NET，它引入了 ASP.NET 这种全新的 Web 开发技术。ASP.NET 可以使用 Visual Basic.NET、C#等编译型语言，支持 Web 窗体、.NET Server Control 和 ADO.NET 等高级特性。ASP.NET 最大的特点是程序与页面分离，也就是说它的程序代码可单独写在一个文件中，而不是嵌入网页代码中。ASP.NET 需要运行在安装了.NET FrameWork 的 IIS 服务器上。

总的来说，PHP 和 ASP 属于轻量级的 Web 程序开发环境，只要安装 Dreamweaver（简称 DW）就可进行程序的编写。而 ASP.NET 和 JSP 属于重量级的开发平台，除了安装 DW 外，还必须安装 Visual Studio 或 Eclipse 等大型开发软件。

本书选择介绍 PHP 语言，主要基于以下原因。

① PHP 简单易学。由于 AppServ 等集成环境的出现，配置 PHP 的 Web 服务器也是很简单的。因此，PHP 很适合初学者学习，能够让初学者在短时间内领会到 Web 应用程序开发的思路。

② 几种语言的编程思想其实都是很相似的，例如，每种语言基本上都定义了一些服务器与浏览器之间交互信息的方法，只要熟练掌握其中一种，再去学习其他的语言就容易了。

*1.1.4　动态网站的有关概念

在学习动态网站编程前，有必要明确 URL、域名、HTTP 和 MIME 这些概念。

1. URL

当用户使用浏览器访问网站时，通常都会在浏览器的地址栏中输入网站地址，这个地址就是统一资源定位符（URL）。URL 信息会通过 HTTP 请求发送给服务器，服务器根据 URL 信息返回对应的网页文件代码给浏览器。

URL 是 Internet 上任何资源的标准地址，每个网站上的每个网页（或其他文件）在 Internet 上都有一个唯一的 URL 地址，通过网页的 URL，浏览器就能定位到目标网页或资源文件。

URL 的一般格式为："协议名://主机名[:端口号][/目录路径/文件名][#锚点名]"，图 1-4 所示是一个 URL 的示例。

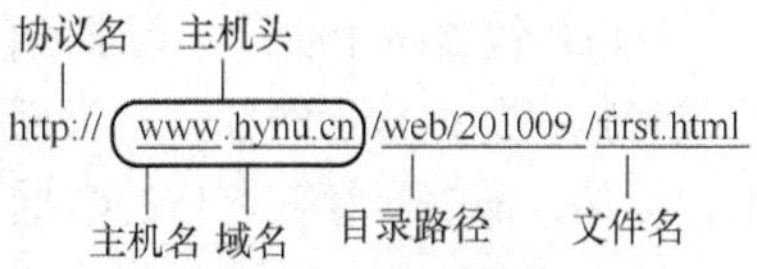

协议名　主机头
http:// www.hynu.cn/web/201009 /first.html
主机名 域名　目录路径　文件名

图 1-4　URL 的结构

URL 协议名后必须接"://"，其他各项之间用"/"隔开，例如，图 1-4 中的 URL 表示信息被放在一台被称为 www 的服务器上，hynu.cn 是一个已被注册的域名，cn 表示中国。主机名和域名合称为主机头。web/201009/是服务器网站目录下的目录路径，而 first.html 是位于上述目录下的文件名，因此通过该 URL 我们可以访问到这个文件。

在 URL 中，常见的“协议”有 http 和 ftp。

（1）http：超文本传输协议，用于传送网页。例如：

```
http://bbs.runsky.com:8080/bbs/display.php?fd=3
```

（2）ftp：文件传输协议，用于传送文件。例如：

```
① ftp://219.216.128.15/
② ftp://001.seaweb.cn/web
```

2. 域名

在 URL 中，主机名通常是域名或 IP 地址。最初，域名是为了方便人们记忆 IP 地址，使用户在 URL 中可以输入域名而不必输入难记的 IP 地址。但现在多个域名可对应一个 IP 地址（一台主机），即在一台主机上可架设多个网站，这些网站的存放方式称为“虚拟主机”，此时由于一个 IP 地址（一台主机）对应多个网站，就不能采用输入 IP 地址的方式访问网站，而只能在 URL 中输入域名。Web 服务器为了区分用户请求的是这台主机上的哪个网站，通常必须为每个网站设置“主机头”来区分这些网站。

因此域名的作用有两个，一是将域名发送给 DNS 服务器解析得到域名对应的 IP 地址以进行连接，二是将域名信息发送给 Web 服务器，通过域名与 Web 服务器上设置的“主机头”进行匹配确认客户端请求的是哪个网站，如图 1-5 所示。若客户端没有发送域名信息给 Web 服务器，例如，直接输入 IP，则 Web 服务器将打开服务器上的默认网站。

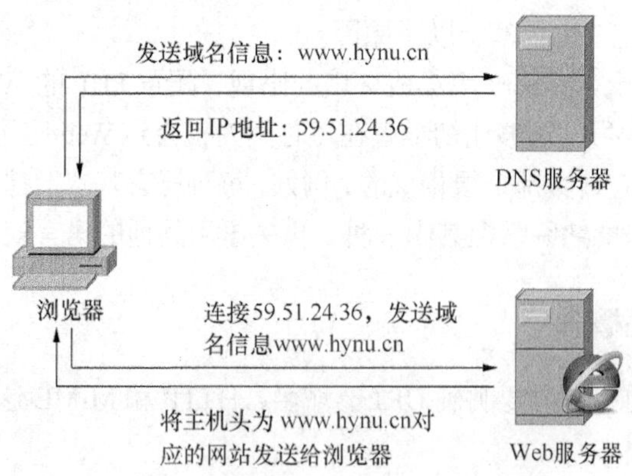

图 1-5　浏览器输入网址访问网站的过程

3. HTTP 请求和响应的格式

HTTP 是浏览器发送请求信息给服务器，服务器再传输超文本（或其他文档）到浏览器的传输协议。这就是我们在浏览器中看到的网页地址都是以“http://”开头的原因。它不仅能保证计算机正确快速地传输网页文档，还能确定传输文档中的哪一部分，以及哪部分内容首先显示（如文本先于图形）等。

HTTP 包含两个阶段：请求阶段和响应阶段。浏览器和 Web 服务器之间的每次 HTTP 通信（请求或者响应）都包含两部分：头部和主体。头部包含了与通信有关的信息；主体则包含了通信的数据，当然，前提是存在这样的数据。

（1）HTTP 请求阶段

HTTP 请求的通用格式如下。

```
① 首行：  HTTP 方法   URL 中的域名部分   HTTP 版本
② 头部字段
③ 空行
④ 消息主体
```

以下是一个 HTTP 请求首行的示例：

```
GET / content.html HTTP/1.1
```

它表示使用 GET 方式向服务器请求 content.html 这个文档，使用的协议是 HTTP 1.1 版本。对 HTTP 方法来说，最常用的是 GET 和 POST 两种方法。GET 方法用来请求服务器返回指定文档的内容；POST 方法表示发送附加的数据并执行指定的文档，它最常见的应用是从浏览器向服务器发送表单数据，同时还发送一个请求执行服务器中的某个程序（动态页），这个程序将处理这些表单数据。

第二部分是头部字段，一个常用的头部请求字段为 Accept 字段，该字段用来指定浏览器可以接受哪些类型的文档，例如，Accept: text/html 表示浏览器只可接受 HTML 文档。文档类型采用 MIME 类型来表示。如果浏览器可以接受多种格式的文档，那么可以指定多个 Accept 字段。

请求的头部之后必须有一个空行，该空行用于将请求的主体和头部分隔开来。使用了 GET 方法的请求没有请求主体。因此，这种情况下，空行是请求结束的标记。

（2）HTTP 响应阶段

HTTP 响应的通用格式如下：

```
① 状态行
② 响应头部字段
③ 空行
④ 响应主体
```

状态行中包含了所用 HTTP 的版本号，此外还包括一个 3 位数表示的响应状态码和针对状态码的一个简短的文本解释。例如，大部分响应都是以下面的状态行开头的。

```
HTTP/1.1 200 OK
```

它表示响应使用的协议是 HTTP 1.1，状态码是 200，文本解释是 OK。

其中，状态码 200 表示请求得到处理，没有发生任何错误，这是用户希望看到的。状态码 404 表示请求的文件未找到，状态码 500 表示服务器出现了错误，且不能完成请求。

状态行之后是响应头部字段，响应头部可能包含多行有关响应的信息，每条信息都对应一个字段。响应头部中必须使用的字段只有一个，即 Content-type。例如：

```
Content-type: text/html, charset=UTF-8
```

它表示响应的内容是 HTML 文档，内容采用的编码方式是 UTF-8。

响应头部之后必须有一个空行，这与请求头部是一致的。空行之后才是响应数据。在上例中，响应主体是一个 HTML 文件。

4. MIME

浏览器从服务器接收返回的文档时，必须确定这个文档属于哪种格式。如果不了解文档的格式，浏览器将无法正确显示该文档，因为不同的文档格式要求使用不同的解析工具，例如，服务器返回的是一个 JPG 图片格式的文档，而浏览器把它当成 HTML 文档去解析，则显示出来的将是乱码。通过多用途网际邮件扩充协议（Multipurpose Internet Mail Extensions，MIME），我们可以指定文档的格式。

MIME 最初的目标是允许各种不同类型的文档都可以通过电子邮件发送。这些文档可能包含各种类型的文本、视频数据或者音频数据。由于 Web 也存在这方面的需求，因此，Web 中也采用了 MIME 来指定所传递的文档类型。

Web 服务器在一个将要发送到浏览器的文档头部附加了 MIME 的格式说明。当浏览器从 Web 服务器中接收到这个文档时，就根据其中包含的 MIME 格式说明来确定下一步的操作。例如，文档内容为文本，则 MIME 格式说明将通知浏览器文档的内容是文本，并指明具体的文本类型。MIME 说明的格式如下所示：

```
类型/子类型
```

最常见的 MIME 类型为 text（文本）、image（图片）和 video（视频）。其中，最常用的文本子类型为 plain、html 和 xml。最常用的图片子类型为 gif 和 jpeg。服务器通过将文件的扩展名作为类型表中的键值来确定文档的类型。例如，扩展名.html 意味着服务器应该在将文档发送给浏览器之前为文档附加 MIME 说明：text/html。

1.2 网页的类型和工作原理

1.2.1 静态网页和动态网页

在 Internet 发展初期，Web 上的内容都是由静态网页组成的，Web 开发就是编写一些简单的 HTML 页面，页面上包含一些文本、图片等信息资源，用户可以通过超链接浏览信息。采用静态网页的网站有很明显的局限性，如不能与用户进行交互，不能实时更新网页上的内容。因此像用户留言、发表评论等功能都无法实现，只能做一些简单的展示型网站。

后来静态网页开始向动态网页转变，这是 Web 技术经历的一次重大变革。随着动态网页的出现，用户能与网页进行交互，表现在除了能浏览网页内容外，还能改变网页内容（如发表评论）。此时用户既是网站内容的消费者（浏览者），又是网站内容的制造者。

1. 静态网页和动态网页的区别

根据 Web 服务器是否需要对网页中脚本代码进行解释（或编译）执行，网页可分为静态网页和动态网页。

（1）静态网页是纯粹的 HTML 页面，网页的内容是固定的、不变的。用户每次访问静态网页时，其显示的内容都是一样的。

（2）动态网页是指网页中的内容会根据用户请求的不同而发生变化的网页。由于每次请求的不同，同一网页可显示不同的内容，例如，图 1-6 中显示的两个网页实际上是同一个动态网页文件（product.php）。动态网页中可以变化的内容称为动态内容，它是由 Web 应用程序来实现的。

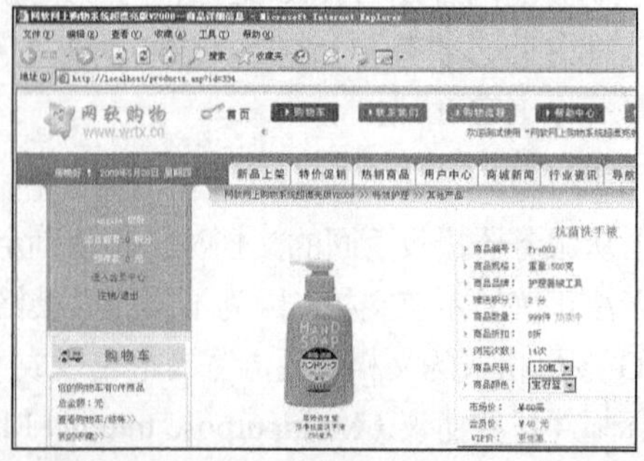

图 1-6 动态网页可根据请求的不同每次显示不同的内容

2. 静态网页的工作流程

用户在浏览静态网页时，Web 服务器找到网页就直接把网页文件发送给客户端，服务器不会对网页作任何处理，如图 1-7 所示。静态网页在每次浏览时，内容都不会发生变化，网页一经编写完成，其显示效果就确定了。如果要改变静态网页的内容就必须修改网页的源代码再重新上传到服务器。

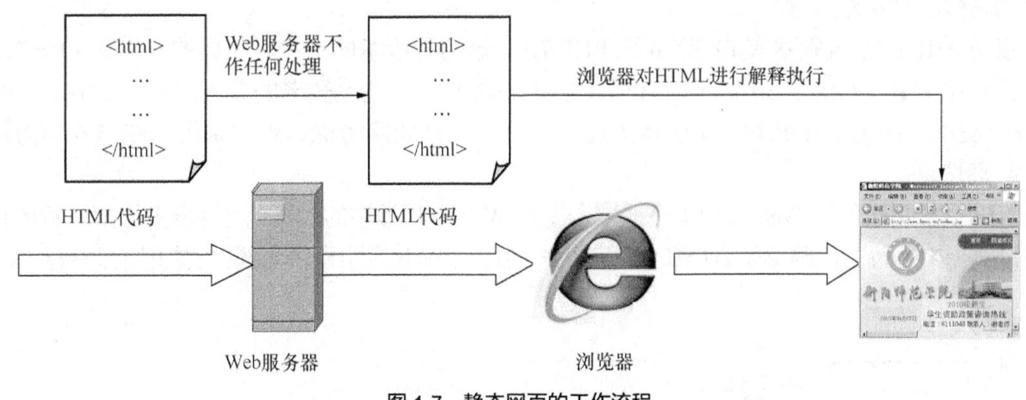

图 1-7　静态网页的工作流程

1.2.2　为什么需要动态网页

静态网页在很多时候是无法满足 Web 应用需要的。举个例子，假设有个电子商务网站需要展示 1000 种商品，其中每个页面显示 1 种商品。如果用静态网页来做的话，那么需要制作 1000 个静态网页，工作量是非常大的。而且如果以后要修改这些网页的外观风格，就需要逐个网页进行修改，工作量也很大。

而如果使用动态网页来做，只需要制作 1 个页面，然后把 1000 种商品的信息存储在数据库中，页面根据浏览者的请求，调用数据库中的数据，即可用同一个网页显示不同商品的信息。要修改网页外观时也只需修改这一个动态页的外观即可，工作量大为减少。

由此可见，动态网页是页面中内容会根据具体情况发生变化的网页，同一个网页根据每次请求的不同，可以每次显示不同的内容。例如，一个新闻网站中，单击不同的链接可能都是链接到同一个动态网页，只是该网页能够每次显示不同的新闻。

动态网页技术还能实现诸如留言板、论坛、博客等各种交互功能，动态网页带来的好处是显而易见的。动态网页要显示不同的内容，往往需要数据库做支持，这也是动态网页的一个特点。从网页的源代码看，动态网页中含有服务器端代码，需要先由 Web 服务器对这些服务器端代码进行解释执行生成 HTML 代码后再发送给客户端。

可以从文件的扩展名判断一个网页是动态网页还是静态网页。一般来说，静态网页的文件扩展名是 htm、html、shtml、xml 等；动态网页的扩展名是 php、asp、aspx、jsp 等。例如，http://product.amazon.com/product.aspx?id=2046 是一个动态网页，而 http://ec.hynu.cn/g1.html 是一个静态网页。

提示：动态网页绝不是页面上含有动画的网页，即使在静态网页上有一些动画（如 Flash 或 GIF 动画）或视频，如果每次访问它时显示的内容是一样的，仍然属于静态网页。

1.2.3　PHP 动态网页的工作原理

PHP 即“超文本预处理器（Hypertext Preprocessor）”的递归缩写，是一种服务器端的、跨平台的、开放源代码的多用途脚本语言，尤其适用于 Web 应用程序开发，并可以嵌入 HTML 中。它最早由拉斯马斯·勒德尔夫在 1994 年发明，而现在 PHP 的标准是由 PHP Group 和开放源代码社区维护的。PHP 语言的语法混合了 C、Java 和 Perl 语言的特点，语法非常灵活。

PHP 的特点在于跨平台且提供的函数非常丰富，支持广泛的数据库，执行速度快，模板化，能实现代码和页面分离。

目前 PHP 的主流版本有 PHP 5.6 和 PHP 7.1。这两种版本的语法是相同的，只是 PHP 7.1 的运行速度比 PHP 5.6 快了 30%，但 PHP 7.1 版本不再支持一些比较老的数据库访问方式，导致有些 PHP 应用程序无法在 PHP 7.1 版本上运行，从兼容性角度考虑，本书采用 PHP 5.6 作为程序的运行环境。

PHP 主要用来编写 Web 应用程序，一个完整 Web 应用程序的代码包含在服务器端运行的代码和在浏览器中运行的代码（如 HTML）。以 PHP 创建的 Web 应用程序为例，它的执行过程如图 1-8 所示。

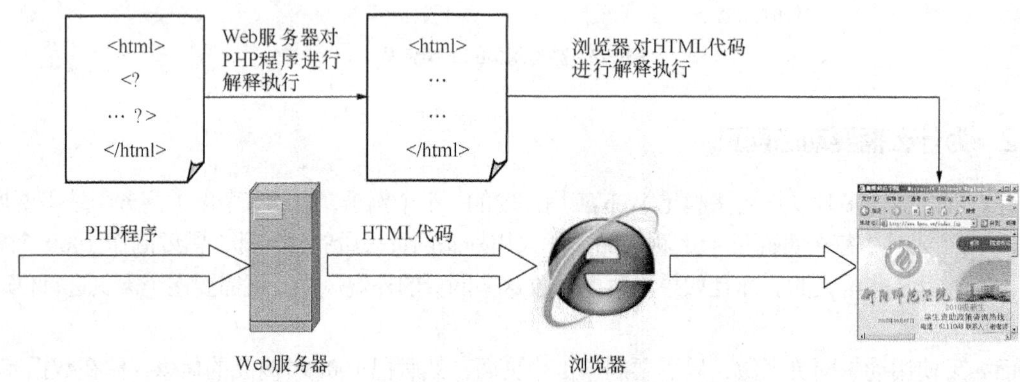

图 1-8　PHP 程序的执行过程

可以看出，PHP 程序经过 Web 服务器时，Web 服务器会对它进行解释执行，生成纯客户端的 HTML 代码再发送给浏览器。因此，保存在服务器网站目录中的 PHP 文件和浏览器接收到的 PHP 文件的内容一般是不同的，因此无法通过在浏览器中查看源代码的方式获取 PHP 程序的代码。

图 1-8 中的 Web 服务器主要是指一种软件，它具有解释执行 PHP 代码的功能，PHP 的 Web 服务器软件一般是 Apache。因此，要运行 PHP 程序，必须先安装 Apache，这样才能对 PHP 程序进行解释执行。安装了 Apache 的计算机就成了一台 Web 服务器。

对比一下静态网页，Web 服务器不会对它进行任何处理，直接找到客户端请求的 HTML 文件，发送给浏览器，其运行过程如图 1-7 所示。

因此，Web 服务器的作用是：对于静态网页，Web 服务器仅仅是定位到网站对应的网站目录，找到客户端请求的网页就发送给浏览器；而对于动态网页，Web 服务器找到动态网页后要先对动态网页中的服务器端代码（如 PHP）进行解释执行，生成只包含静态网页的代码再发送给浏览器。

提示：不能通过双击文件直接用浏览器打开 PHP 文件，因为这样 PHP 代码没有经过 Web 服务器的处理。运行 PHP 文件的具体方法将在 1.3.2 节介绍。

1.3　安装 PHP 的运行环境

要想使计算机能运行 PHP 程序，一般需要在计算机上安装能运行 PHP 的 Web 服务器软件——Apache。Apache 有 Windows、Linux 等各种操作系统的版本，能使 PHP 运行于不同的操作系统平台上。

对于 PHP 的学习者来说，建议采用 Windows + Apache +PHP + MySQL 作为 PHP 的运行环境，下面介绍 PHP 的集成环境 AppServ 的安装。

1.3.1　AppServ 的安装

1. 为什么要安装 AppServ

Apache 其实只是一种通用的 Web 服务器，它本身并不能对 PHP 脚本进行解释执行。为了使 Apache 能解释执行 PHP，还必须在 Apache 上安装 PHP 的解析器 PHP。此外，由于开发 Web 应用程序通常都需要访问数据库，而 MySQL 是一种很适合与 PHP 搭配使用的数据库，因此，通常还需要安装 MySQL。由于 MySQL 是一种完全通过命令行方式操作的数据库管理软件，对数据库的任何操作都只能在命令提示符下输入命令来完成，这很不友好，为了使 MySQL 能像 Access 那样支持图形界面化操作，还需要安装 MySQL 的图形界面操作程序——phpMyAdmin。

因此，配置 PHP 的运行环境一般需要安装以上 4 种软件。如果分别安装，不仅安装过程很麻烦，而且安装完之后还要进行大量的设置，使这几种软件能工作在一起。

为此，泰国的 PHP 爱好者制作了 AppServ，AppServ 实际上是这 4 种软件的集成安装包，包含 Apache、PHP、MySQL、phpMyAdmin。只要安装 AppServ，就可一次性地把 PHP 的运行环境全都安装和配置好，大大简化了 PHP 运行环境的安装和配置。

2. AppServ 的安装过程

AppServ 是一个免费软件，可以在百度上搜索并下载，本节以 2.5.9 版为例。AppServ 的安装文件只有一个，双击该文件，就会弹出安装向导界面，单击“Next”按钮，会出现软件许可协议界面，单击“I Agree”按钮，将提示选择软件的安装位置（见图 1-9），在这一步的文本框中可直接输入安装路径，建议安装在非系统盘，如“D:\AppServ”，并且安装路径中不能含有中文字符，否则会导致错误。

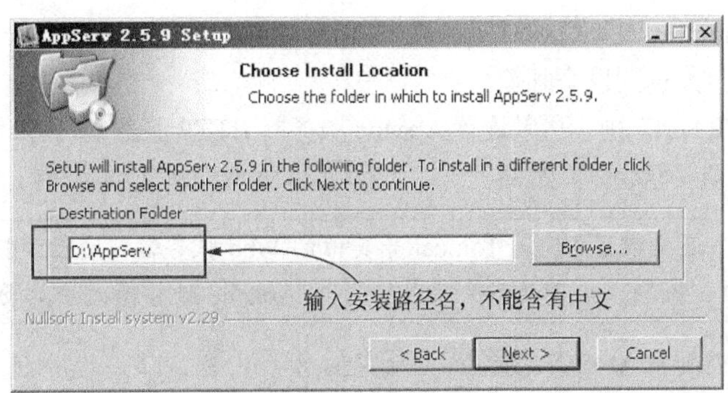

图 1-9　选择安装位置

单击“Next”按钮，选择需要安装的组件（见图 1-10），因为这里需要安装 AppServ 包含的 4 种软件，所以，必须把 4 项全部勾选上。

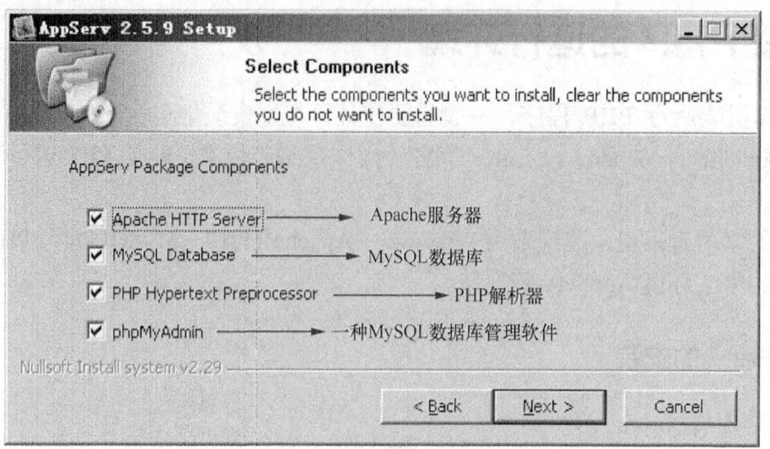

图 1-10 选择安装组件

在下一步中，需要配置 Apache 服务器的有关信息（见图 1-11），包括服务器名、管理员邮箱和 HTTP 端口号。其中，Server Name 可设置为该服务器的域名，由于此处只是将 Apache 安装在本机上作为测试，因此可以任意输入一个名称。如果是将这台机器作为网络上真正的 Web 服务器，则应该输入一个真实的域名，以便网络上的其他主机都能通过该域名访问它。

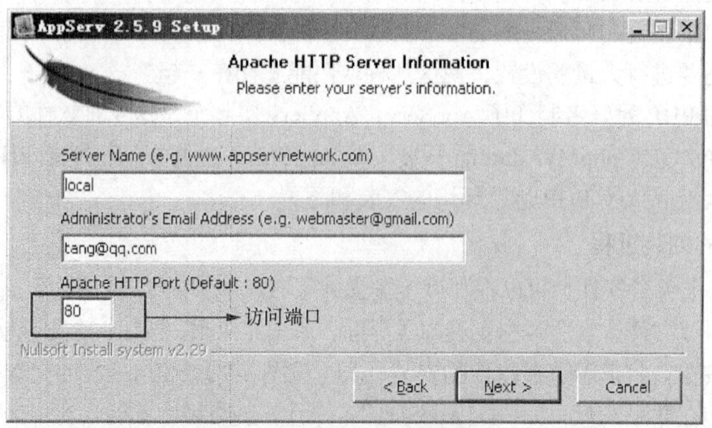

图 1-11 Apache 服务器信息的配置

在“Administrator's Email Address”中，如果填入一个 E-mail 地址，那么当 Apache 软件运行出现错误时会把错误信息发送到这个邮箱。

在“Apache HTTP Port”中，可以设置 Apache 服务器 HTTP 服务端口号，建议使用 HTTP 服务默认的 80 端口，如果填其他端口（如 88），访问时就必须在域名后加上端口号，如 http://localhost:88。

提示：如果本机上还安装了 IIS 或 Tomcat 等其他的 Web 服务器，则应该将这些服务器的 HTTP 端口修改为非 80 端口，否则，会因为端口冲突，导致 Apache 服务器无法启动。

在下一步中，需要配置 MySQL 数据库的相关信息（见图 1-12），包括超级用户 root 的密码，MySQL 数据库中字符的编码方式等，本书中设置 MySQL 的 root 用户密码为“111”，对于字符编码方式，建议选择默认的“UTF-8 Unicode”，因为 UTF-8 编码是世界范围通用的编码方式，它可以保证在英文 IE 浏览器中也能正常显示中文。然后，把下面两项“Old Password Support”和“Enable

InnoDB”勾选上，否则可能会导致 MySQL 服务器无法启动。

最后单击“Install”按钮，就开始安装 AppServ。安装完成后，默认会自动启动 Apache 服务器和 MySQL 数据库，如果计算机上安装有 360 安全卫士或金山卫士等杀毒软件，可能会提示这些程序正在加入系统服务，这时应该选择“允许”修改。

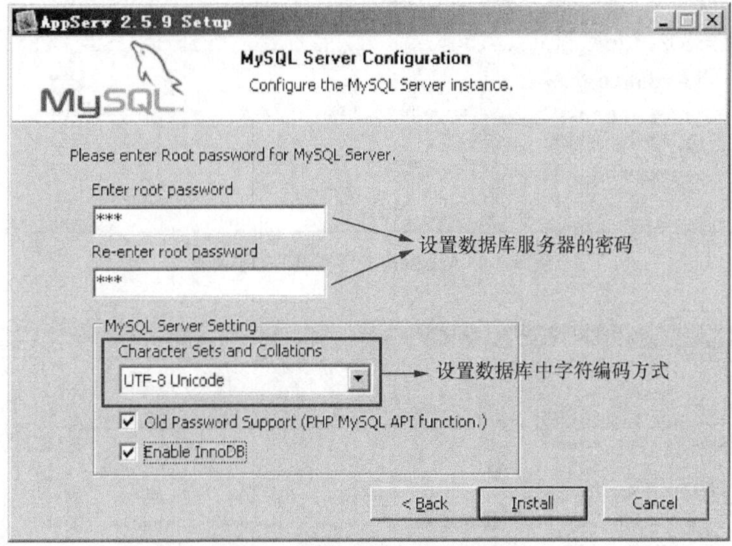

图 1-12　配置 MySQL 数据库服务器

提示： MySQL 数据库服务器 root 用户的密码必须牢记，因为以后使用 PHP 连接 MySQL 数据库必须使用该密码。如果忘记，则只能重新安装 AppServ。

如果计算机上安装有 SQL Server、IIS 等软件，应该先将这些服务停止，再开始安装 AppServ。

3. 测试 AppServ 是否安装成功

在 IE 浏览器中输入 http://localhost，如果能看到图 1-13 所示的网页，则表明 AppServ 安装基本成功。

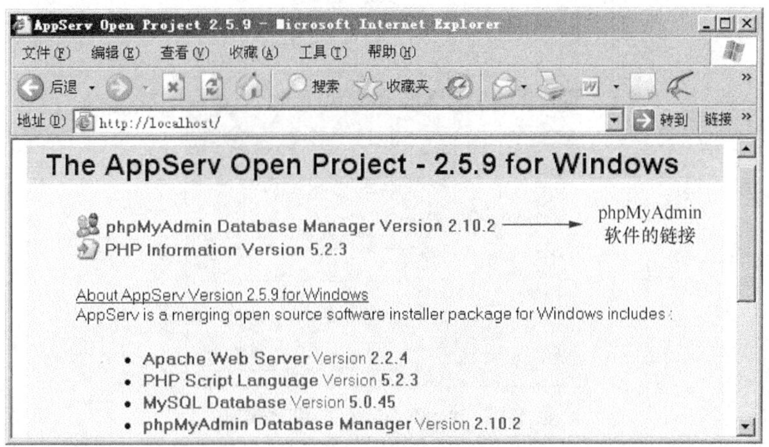

图 1-13　AppServ 的测试页

AppServ 安装完成后，在 AppServ 安装目录下，应该包含 4 个子目录，如图 1-14 所示。其中，

Apache2.2 是 Apache 服务器软件的安装目录，MySQL 是 MySQL 数据库软件的目录，php5 是 PHP 的目录，而 www 是网站主目录，打开 www 目录，将看到图 1-15 所示的子目录。

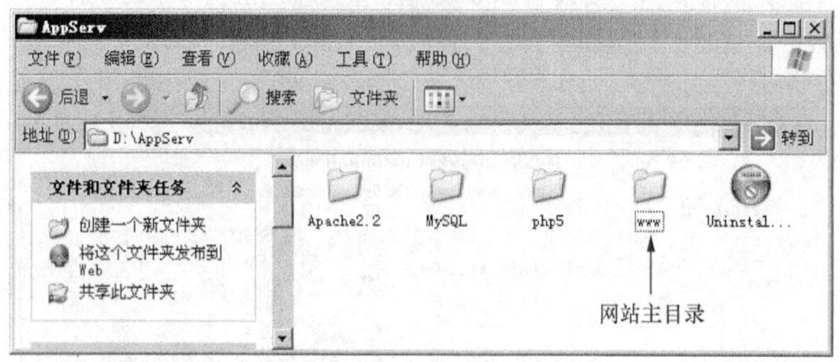

图 1-14 AppServ 安装目录下的子目录

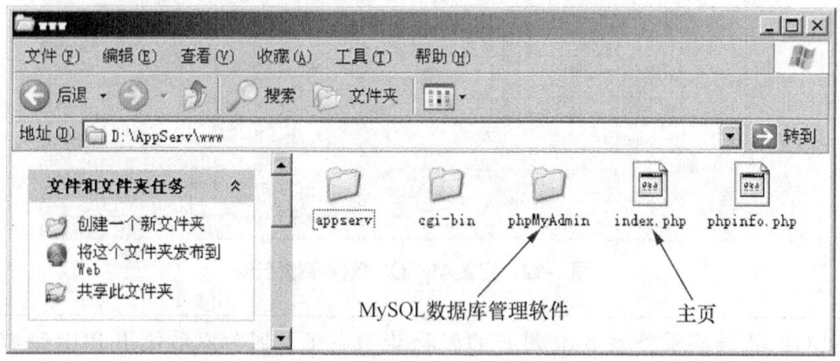

图 1-15 www 目录下的子目录

其中，index.php 文件是网站的主页，输入 http://localhost 打开的 AppServ 测试页就是该文件的运行结果，如图 1-13 所示。可见，如果要替换 Apache 默认网站的主页，只要替换该文件即可。而 phpMyAdmin 目录是 phpMyAdmin 软件的安装目录。该软件是个基于 B/S 架构的软件，如果要访问 phpMyAdmin，只要在图 1-13 中单击链接“phpMyAdmin Database Manager Version 2.10.2”，或直接输入网址 http://localhost/phpMyAdmin，就会弹出图 1-16 所示的用户登录框。

图 1-16 phpMyAdmin 的用户登录框

在其中输入正确的用户名和密码（这里用户名是 root，密码是 111），就会进入图 1-17 所示的 phpMyAdmin 界面。在这里可以用图形化的方式创建和管理数据库及表。

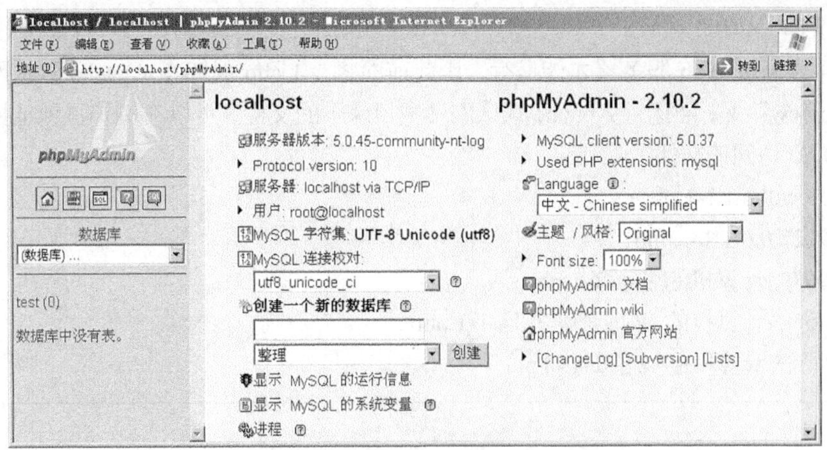

图 1-17　phpMyAdmin 软件的操作界面

提示：如果输入正确的用户名和密码后不能看到图 1-17 所示的 phpMyAdmin 界面并提示错误，那一般是 MySQL 数据库连接不上。此时，可以在 Windows“运行”对话框中输入 cmd，在命令行中输入 mysql，如果 mysql 连接不正常则会显示错误信息。

1.3.2　运行第 1 个 PHP 程序

1. 新建第 1 个 PHP 程序

PHP 文件和 HTML 文件一样，也是一种纯文本文件，因此可以用记事本来创建和编辑，只要将其保存成后缀名为“.php”的文件就可以了。在“记事本”中输入图 1-18 中所示代码（注意代码区分大小写）。

图 1-18　在记事本中新建一个 PHP 文件

输入完成后，在记事本中选择菜单命令“文件”→“保存”，就会弹出图 1-19 所示的“另存为”对话框，这时首先应在“保存类型”中选择“所有文件”，再在文件名中输入 1-1.php，并选择保存在“D:\AppServ\www”目录下，单击“保存”按钮即可新建一个 PHP 文件（1-1.php）。

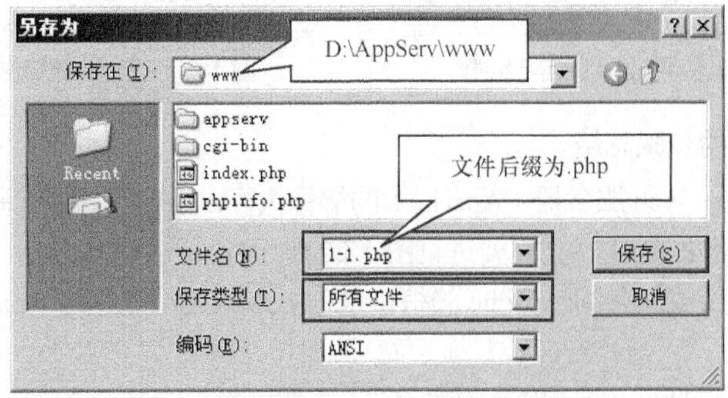

图 1-19“另存为”对话框

2. 运行 PHP 文件

PHP 文件要通过 Web 服务器才能运行，因此前面将 1-1.php 保存在 Apache 默认网站的主目录“D:\AppServ\www”下。要运行 Apache 默认网站主目录下的文件，可以在浏览器地址栏中使用以下 5 种形式的 URL 访问该文件：

① http://localhost/1-1.php；

② http://127.0.0.1/1-1.php；

③ http://你的计算机的名字/1-1.php；

④ http://你的计算机的 IP 地址，并且/1-1.php；

⑤ http://你的计算机的域名/1-1.php。

说明：

（1）http://localhost 相当于本机的域名。大家知道，当在地址栏中输入某个网站的域名后，Web 服务器就会自动到该网站对应的主目录中去找相应的文件。也就是说，域名和网站主目录是一一对应的关系，因此 Web 服务器（这里是 Apache）会到本机默认网站的主目录（D:\AppServ\www）中去找文件 1-1.php。

提示：可以通过“http://localhost/文件名”直接访问 Apache 网站根目录下的文件。如果根目录下有子目录的话，要访问子目录下的文件用“http://localhost/子目录名/文件名”即可。例如：假设要访问 D:\AppServ\www\temp 下的 test.php 文件，则在地址栏中输入“http://localhost/temp/test.php”即可。

（2）关于服务器地址：localhost 是表示本机的域名，127.0.0.1 是表示本机的 IP 地址，这两种方式一般是在本机上运行 PHP 文件时使用的。第③种方式可以在本机或局域网内使用；第④、⑤种方式一般是供 Internet 上其他用户访问你的机器上的 PHP 文件使用的，也就是把你的机器作为网络上一台真正的 Web 服务器。

为了简便，本书都采用第 1 种方式访问。打开浏览器，在地址栏中输入 http://localhost/1-1.php，按回车键，就会出现图 1-20 所示的运行结果，网页显示的是服务器端的当前日期。

在图 1-20 中单击鼠标右键，选择“查看源文件”菜单命令，就会出现图 1-21 所示的源文件，与图 1-18 中的 PHP 源程序比较，可发现 PHP 代码已经转化成纯 HTML 代码了，这验证了 Web 服务器确实先执行了 PHP 源程序，再将生成的 HTML 代码发送给浏览器。

图 1-20　程序 1-1.php 的运行结果

图 1-21　在浏览器端查看源文件

3. 运行 PHP 程序的步骤总结

PHP 程序需要先经过 Web 服务器（Apache）的解释执行，生成的静态代码才能在浏览器中运行。为了让 Apache 解释执行 PHP 文件，需要进行图 1-22 所示的两步操作。

① 把 PHP 文件放置或保存到 Apache 的根目录（或子目录）下，这样 Apache 才能找到这个 PHP 文件。

② 在浏览器中输入“http://localhost/文件名”，这就相当于向 Apache 服务器发送了一个 HTTP 请求，请求 Apache 执行 URL 地址中的文件，这样 Apache 就会执行这个 PHP 文件。

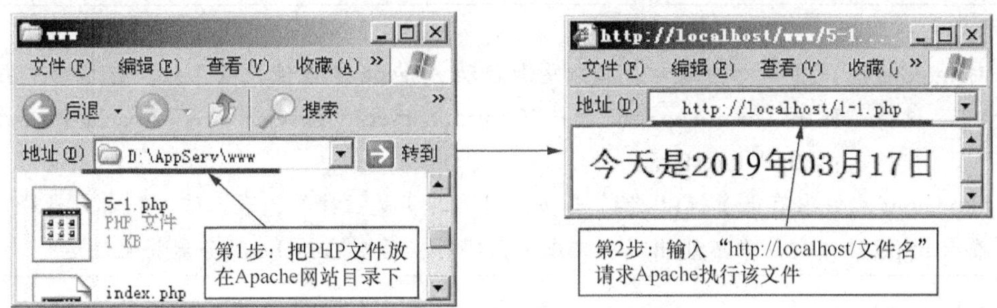

图 1-22　运行 PHP 程序的步骤

1.3.3　Apache 的配置

在 D:\AppServ\Apache2.2\conf 目录下，有一个叫 httpd.conf 的文件，它是 Apache 服务器的配置文件，对 Apache 服务器的任何设置（如设置主目录、修改首页）都是通过修改该文件的代码来实现的。

提示：Apache 没有图形化的服务器设置界面，只能通过修改 httpd.conf 文件来配置服务器。httpd.conf 是一个纯文本文件，可以用记事本或 Dreamweaver 等软件打开。也可以在开始菜单中，选择“程序”→“AppServ”→“Configuration Server”→“Apache Edit the httpd.conf Configuration File”打开。

1. 主目录的设置

Apache 的网站主目录默认是“D:\AppServ\www”，这使得要运行的 PHP 文件都必须保存在这个目录下，有些不方便。实际上，可以将 Apache 的主目录设置为其他目录，方法如下。

要修改 Apache 的主目录，必须同时修改 httpd.conf 文件中的两个地方。例如，要将 Apache 的主目录由“D:\AppServ\www”修改为“E:\Web”，则首先在 E 盘新建文件夹 Web，然后找到 httpd.conf 文件的第 240 行，将：

```
#
DocumentRoot " D:/AppServ/www "
```

修改为：

```
#
DocumentRoot "E:/Web"
```

注意，要将目录中的反斜杠改为斜杠，并且目录中不能含有任何中文字符。

再找到 httpd.conf 文件的第 268 行。将：

```
<Directory "D:/AppServ/www">
```

修改为：

```
<Directory "E:/Web">
```

保存文件，重新启动 Apache 服务器，就会将主目录设置成“E:\Web”。设置完毕后，可以将文件 1-1.php 从“D:\AppServ\www”目录移动到“E:\Web”目录中，输入 http://localhost/1-1.php 仍然可以访问该文件，因为 http://localhost 对应“E:\Web”目录了。

提示：

① 对 httpd.conf 文件进行修改后，必须重新启动 Apache 才能使设置生效。重启的方法是：在开始菜单中，选择“程序”→“AppServ”→“Control Server by Service”→“Apache Restart”。或者在“运行”中输入：httpd -k restart。

② httpd.conf 文件中有很多行以“#”开头，“#”其实是注释符，表示这些行都是注释。

③ 整个 httpd.conf 文件中不能出现中文或全角字符，否则 Apache 服务器将无法运行。

2. 默认文档的设置

所谓默认文档，就是指网站的首页（主页），它的作用是这样的，如果在浏览器中只输入“http://localhost”或“http://localhost/子目录名”，并没有输入具体某个网页文件的名称，则 Apache 就会自动按默认文档的顺序在相应的文件夹里查找，找到后就显示出来。在 httpd.conf 文件的第 303 行中，有对默认文档的设置。

```
#
<IfModule dir_module>
    DirectoryIndex index.php index.html index.htm
</IfModule>
```

可见，在这个设置下，如果不输入具体的网页文件名，则 Apache 首先会在目录下寻找 index.php 文件，如果找不到，就会再去找 index.html 和 index.htm。

建议保持默认的 index.php 即可，因此此处不用修改默认文档。

3. 虚拟目录的建立和访问

有时可能要在一台计算机的 Apache 上部署（deploy，即建立和运行）多个网站，例如，在网上下载了很多个 PHP 网站的源代码想在本机上运行。虽然可以在网站主目录 E:\Web 下建立多个文件夹，每个文件夹下分别放置一个网站的文件，但这样就要把每个网站的文件都移动到网站根目录下的对应目录中，有些麻烦。

而且更重要的是，由于这些网站都放置在网站根目录下（相当于是同一个网站），如果多个网站的程序中都有修改网站公共变量（如同名的 Session 变量）的代码，则可能会发生某个网站修改了其他网站公共变量的情况，导致出现意想不到的问题。

设置虚拟目录就是为了解决上述问题。如果要部署多个网站，可以将一个网站的目录设置为 Apache 的主目录，将其他每个网站的目录都设置为虚拟目录。这样，这些网站都真正独立了，每个网站相当于一个独立的应用程序（Application），它们可以拥有自己的一套公共变量。设置虚拟目录的方法如下。

例如，要新建一个虚拟目录 eshop，指向 E:\eshop 目录。则首先新建 E:\eshop 目录。然后找到 httpd.conf 文件的第 360 行。在：

```
<IfModule alias_module>
```

后添加一段：

```
Alias "/eshop" "E:\ eshop"
<Directory "E:\ eshop">
Options -Indexes FollowSymLinks
AllowOverride None
order allow,deny
Allow from all
</Directory>
```

其中，添加的第1行表示建立了一个虚拟目录 eshop，指向 E:\eshop 目录。而后面一段表示为目录“E:\eshop”设置访问权限。因为在 Apache 中，新建的虚拟目录默认是没有任何访问权限的。重启 Apache 后，虚拟目录 eshop 就建立好了。

提示： Apache 的网站主目录默认是允许目录浏览的，即如果该目录或其子目录下找不到首页文件，而访问者又只输入了域名或目录名，则浏览器会显示该目录下的所有文件和目录列表，这是很不安全的。在 httpd.conf 文件的第 281 行：Options Indexes FollowSymLinks，其中，Indexs 表示目录浏览权限，要去掉该权限，可在它前面加个减号“-”，或将其删除，如改成 Options -Indexes FollowSymLinks 即可。

要运行虚拟目录下的文件，可以使用“http://localhost/虚拟目录名/路径名/文件名”的方式访问。比如，在 E:\eshop（对应虚拟目录 eshop）下有一个 index.php 的文件，要运行该文件，只需在地址栏中输入：http://localhost/eshop/index.php 或 http://localhost/eshop。而要运行 E:\eshop\admin 目录下的 index.php 文件，只需在地址栏输入：http://localhost/eshop/admin/index.php，该 URL 的含义如图 1-23 所示。

由此可见，访问虚拟目录下文件的 URL 分为 3 部分，依次是本机域名、虚拟目录名和文件相对虚拟目录的相对路径和文件名。从访问的 URL 形式上来看，虚拟目录就好像是网站主目录下的一个子目录。

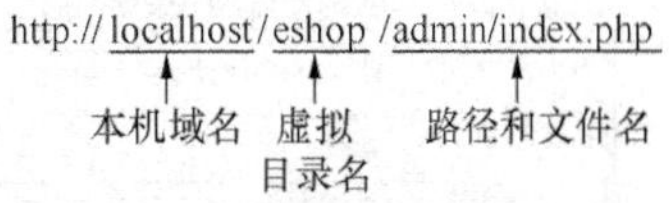

图 1-23　访问虚拟目录下文件的 URL

4. 默认端口的修改

如果要修改 Apache 服务器的默认 HTTP 端口，例如，将 80 修改为 88，只要找到 httpd.conf 文件的第 67 行。将“Listen 80”改为：

```
Listen 88
```

这样，以后访问网站主目录就必须使用“域名:端口”的形式（如 http://localhost:88）了。

*1.3.4　在 IIS 中集成 PHP 运行环境

实际上，除了将 Apache 作为运行 PHP 的 Web 服务器外，还可以使用 IIS 作为 PHP 的 Web 服务器。这样做的一个好处是，可以让服务器同时运行 PHP、ASP 和 ASP.NET 3 种动态网页程序（因为 IIS 默认就支持 ASP 和 ASP.NET），如果只有一台 Web 服务器，却要部署多个网站，这些网站有些是用 PHP 做的，有些是用 ASP 做的，则需要这种解决方案。

要使 IIS 能够支持 PHP 程序的运行，需要做以下一些配置（以 Windows 的 IIS 为例）。

（1）在 IIS 中新建一个虚拟目录，如 php，让它指向 E:\phpweb（本例只让一个虚拟目录支持运行 PHP，如果要让整个默认网站支持 PHP 的运行，可以在默认网站的属性面板中依次进行下列设置）。

（2）在 IIS 网站下的虚拟目录 php 上单击鼠标右键，选择“属性”，将打开图 1-24 所示的虚拟目录属性对话框，单击“配置”按钮，就会打开图 1-25 所示的“应用程序配置”对话框。再单击“添加”按钮，将出现图 1-26 所示的对话框。

（3）在“可执行文件”后，单击“浏览”按钮，选择“D:\AppServ\php5\php5isapi.dll”作为 PHP 文件的解释器文件，在“扩展名”框中输入“.php”，动作限制为“GET,HEAD,POST,DEBUG”，其他保持默认设置即可。单击“确定”按钮后，在图 1-25 中可以看到已经添加了一条对.php 文件的应用程序映射，这样就可以使用 php5isapi.dll 解析扩展名为.php 的文件了。

（4）单击“确定”按钮后，返回到图 1-24 所示 php 属性面板，选择“文档”标签页（见图 1-27），单击“添加”按钮，输入“index.php”作为该虚拟目录的首页。

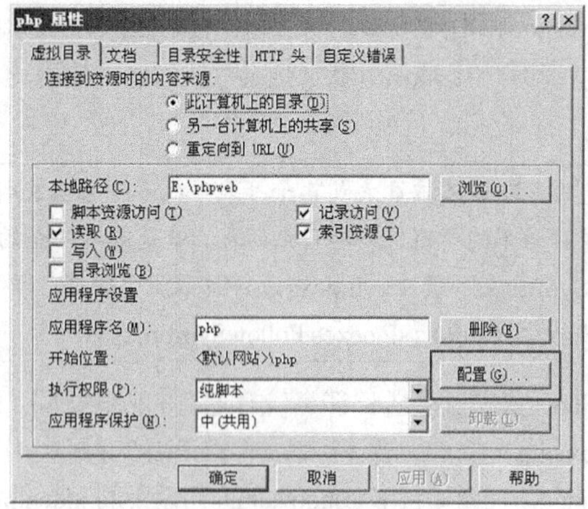

图 1-24 虚拟目录属性对话框

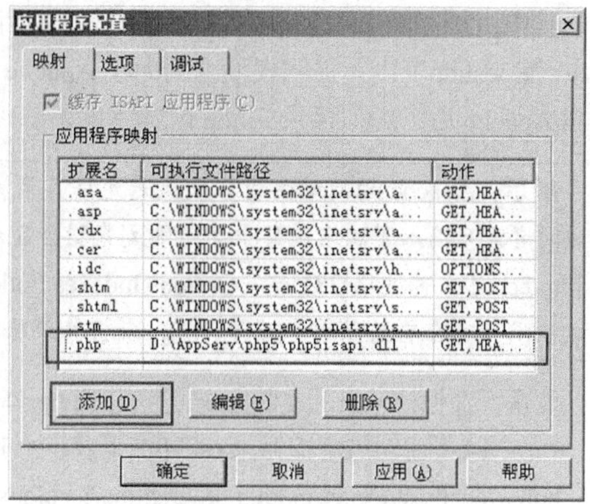

图 1-25 “应用程序配置”对话框

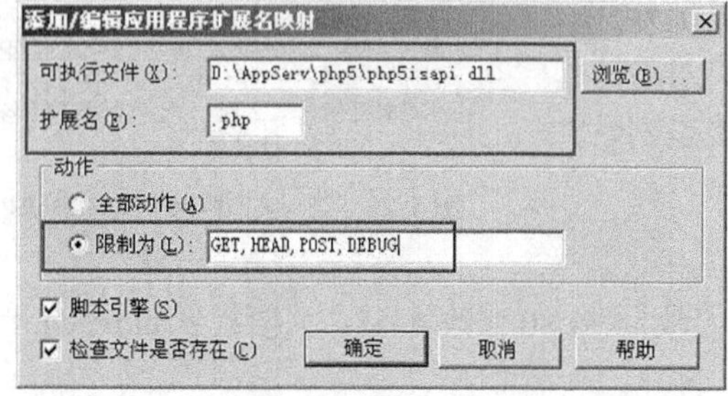

图 1-26 “添加/编辑应用程序扩展名映射”对话框

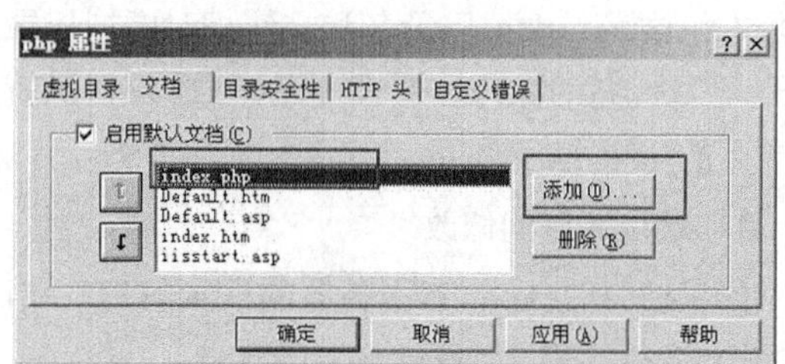

图 1-27 添加 index.php 为虚拟目录的首页

（5）返回到 IIS 主窗口，在“默认网站”上单击鼠标右键，选择“属性”，选择“ISAPI 筛选器”标签页（见图 1-28），单击“添加”按钮，在“筛选器属性”对话框（见图 1-29）中，筛选器名称输入“PHP”，可执行文件仍然选择“D:\AppServ\php5\php5isapi.dll”。

重启 IIS（在“运行”对话框中输入“iisreset”）后，就能通过 IIS 执行 PHP 脚本了。读者可以在 E:\phpweb 中放置一个.php 文件，然后使用“http://localhost/php/文件名”访问它。

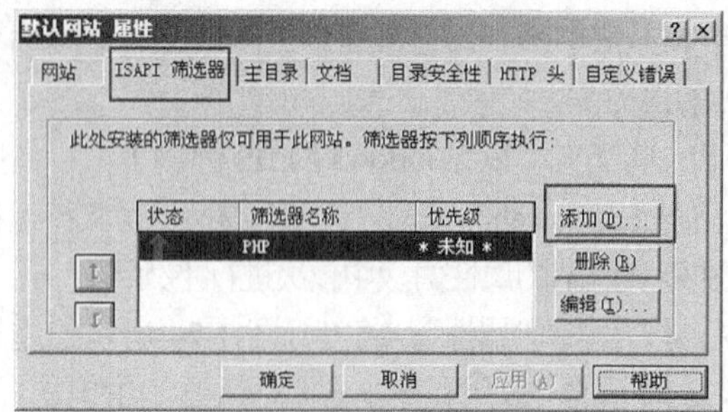

图 1-28 “ISAPI 筛选器”标签页

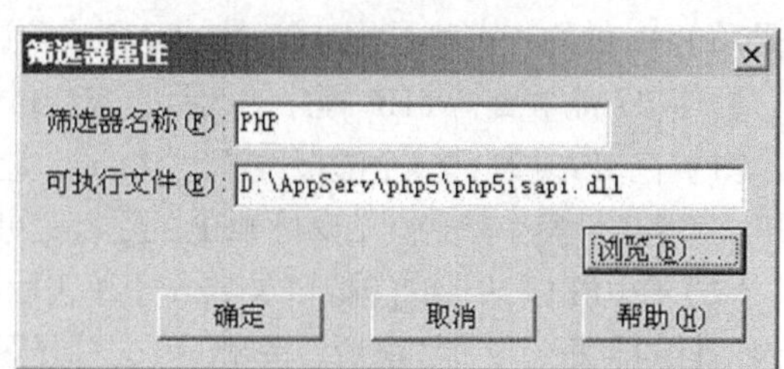

图 1-29 “筛选器属性”对话框

提示：对于 Windows 2003 或 Windows 7 等系统的 IIS，还需要在 IIS 左边的“Web 服务扩展”中设置对 ISAPI 扩展允许（见图 1-30）。单击“Web 服务扩展”，单击其中的“添加一个新的 Web 服务扩展”，在弹出的窗口中，扩展名栏目填写 PHP，单击“添加”按钮，在添加文件的对话框中文件路径栏目中浏览选择上面提到的 php5isapi.dll 文件，单击“确定”按钮，并勾选“设置扩展状态为允许”，单击“确定”按钮即可。

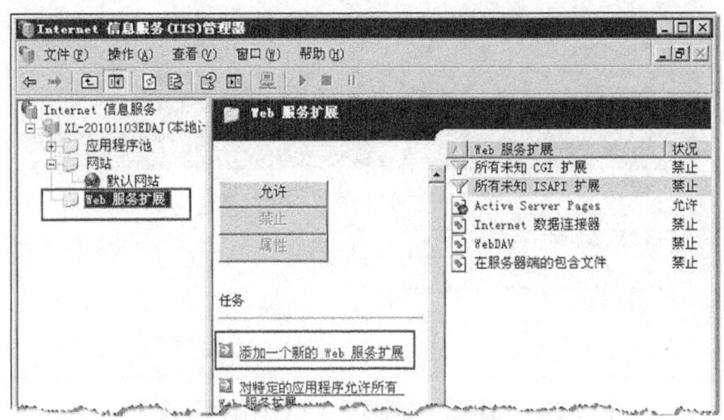

图 1-30　添加 php5isapi.dll 为新的 Web 服务扩展

1.4　使用 Dreamweaver 开发 PHP 程序

Dreamweaver（以下简称 DW）对开发 PHP 程序有很好的支持，包括代码提示，自动插入 PHP 代码等，使用 DW 开发 PHP 程序的最大优势在于，开发人员能在同一个软件环境中制作静态网页和动态程序。

1.4.1　新建动态站点

开发 PHP 程序之前要先安装和配置好 PHP 的运行环境（Apache），然后就可在 DW 中新建动态站点，其作用为：①使站点内的文件能够以相对 URL 的方式进行链接；②在预览动态网页时，能够使用设置好的 URL 运行该动态网页。具体过程如下。

在 DW 中执行菜单命令“站点”→“新建站点”，将弹出图 1-31 所示的新建站点对话框，其中站点名字可以任取一个，但是访问该网站的 URL 一定要设置正确。如果该网站所在的目录是 Apache 的网站主目录，则应该用“http://localhost”方式访问；如果该网站所在的目录是 Apache 的虚拟目录，则应该用“http://localhost/虚拟目录名”的方式访问。在这里已经把该网站的目录（E:\Web）设置成 Apache 的主目录，因此在“您的站点的 HTTP 地址（URL）是什么？”下输入“http://localhost”。

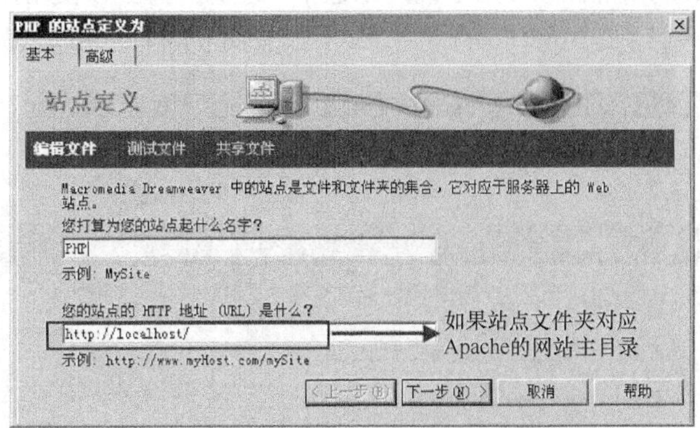

图 1-31　新建动态站点第 1 步（访问网站的 URL）

单击“下一步”按钮，将出现图 1-32 所示的对话框，在“您是否打算使用服务器技术”中，选择“是，我想使用服务器技术”，在“哪种服务器技术”中，选择“PHP MySQL”。

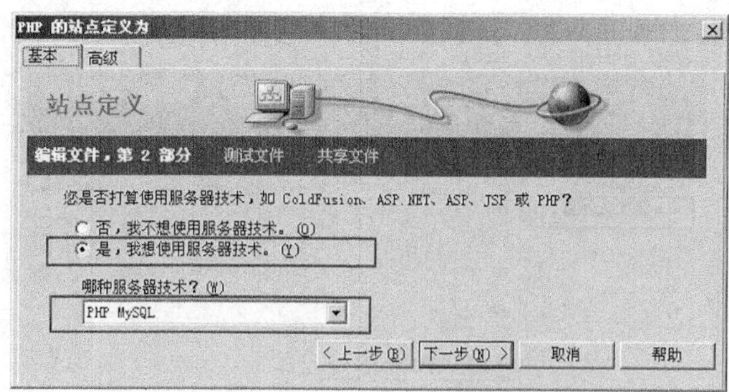

图 1-32　新建动态站点第 2 步（选择服务器技术）

单击“下一步”按钮，在图 1-33 所示的对话框中先选择“在本地进行编辑和测试”。在“您将把文件存储在计算机上什么位置？”，这是问用户的网站的主目录在哪，因此必须选择网站的主目录。需要注意的是，该网站的主目录必须和 Apache 的主目录一致，因为 DW 预览文件时打开浏览器并在文件路径前加 http://localhost，这样实际上是定位到 Apache 的主目录，而不是这里设置的主目录。如果不一致，预览时就会出现“找不到文件”的错误。

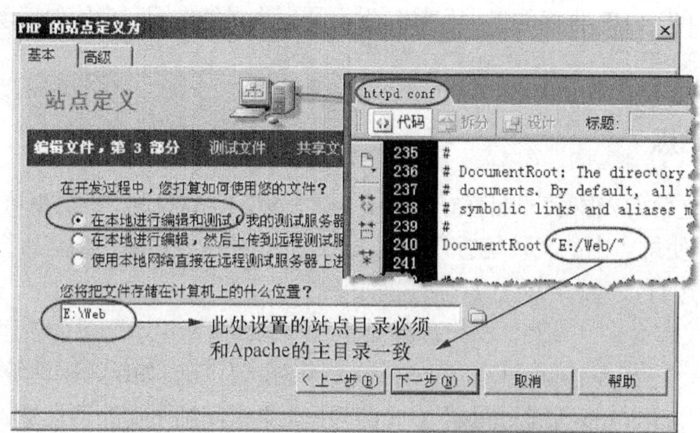

图 1-33　新建动态站点第 3 步（设置站点主目录）

单击“下一步”按钮，在图 1-34 所示的对话框中，注意“您应该使用什么 URL 来浏览站点的根目录？”，由于站点根目录是 Apache 的主目录，因此此处仍选择 http://localhost 来浏览根目录。

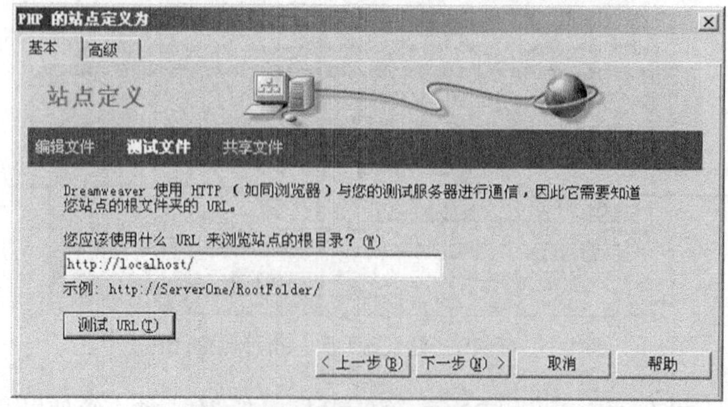

图 1-34　新建动态站点第 4 步

如果在上一步选择了“在本地进行编辑和测试”，则这里输入的 URL 应该和图 1-31 中输入的 URL 相同。

最后一步，“编辑完一个文件后，是否将该文件复制到另一台计算机中”，选择“否”即可，这样就完成了一个动态站点的建立。

定义好本地站点之后，DW 窗口右侧的“文件”面板（见图 1-35）就会显示刚才定义的站点的目录结构，可以在此面板中单击鼠标右键，在站点目录内新建文件或子目录，这与在资源管理器中在网站目录下新建文件或子目录的效果一样。

如果要修改定义好的站点，只需执行菜单命令“站点→管理站点”，选中要修改的站点，单击“编辑”按钮，就可在站点定义对话框中对原来的设置进行修改。

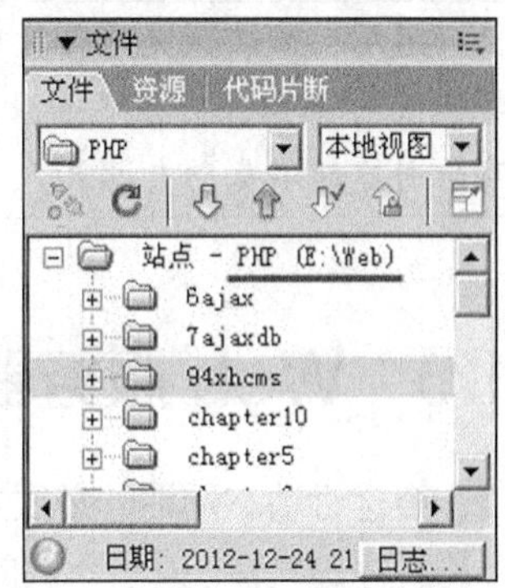

图 1-35　DW 的“文件”面板

提示： 如果网站目录被设置成为 Apache 的一个虚拟目录，如 E:\eshop。则在新建站点时，图 1-31 和图 1-34 中的 URL 应输入 http://localhost/eshop，在图 1-33 中网站目录应输入 E:\eshop。

1.4.2　编写并运行 PHP 程序

1. 新建 PHP 文件

PHP 动态站点建立好之后，可以在 DW 文件菜单中选择“新建”→“动态页”→“PHP”，就会新建一个 PHP 网页文件（保存时会自动保存为扩展名为“.php”的文件）。

或者在图 1-35 的文件面板中，在站点目录或子目录上单击鼠标右键，选择“新建文件”，也能新建一个 PHP 文件。

2. 编写 PHP 代码

在图 1-36 所示的主界面中，单击“代码”标签，切换到“代码”视图，就可在其中输入 PHP 代码。如果希望自动插入一些常用的 PHP 代码，可以在工具栏左侧单击选择“PHP”，单击工具栏中对应按钮就能将一些常用的 PHP 代码或定界符插入光标停留处。

图 1-36　DW 中的代码视图

代码编写完毕后，应该按 Ctrl+S 组合键保存文件，第 1 次保存时会要求输入文件名。

3. 运行 PHP 文件

在图 1-36 所示的主界面中，单击“预览”按钮（快捷键为 F12），Dreamweaver 将打开浏览器，并自动在浏览器中输入“http://localhost/文件名”来运行该 PHP 文件。

提示：如果预览网页时出现“找不到文件”错误，一般是因为在图 1-33 中设置的站点目录与 Apache 中的网站目录不一致。如果预览网页时浏览器地址栏中没有出现“http://localhost/…”，则是因为新建的不是动态站点。

1.5 Web 服务器软件

要运行动态网站，必须先安装 Web 服务器软件。Web 服务器软件是一种可以运行和管理 Web 应用程序的软件。对于不同的 Web 编程技术来说，其搭配的 Web 服务器软件是不同的。表 1-1 列出了几种 Web 编程语言的特点及其运行环境（搭配的 Web 服务器）。

表 1-1　　几种 Web 编程语言的特点及其运行环境

项目	PHP	ASP	ASP.NET	JSP
Web 服务器	Apache	IIS	IIS	Tomcat
运行方式	解释执行	解释执行	预编译	预编译
跨平台性	任何平台	Windows 平台	Windows 平台	任何平台
文件扩展名	.php	.asp	.aspx	.jsp

Web 服务器的功能是解析 HTTP，当 Web 服务器接收到一个 HTTP 请求后，会返回一个 HTTP 响应，比如，返回一个 HTML 静态页面给浏览器、进行页面跳转或者调用其他程序（如 CGI 脚本、PHP 程序等），产生动态响应。而这些服务器端的程序通常会产生一个 HTML 的响应来让浏览器可以浏览。

选择 Web 服务器时，应考虑以下因素：性能、安全性、日志和统计、虚拟主机、代理服务器和集成应用程序等。下面介绍几种常用的 Web 服务器。

1. Apache

Apache 是世界上使用最广泛的 Web 服务器，市场占有率达 60%。它的成功之处在于它是免费的、开放源代码的，并且具有跨平台性（可运行在各种操作系统上），因此部署在 Apache 上的 Web 应用程序具有很好的可移植性。Apache 通常作为 PHP 的 Web 服务器，但安装一些附加软件后它也能支持 JSP 或 ASP，如果要在 Linux 下运行 ASP，可考虑这种方案。

2. IIS

IIS 是 Microsoft 公司推出的 Web 服务器软件，是目前流行的 Web 服务器软件之一。IIS 的优点是提供了图形化界面的管理工具，可以用来可视化地配置 IIS 服务器。

实际上，IIS 是一种 Web 服务组件，它包括 Web 服务器、SMTP 服务器和 FTP 服务器 3 种软件，分别用于发布网站或 Web 应用程序、提供电子邮件服务和提供文件传输服务。它使得在网络上发布信息成为一件很容易的事。IIS 提供 ISAPI（Internet Server Application Programming Interface，因特网服务器应用程序接口）作为扩展 Web 服务器功能的编程接口。同时，它还提供一个 Internet 数据库连接器，可以实现对数据库的访问。IIS 的缺点是只能运行在 Windows 平台上。

3. Tomcat

Tomcat 是一个开放源代码的、用于运行 Servlet 和 JSP Web 应用程序的 Web 应用软件容器。Tomcat 是基于 Java 并根据 Servlet 和 JSP 规范执行的。由于有了 Oracle 公司（Java 语言的创立者）的参与和支持，最新的 Servlet 和 JSP 规范总是能在 Tomcat 中得到体现。

Tomcat 是一个轻量级应用服务器，在中小型系统和并发访问用户不是很多的场合下被普遍使用，是开发和调试 JSP 程序的首选。实际上 Tomcat 是 Apache 服务器的扩展，但它是独立运行的，所以当运行 Tomcat 时，它将作为一个与 Apache 彼此独立的进程单独运行。

提示：Apache 和 Tomcat 都没有提供可视化的界面对服务器进行配置和管理，配置 Apache 需要修改 httpd.conf 文件，配置 Tomcat 需要修改 Server.xml 文件，因此管理起来没有 IIS 方便。

习题

1. 对于采用虚拟主机方式部署的多个网站，域名和 IP 地址是（　　）的关系。

   A. 一对多　　B. 一对一　　C. 多对一　　D. 多对多

2. 网页的本质是（　　）文件。

   A. 图像　　B. 纯文本　　C. 可执行程序　　D. 图像和文本的压缩

3. 以下（　　）技术不是服务器端动态网页技术。

   A. PHP　　B. JSP　　C. ASP.NET　　D. Ajax

4. 配置 MySQL 服务器时，需要设置一个管理员账号，其名称是（　　）。

   A. admin　　B. root　　C. sa　　D. Administrator

5. 如果 Apache 的网站主目录是 E:\eshop，并且没有建立任何虚拟目录，则在浏览器地址栏中输入 http://localhost/admin/admin.php 将打开的文件是（　　）。

   A. E:\localhost\admin\admin.php　　B. E:\eshop\admin\admin.php

   C. E:\eshop\ admin.php　　D. E:\eshop\localhost\admin\admin.php

6. PHP 的配置文件是__________，Apache 的配置文件是__________。

7. 如果 Apache 的网站主目录是 E:\eshop，要运行 E:\eshop\abc\rs\123.php 文件，则应在浏览器地址栏中输入__________，如果 E:\eshop 是虚拟目录，则要运行 E:\eshop\eshop.php 文件，应在浏览器地址栏中输入__________。

8. 对于 Apache 的配置文件，请把左边的项与右边的描述联系起来。

   A. httpd.conf　　（　　）用于设置默认文档

   B. Listen　　（　　）用于创建虚拟目录

   C. DocumentRoot　　（　　）用于设置网站的访问端口

   D. Alias　　（　　）用于设置网站文档的根目录

   E. DirectoryIndex　　（　　）用于配置 Apache 服务器

9. Apache 服务器只能支持 PHP 语言吗？

10. 开发 PHP 程序前，使用 Dreamweaver 建立 PHP 动态站点有何作用？

11. 有一个 PHP 文件存放在 D:\AppServ\www 目录下，如果双击该 PHP 文件，该文件可以运行吗？

12. 简述动态网站和 Web 应用程序的联系和区别。

13. 列举常见的 Web 服务器软件及动态网页设计语言。

14. 将 Apache 服务器的主目录设置为“D:\wgzx”，并运行一个该目录中的 PHP 文件。

15. 假设已在 Apache 服务器上建立了一个虚拟目录“D:\wgzx”，使用 DW 新建一个 PHP 动态站点，站点名称叫“wgzx”，该站点目录对应“D:\wgzx”文件夹。

第 2 章　HTML

HTML 作为一种编写网页代码的标记语言，是所有网页制作技术的基础。无论是展示信息的静态网页，还是编写可供交互的 Web 程序，都离不开 HTML 语言。本章将介绍 HTML 语言中的各种标记，以及在 HTML 中嵌入 CSS 和 JavaScript 的方法。

2.1 HTML 概述

HTML（HyperText Markup Language）即超文本标记语言。网页是用 HTML 书写的一种纯文本文件。用户通过浏览器所看到的包含了文字、图像、动画等多媒体信息的每一个网页，其实质是浏览器对该纯文本文件进行了解释，并引用相应的图像、动画等资源文件，才生成了多姿多彩的网页。

虽然网页的本质是纯文本文件，但一个网页并不是由一个单独的 HTML 文件组成，网页中显示的图片、动画等文件都是单独存放的，这与 Word、PDF 等格式的文件有明显区别。

HTML 是一种标记语言。可以认为，HTML 文档就是“普通文本+HTML 标记”，而不同的 HTML 标记能表示不同的效果，如表格、图像、表单、文字等。HTML 文档可以运行在不同的操作系统平台和浏览器上。

2.1.1 HTML 文档的结构

HTML 文件本质是一个纯文本文件，只是它的扩展名为“.htm”或“.html”。任何纯文本编辑软件都能创建、编辑 HTML 文件。下面打开最简单的文本编辑软件——记事本，在记事本中输入图 2-1 所示的代码。

输入完成后，单击“保存”菜单项，注意先在“保存类型”中，选择“所有文件”，再输入文件名为“2-1.html”。保存后就新建了一个后缀名为“.html”的网页文件，可以看到其文件图标为浏览器图标，双击该文件则会在浏览器中显示图 2-2 所示的网页。

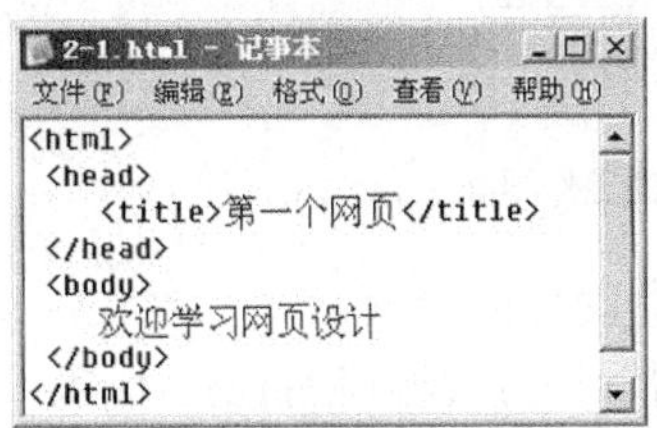

图 2-1 用记事本创建一个 HTML 文件

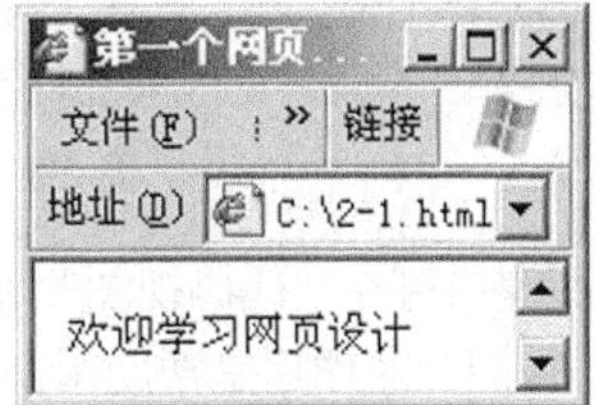

图 2-2 2-1.html 在 IE 浏览器中的显示效果

2-1.html 是一个最简单的 HTML 文档。可以看出，最简单的 HTML 文档包括 4 个标记，各标记的含义如下。

（1）<html>…</html>：告诉浏览器 HTML 文档开始和结束的位置，HTML 文档包括 head 部分和 body 部分。HTML 文档中所有的内容都应该在这两个标记之间，一个 HTML 文档总是以<html>开始，以</html>结束。

（2）<head>…</head>：HTML 文档的头部标记，头部主要提供文档的描述信息，head 部分的所有内容都不会显示在浏览器窗口中，在其中可以放置页面的标题<title>，以及页面的类型、使用的字符集、链接的其他脚本或样式文件等内容。

（3）<title>…</title>：定义页面的标题，将显示在浏览器的标题栏中。

（4）<body>…</body>：用来指明文档的主体区域，主体包含 Web 浏览器页面显示的具体内容，因此网页所要显示的内容都应放在这个标记内。

提示：HTML 标记之间只可以相互嵌套，如<head><title>…</title></head>，但绝不可以相互交错，如<head><title>…</head></title>就是绝对错误的。

2.1.2 Dreamweaver 的开发界面

Dreamweaver 为网页制作及 PHP 网站程序开发提供了简洁友好的开发环境，其工作界面包括视图窗口、属性窗口、工具栏和浮动面板组等，如图 2-3 所示。

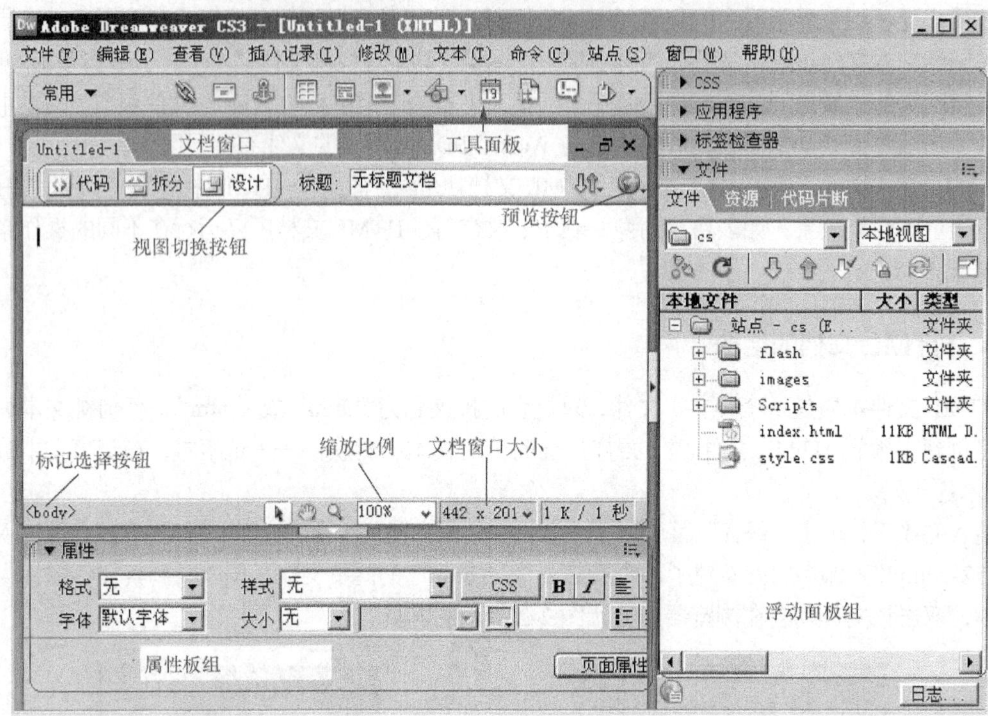

图 2-3　Dreaweaver CS3 的工作界面

DW 的视图窗口可在“代码视图”和“设计视图”之间切换。

（1）“设计视图”的作用是帮助用户以“所见即所得”的方式编写 HTML 代码，即通过一些可视化的方式自动编写代码，减少用户手工书写代码的工作量。DW 的设计视图蕴含了面向对象操作的思想，它把所有的网页元素都看成对象，在设计视图中编写 HTML 的过程就是插入网页元素，再设置网页元素的属性。

（2）“代码视图”供用户手工编写或修改代码，因为在网页制作过程中，有些操作不能（或不方便）在设计视图中完成，此时用户可单击“代码”按钮，切换到代码视图直接书写代码，代码视图拥有代码提示的功能，即使是手工编写代码，速度也很快。

为了提高网页制作的效率，建议用户首先在“设计视图”中插入主要的 HTML 元素（尤其是像列表、表格或表单等复杂的元素），然后切换到“代码视图”对代码的细节进行修改。

注意：由于网页本质上是 HTML 代码，在设计视图中的可视化操作实质上仍然是编写代码。因此可以在设计视图中完成的工作一定也可以在代码视图中完成，也就是说编写代码方式制作网页是万能的，因此要重视对 HTML 代码的学习。

2.1.3 新建 HTML 文件

打开 DW，在“文件”菜单中选择“新建”（也可用 Ctrl+N 组合键），在新建文档对话框中选择

"基本页"→"HTML"，单击"创建"按钮就会出现网页的设计视图。在设计视图中可输入网页内容，然后保存文件（菜单命令"文件"→"保存"，也可使用 Ctrl+S 组合键，第 1 次保存时会要求输入网页的文件名），就新建了一个 HTML 文件，最后可以按 F12 键在浏览器中预览网页，也可以在保存的文件夹中找到该文件双击运行。

注意：网页在 DW 设计视图中的效果和浏览器中显示的效果并不完全相同，所以测试网页时应按 F12 键在浏览器中预览最终效果。

2.1.4 HTML 标记

标记（Tags）是 HTML 文档中一些有特定意义的符号，这些符号用来指明内容的含义或结构。HTML 标记由一对尖括号"<>"和标记名组成。标记分为"起始标记"和"结束标记"两种。两者的标记名称是相同的，只是结束标记多了一个斜杠"/"。例如，<b>为起始标记，</b>为结束标记，其中"b"是标记名称，表示内容为粗体。HTML 标记名是大小写不敏感的。例如，<b>…</b>和<B>…</B>的效果都是一样的，但是 XHTML 标准规定，标记名必须是小写字母，因此应注意使用小写字母书写。

1. **单标记和配对标记**

大多数标记都是成对出现的，称为配对标记，如<p>…</p>、<table>…</table>。有少数标记只有起始标记，这样的标记称为单标记，如换行标记
，其中 br 是标记名，它是英文"break row"（换行）的缩写。

2. **标记带有属性时的结构**

实际上，标记一般还可以带有若干属性（attribute），属性用来对元素的特征进行具体描述。属性只能放在起始标记中，属性和属性之间用空格隔开，属性包括属性名和属性值（value），它们之间用"="分开，如图 2-4 所示。

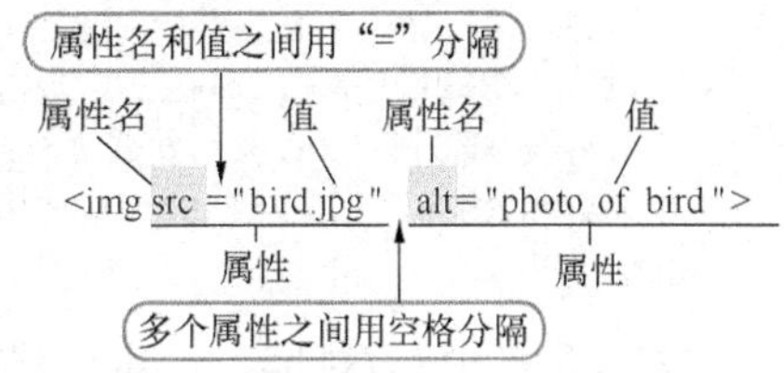

图 2-4 带有属性的 HTML 标记结构

例 2.1 下列 HTML 标记的写法错在什么地方？（答案略）

```
①  <img "birthday.jpg ">
②  <i> Congratulations! <i>
③  <a href="file.html">linked text</a href="file.html">
④  <p>This is a new paragraph<\p>
⑤  <  li>The list item<  /li>
```

2.1.5 HTML 元素及其分类

HTML 文档是由各种 HTML 元素组成的。网页中文字、图像、链接等所有的内容都是以元素的形式存在于 HTML 代码中，一个 HTML 文档就是由一些元素构成的，而其中某些元素又可能包含很多子元素。元素是用标记来表现的，一般起始标记表示元素的开始，结束标记表示元素的结束，把 HTML 标记（如<p>…</p>）和标记之间的内容合称为元素。

1. **根据元素的内容分类**

HTML 元素可分为"有内容的元素"和"空元素"两种。"有内容的元素"是由起始标记、结束标记和两者之间的内容组成，其中元素内容既可以是文字内容，也可以是其他元素。例如，对于元素（<b>标记中的内容</b>），则<b>和</b>定义元素的开始和结束，它的元素内容是文字“标记中的内容”；而<html>与</html>定义的元素，它的元素内容是另外两个元素（head 和 body）。“空元素”则只有起始标记而没有结束标记和元素内容。例如，
表示的就是空元素，可见“空元素”对应单标记。

标记相同而标记中的内容不同应视为不同的元素，同一网页中标记和标记的内容都相同的元素如果出现两次也应视为两个不同的元素，因为浏览器在解释 HTML 中每个元素时都会为它自动分配一个内部 id，不存在两个元素的 id 也相同的情况。

例 2.2 在如下代码中，body 标记内共有多少个元素？

```
<body>
   <a href="box.html"><img src="cup.gif" border="0" align="left" /></a>
   <p>图片的说明内容</p><hr/>
   <p>图片的说明内容</p>
</body>
```

答：5 个。即 1 个 a 元素、1 个 img 元素、2 个 p 元素和 1 个 hr 元素。

2. **行内元素和块级元素**

HTML 元素还可以按另一种方式分为“行内元素”和“块级元素”。下面是一段 HTML 代码，它的显示效果如图 2-5 所示，请注意元素中的内容在浏览器中是如何排列的。

```
<body>
   <h2>Web 标准</h2><a href="#">W3C 主页</a>
    <img src="arrow.gif" width="16" height="16" /> <b>结构</b>
   <font>表现</font> <span>行为</span>
   <p>结构标准语言 XHTML</p><ul><li>表现标准语言 CSS</li></ul>
   <div>行为标准语言 JavaScript</div>
</body>
```

从图 2-5 中可以看到 h2、p、div 这些元素中的内容会占满一整行，而 a、img、span 这些元素在一行内从左到右排列，其所占据的宽度是刚好能容纳元素中内容的最小宽度。根据元素是否会占据一整行，可以把 HTML 元素分为行内元素和块级元素。

图 2-5 行内元素和块级元素

行内（inline）元素是指元素与元素之间从左到右并排排列，只有当浏览器窗口容纳不下时才会转到下一行；块级（block）元素是指每个元素占据浏览器一整行位置，块级元素与块级元素之间自动换行，从上到下排列。块级元素内部可包含行内元素或块级元素，行内元素内部只可包含行内元素，不得包含块级元素。另外，块级元素<p>元素内部也不能包含其他的块级元素。

2.2 文本、图像和超链接标记

2.2.1 文本格式标记

文本格式标记用来在网页中添加文本，网页中添加文本的方法有以下几种。

1. 直接写文本

这是最简单也是用得最多的方法，很多时候文本并不需要放在文本标记中，完全可直接放在其他标记中。例如：<div>文本</div>、<td>文本</td>、<body>文本</body>、<li>文本</li>。

2. 用段落标记<p>…</p>格式化文本

各段落文本将换行显示，段落与段落之间有一行的间距。例如：

```
<p>第一段</p><p>第二段</p><p>第三段</p>
```

3. 用标题标记<hn>…</hn>格式化文本

标题标记是具有语义的标记，它指明标记内的内容是一个标题。标题标记共有 6 种，用来定义第 *n* 级标题（*n*=1～6），*n* 的值越大，字越小，所以<h1>是最大的标题标记，而<h6>是最小的标题标记。标题标记中的文本将以粗体显示，实际上可看成特殊的段落标记。

标题标记和段落标记均具有对齐属性 align，用来设置元素的内容在元素占据的一行空间内的对齐方式。该属性的取值有：left（左对齐）、right（右对齐）、center（居中对齐）。

4. 文本换行标记

标记是强制换行标记，如果希望 HTML 代码中的文本在浏览器中换行，可在要换行处插入
标记。在 DW 中插入
标记是用 Shift+Enter 组合键。

段落、标题和换行标记的示例代码如下，显示效果如图 2-6 所示。

```
<html><body>
   <h1 align="center">1 级标题</h1>
       <p>第一段</p>
   <h3>3 级标题</h3>
       <p>第二段<br />前面有个换行&lt;br/&gt;标记</p>
       <h5 align="right">5 级标题</h5>
</body> </html>
```

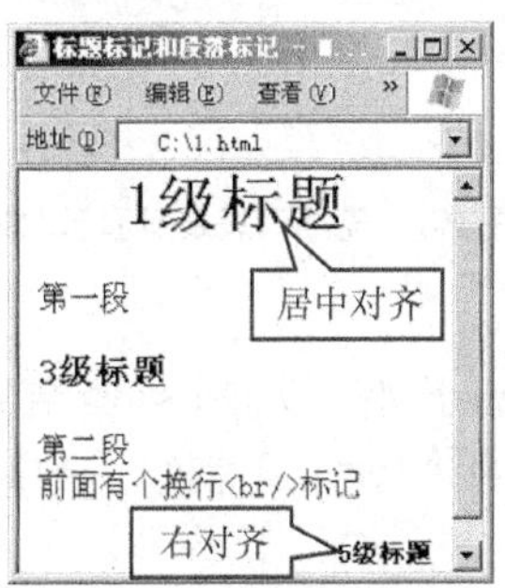

图 2-6 标题标记和段落标记

提示：换行标记
不会产生空行，而两个段落标记<p>之间会有一行的空隙。

5. 文本中的字符实体

在 HTML 代码中，某些符号（如空格、大于号）是不会在浏览器中显示的，如果希望浏览器显示这些字符就必须在源代码中输入其所对应的字符实体。字符实体可分为 3 类。

（1）转义字符

由于大于号和小于号被用于声明标记，因此如果在 HTML 代码中出现“<”或“>”就不会被认为是普通的小于号或大于号了。如果要显示“*x*>*y*”这样一个数学公式，需要用“<”代表符号“<”，

用“>”代表符号“>”。在 DW 的设计视图中输入“<”，会自动在代码视图中插入“<”。

（2）空格符

源代码中字符与字符之间的空格，在浏览器中显示网页时只会保留一个。如果要在网页某处插入多个空格，可以通过输入“ ”（表示空格的字符实体）来实现。一个“ ”代表一个半角的空格，如果要输入多个空格，可交替输入“ ”和空格。

（3）特殊字符

一些字符是无法直接用键盘输入的，也需要使用这种方法来输入，例如，版权符号“©”需要使用“©”来输入。还有几个特殊字符也比较常用，如“±”代表符号“±”，“÷”代表“÷”，“‰”代表“‰”。在 DW 中，执行菜单命令“插入”→“HTML”→“特殊字符”可以方便地在网页中插入这些字符。

2.2.2 列表标记

为了合理地组织文本或其他对象，网页中常常要用到列表。HTML 中的列表标记有无序列表<ul>、有序列表<ol>和定义列表<dl>3 种。每个列表都可包含若干个列表项，用<li>标记表示列表项。

1. 无序列表

无序列表（Unordered List）以标记<ul>开始，以标记</ul >结束。在每一个<li>标记处另起一行，并在列表文本前显示加重符号，全部列表会缩排，与 Word 中的“项目符号”很相似。无序列表及其显示效果如图 2-7 所示。

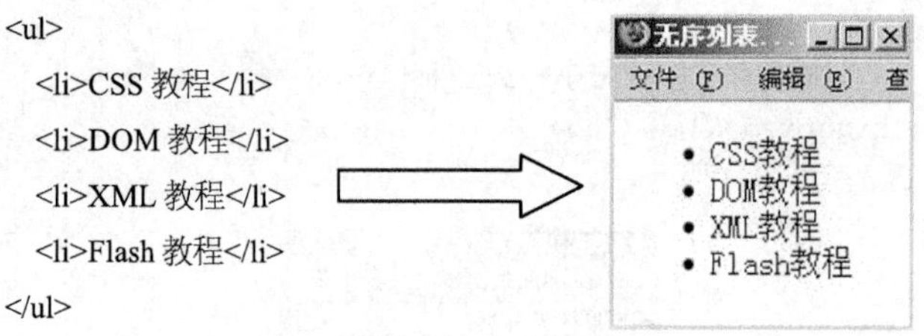

图 2-7 无序列表及其显示效果

2. 有序列表

有序列表（Ordered List）以标记<ol>开始，以标记</ol>结束。在每一个<li>标记处另起一行，并在列表文本前显示数字序号，与 Word 中的“编号”很相似。有序列表及其显示效果如图 2-8 所示。

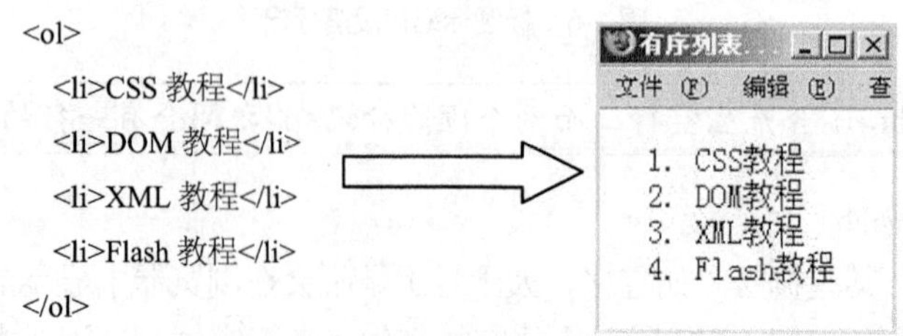

图 2-8 有序列表及其显示效果

3. 定义列表

一个定义列表（Defined List）项用<dl>…</dl>定义。<dl>中可包含一个列表标题和一系列列表内容，其中<dt>标记中为列表标题，<dd>标记中则为列表内容。列表项自动换行和缩排。定义列表及其显示效果如图 2-9 所示。

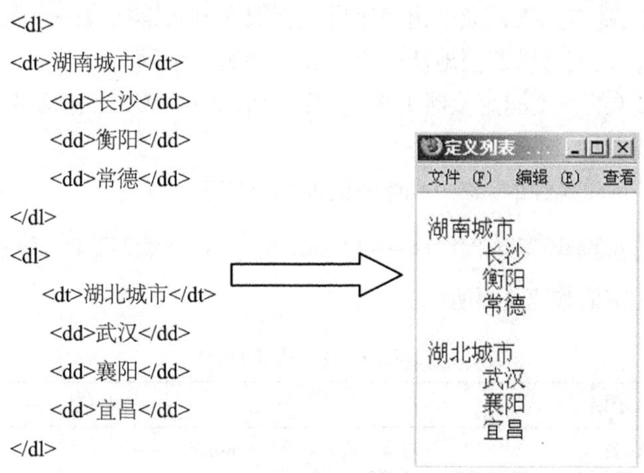
<dl>
<dt>湖南城市</dt>
<dd>长沙</dd>
<dd>衡阳</dd>
<dd>常德</dd>
</dl>
<dl>
<dt>湖北城市</dt>
<dd>武汉</dd>
<dd>襄阳</dd>
<dd>宜昌</dd>
</dl>
定义列表 ...
文件 (F) 编辑 (E) 查看
湖南城市
长沙
衡阳
常德
湖北城市
武汉
襄阳
宜昌

图 2-9 定义列表及其显示效果

列表标记之间还可以进行嵌套，即在一个列表的列表项里又插入另一个列表，这样就形成了二级列表结构。随着 DIV+CSS 布局方式的流行，列表的地位变得重要起来，配合 CSS 样式，列表可以演变成样式繁多的导航、菜单、标题等。

2.2.3 图像标记<img>

网页中图像对浏览者的吸引力远大于文本，选择恰当的图像，能够牢牢吸引浏览者的视线。图像直接表现主题，并且凭借图像的意境，使浏览者产生共鸣。缺少图像而只有色彩和文字的设计，给人的印象是没有主题的空虚的画面。浏览者将很难了解该网页的主要内容。在 HTML 中，用<img>标记可以插入图像文件，并可设置图像的大小、对齐等属性，它是一个单标记，例如：

```
<img src="images/info.gif" width="158" height="41" align="left" alt="公告">
```

将向网页中插入一张图片，该图片文件位于当前网页文件所在目录下的 images 目录中，图片文件名必须为“info.gif”，<img>标记的属性含义如表 2-1 所示。

表 2–1 <img>标记的常见属性

属性	含义
src	图片文件的 URL 地址
alt	当图片无法显示时显示的替代文字
title	鼠标停留在图片上时显示的说明文字
align	图片的对齐方式，共有 9 种取值
width、height	图片在网页中的宽和高，单位为像素或百分比

提示： 在 DW 中，单击工具栏中的图像按钮可让用户选择插入一张图片，其实质是 DW 在代码中自动插入了一个<img>标记，选中插入的图像，还可在属性面板中设置图像的各种属性，以及图像的链接地址等。

2.2.4 超链接标记<a>

超链接是组成网站的基本元素，通过超链接可以将很多网页链接成一个网站，并将 Internet 上的各个网站联系在一起，人们可以方便地从一个网页转到另一个网页。

超链接是通过 URL（统一资源定位器）来定位目标信息的。URL 包括 4 部分：网络协议、域名或 IP 地址、路径和文件名。

在 HTML 中，具有 href 属性的<a>…</a>标记表示超链接，例如：

```
<a href="http://www.baidu.com" target="_blank" title="百度网站">百度</a>
```

<a>标记的属性及其取值如表 2-2 所示。

表 2-2　　<a>标记的属性及其取值

属性名	说明	属性值
href	超链接的 URL 路径	相对路径或绝对路径、E-mail、#锚点名
target	超链接的打开方式	_blank：在新窗口打开； _self：在当前窗口打开，默认值 _parent：在当前窗口的父窗口打开 _top：在整个浏览器窗口打开链接 窗口或框架名：在指定名字的窗口或框架中打开
title	超链接上的提示文字	属性值是任何字符串

超链接的源对象是指可以设置链接的网页对象，主要有文本，图像或文本图像的混合体，它们对应<a>标记的内容，另外还有热区链接。在 DW 中，这些网页对象的属性面板中都有“链接”设置项，可以很方便地为它们建立链接。

1. 用文本做超链接

在 DW 中，可以先输入文本，然后用鼠标选中文本，在属性面板的“链接”框中输入链接的地址并按 Enter 键；也可以单击“常用”工具栏中的“超级链接”图标，在对话框中输入“文本”和链接地址；还可以在代码视图中直接写代码。无论用何种方式做，生成的超链接代码类似下面这种形式：

```
<a href="index.htm" target="_blank">首页</a>
```

2. 用图像做超链接

首先需要插入一幅图片，然后选中图片，在属性面板的“链接”文本框中设置图像链接的地址。生成的代码如下：

```
<a href="index.htm"><img src="images/info.gif" title="返回首页"></a>
```

3. 文本图像混合做链接

虽然 a 元素是一个行内元素，但在 HTML5 中，允许在 a 元素中包含块级元素。因此可将图片和文本都作为 a 元素的内容，这样无论是单击图片还是文本都会触发同一个链接。制作文本图像链接需要在代码视图中手工修改代码，示例代码如下：

```
<a href="brd1.htm"><img src="green.jpg"><h3>格绿空调 1 型</h3></a>
```

4. 热区链接

用图像做超链接只能让整张图片指向一个链接，那么能否在一张图片上创建多个超链接呢？这时就需要热区链接。所谓热区链接就是在图片上划出若干个区域，让每个区域分别链接到不同的网页。例如一张中国地图，单击不同的省份会链接到不同的网页，就是通过热区链接实现的。

制作热区链接首先要插入一张图片，然后选中图片，在展开的图像“属性”面板上有“地图”选项，它的下方有 3 个小按钮分别是绘制矩形、圆形、多边形热区的工具，如图 2-10 所示。可以使用它们在图像上拖动绘制热区，也可以使用箭头按钮调整热区的位置。

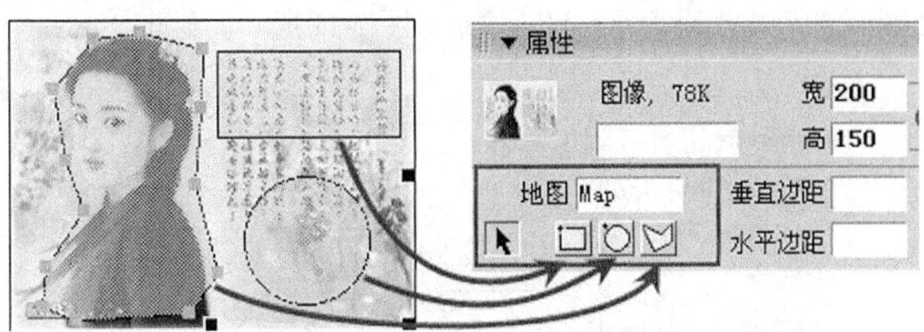

图 2-10　图像属性面板中的地图工具

绘制热区后，可看到在 HTML 代码中增加了<map>标记，表示在图像上定义了一幅地图。地图就是热区的集合，每个热区用<area>单标记定义，因此<map>和<area>是成组出现的标记对。定义热区后生成的代码如下：

```
<img src="images/xf.jpg" alt="说明文字" border="0" usemap="#Map" />
<map name="Map" id="Map">
   <area shape="rect" coords="51,131,188,183" href="title.htm" alt="说明文字" />
   <area shape="rect" coords="313,129,450,180" href="#h3" />
</map>
```

其中，<img>标记会增加 usemap 属性与其上定义的地图（热区）建立关联。

<area>标记的 shape 属性定义了热区的形状，coords 属性定义了热区的坐标点，href 属性定义了热区链接的文件；alt 属性可设置鼠标移动到热区上时显示的提示文字。

下面是一个包含各种超链接的网页实例。

```
<html><body>
<p><a href="dance.html">红舞鞋</a></p>    <!--链接到其他页面-->
<p><a href="#xrh">雪绒花</a></p>        <!--链接到锚点-->
   <!--用图像做超链接，并且链接到一个电子邮件地址-->
<p><a href=mailto:xiali@163.net title="欢迎给我来信"><img src="mail.gif"></a></p>
<p>好站推荐：<a href="http://www.baidu.com" target= "_blank">百度</a></p>
<p><a id="xrh"></a>雪绒花的介绍……</p>    <!--定义一个锚点-->
<p align="right"><a href="JavaScript:self.close(); ">关闭窗口</a></p>
   </body></html>
```

2.3 表格标记

表格是网页中常见的页面元素，网页中的表格不仅用来显示数据，更多时候还用来对网页进行布局，以达到精确控制文本或图像在网页中位置的目的。

通过表格布局的网页，由于网页中所有元素都是放置在表格的单元格中，因此网页代码中表格标记（<table>、<tr>、<td>）出现得非常多。

2.3.1 <table>标记及其属性

网页中的表格由<table>标记定义，一个表格被分成许多行<tr>，每行又被分成许多个单元格<td>，因此<table>、<tr>、<td>是表格中 3 个最基本的标记，必须同时出现才有意义。表格中的单元格能容纳网页中的任何元素，如图像、文本、列表、表单、表格等。

下面是一个最简单的表格代码，它的显示效果如图 2-11 所示。

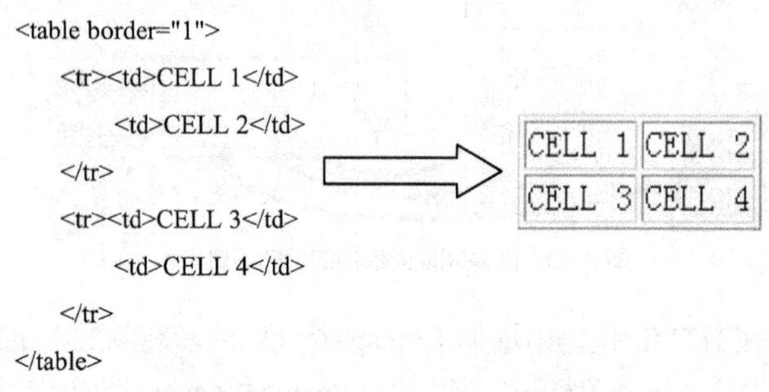

图 2-11 简单的表格代码及其显示效果

从表格的显示效果可以看出，代码中两个<tr>标记定义了两行，而每个<tr>标记中又有两个<td>标记，表示每一行中有两个单元格，因此显示为两行两列的表格。要注意，在表格中行比列大，总是一行<tr>中包含若干个单元格<td>。

在这个表格<table>标记中还设置了边框宽度（border="1"），它表示表格的边框宽度是 1 像素宽。下面将边框宽度调整为 10 像素，即<table border="10">，这时显示效果如图 2-12 所示。

此时虽然表格的边框宽度变成了 10 像素，但表格中每个单元格的边框宽度仍然是 1 像素，可见设置表格边框宽度不会影响单元格的边框宽度。

但有一个例外，如果将表格的边框宽度设置为 0，即<table border="0">（由于 border 属性的默认值就是 0，因此也可以将 border 属性删除不设置）。则显示效果如图 2-13 所示。可见将表格的边框宽度设置为 0 后，单元格的边框宽度也跟着变为 0 了。

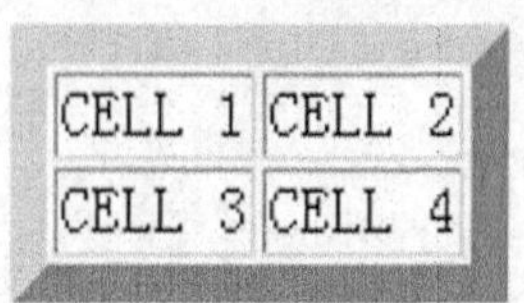

图 2-12 border="10"时的表格

CELL 1 CELL 2
CELL 3 CELL 4

图 2-13 border="0"时

由此可得出结论：设置表格边框为 0 时，会使单元格边框也变为 0；而设置表格边框为其他数值时，单元格边框宽度保持不变，始终为 1。

除 border 外，表格还有填充（cellpadding）和间距（cellspacing）两个重要属性。cellpadding 表示单元格中的内容到单元格边框之间的距离，默认值为 0；而 cellspacing 表示相邻单元格之间的距离，默认值为 1。例如，将表格填充设置为 12，即<table border="10" cellpadding="12">，则显示效果如图 2-14 所示。

把表格填充设置为 12，间距设置为 15，即<table border="10" cellpadding="12" cellspacing="15">，则显示效果如图 2-15 所示。

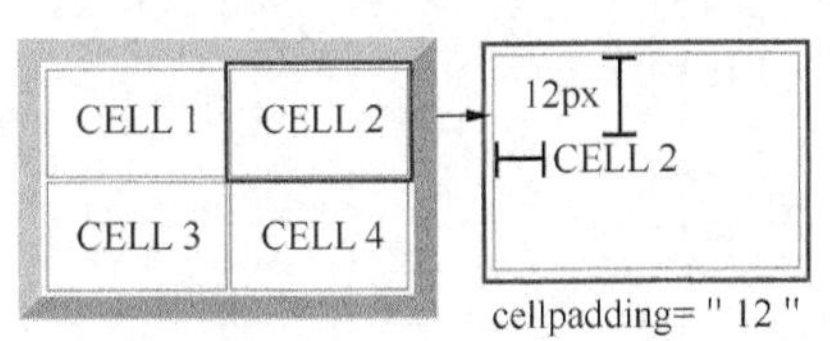

图 2-14 cellpadding 属性

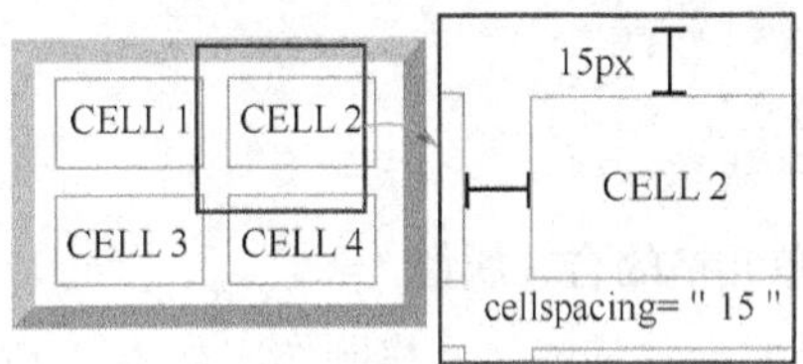

图 2-15 cellspacing 属性

此外，表格<table>标记还具有宽（width）和高（height），水平对齐（align）等属性，表 2-3 列出了表格标记的常见属性。

表 2–3 <table>标记的属性

<table>标记的属性	含义
border	表格边框的宽度，默认值为 0
cellspacing	表格的间距，默认值为 1
cellpadding	表格的填充，默认值为 0
width，height	表格的宽和高，可以使用像素或百分比作单位
align	表格的对齐属性，可以让表格左右或居中对齐
rules	只显示表格的行边框或列边框

2.3.2 <tr>、<td>、<th>标记的属性

表头标记<th>相当于一个特殊的单元格<td>标记，只不过<th>中的字体会以粗体居中的方式显示。可以将表格第 1 行（第 1 个<tr>）中的<td>换成<th>，表示表格的表头。

对于单元格标记<td>、<th>来说，它们具有一些共同的属性，包括：width、height、align、valign、nowrap（不换行）、bordercolor、bgcolor 和 background。这些属性对于行标记<tr>来说，大部分也具有，只是没有 width 和 background 属性。

1. align 和 valign 属性

（1）align 是单元格中内容的水平对齐属性，取值有：left（默认值）、center、right。

（2）valign 是单元格中内容的垂直对齐属性，取值有：middle（默认值）、top 或 bottom。

即单元格中的内容默认是水平左对齐，垂直居中对齐的。由于默认情况下单元格是以能容纳内容的最小宽度和高度定义大小的，所以必须设置单元格的宽和高使其大于最小宽高值时，才能看到对齐的效果。例如，下面的代码显示效果如图 2-16 所示。

图 2-16 align 属性和 valign 属性

```
<table width="256" border="4" cellpadding="2">
  <tr valign="bottom" height="58">
    <td width="82">底端对齐</td>
    <td width="96" valign="top">顶端对齐</td>
```

```
    </tr>
    <tr align="center" height="54">
      <td valign="top">水平居中顶端</td>
      <td>水平居中</td>
    </tr>
  </table>
```

2. 单元格的合并属性

如果要合并某些单元格制作出如图 2-17 所示的表格，则必须使用单元格的合并属性，单元格的合并属性有：colspan（跨多列属性）和 rowspan（跨多行属性），是<td>标记特有的属性，分别用于合并列或合并行。例如：

<table>
<tr><td rowspan="3">课程表</td><td colspan="2">星期一</td></tr>
<tr><td>上午</td><td>下午</td></tr>
<tr><td>语文</td><td>数学</td></tr>
</table>

图 2-17　单元格合并后的效果

```
  <td colspan="2">星期一</td>
```

表示该单元格由 2 列（2 个并排的单元格）合并而成，它将使该行<tr>标记中减少一个<td>标记。又如：

```
  <td rowspan="3">课程表</td>
```

表示该单元格由 3 行（3 个上下排列的单元格）合并而成，它将使该行下的两行，两个<tr>标记中分别减少一个<td>标记。

实际上，colspan 和 rowspan 属性也可以在一个单元格<td>标记中同时出现，如：

```
  <td colspan="3" rowspan="3"> </td>    <!--合并了三行三列的 9 个单元格 -->
```

2.4　表单标记

表单是浏览器与服务器之间交互的重要手段，利用表单可以收集客户端提交的有关信息。例如，图 2-18 所示的是某论坛用户注册表单，用户单击“提交”按钮后表单中的信息就会发送到服务器。

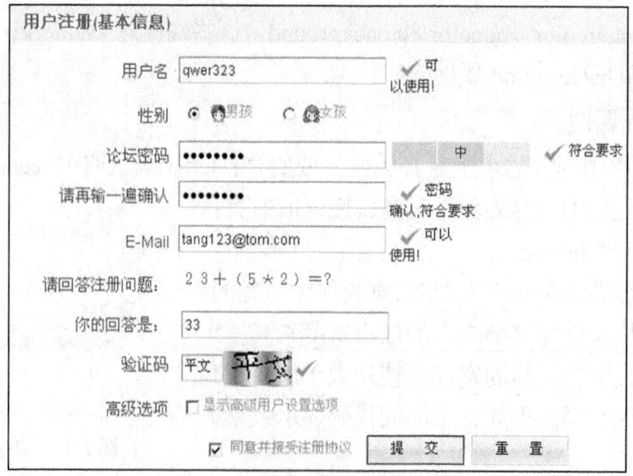

图 2-18　某论坛的用户注册表单

表单由表单界面和服务器端程序两部分构成。表单界面由 HTML 代码编写，服务器端程序用来收集用户通过表单提交的数据。本节只讨论表单界面的制作。在 HTML 代码中，可以用表单标记定义表单，并且指定接收表单数据的服务器端程序文件。

表单处理信息的过程为：当单击表单中的“提交”按钮时，在表单中填写的信息就会发送到服务器，然后由服务器端的有关应用程序进行处理，处理后或者将用户提交的信息存储在服务器端的数据库中，或者将有关的信息返回到客户端浏览器。

2.4.1 <form>标记及其属性

<form>标记用来创建一个表单，即定义表单的开始和结束位置，这一标记有几方面的作用。首先，限定表单的范围，一个表单中的所有表单域标记，都要写在<form>与</form>之间，单击“提交”按钮时，提交的也是该表单范围内的内容。其次，携带表单的相关信息，例如，处理表单的脚本程序的位置（action）、提交表单的方法（method）等。这些信息对于浏览者是不可见的，但对处理表单却起着决定性的作用。

<form>标记中包含的表单域标记通常有<input>、<select>和<textarea>等，图 2-19 展示了 Dreamweaver 的表单工具栏中各种表单元素与标记的对应关系。

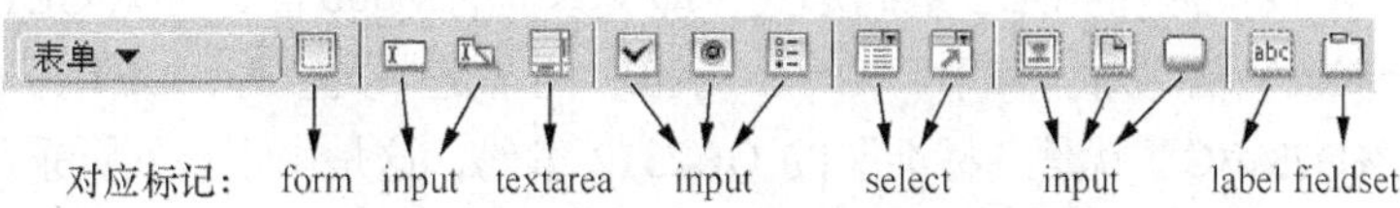

图 2-19 表单元素和表单标记的对应关系

在图 2-19 中单击“表单”按钮（ ）后，就会在网页中插入一个表单<form>标记，此时会在属性面板中显示<form>标记的属性设置，如图 2-20 所示。

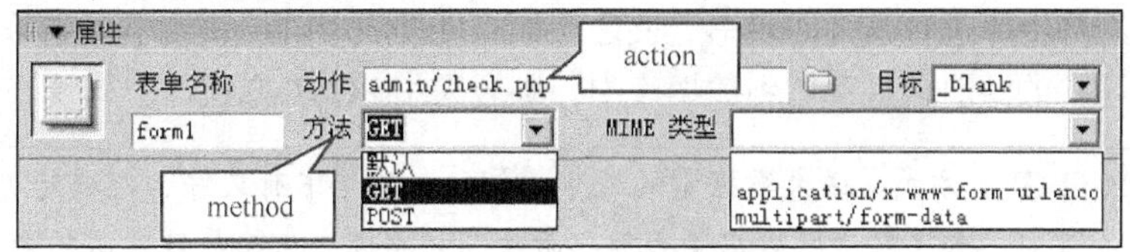

图 2-20 <form>标记的属性面板

<form>标记具有的属性如下。

1. name 属性

图 2-20 中，“表单名称”对应 name 属性，可设置一个唯一的名称以标识该表单，如<form name="form1">，该名称仅供 JavaScript 代码调用表单中的元素。

2. action 属性

“动作”对应表单的 action 属性。action 属性用来设置接收表单内容的程序文件的 URL。例如，<form action="admin/check.php">，表示当用户提交表单后，将转到 admin 目录下的 check.php 页面，并由 check.php 接收发送来的表单数据，该文件执行完后（通常是对表单数据进行处理），将返回执行结果（生成的静态页）给浏览器。

在“动作”文本框中可输入相对 URL 或绝对 URL。如果不设置 action 属性（即 action=""），表单中的数据将提交给表单自身所在的文件，这种情况常见于将表单代码和处理表单的程序写在同一个动态网页中，否则将没有接收和处理表单内容的程序。

3. method 属性

“方法”对应<form>的 method 属性，定义浏览器将表单数据传递到服务器端的方式。取值只能是 GET 或 POST（默认值是 GET）。例如：<form method="post">。

（1）使用 GET 方式时，Web 浏览器将各表单字段名称及其值按照 URL 参数格式的形式，附在 action 属性指定的 URL 地址后一起发送给服务器。例如，一个使用 GET 方式的 form 表单提交时，在浏览器地址栏中生成的 URL 具有类似下面的形式：

```
http://ec.hynu.cn/admin/check.php?name=alice&password=123
```

可见，GET 方式所生成的 URL 格式为：每个表单域元素名称与取值之间用等号“=”分隔，形成一个参数；各个参数之间用“&”分隔；而 action 属性所指定的 URL 与参数之间用问号“?”分隔。如果表单字段取值中包含中文或其他特殊字符，则使用 GET 方式会自动对它们作 URL 编码处理。例如，“百度”就是使用 GET 方式提交表单信息的，在百度中输入“web 标准”，再单击“百度一下”，则可看到地址栏中的 URL 变为：

```
http://www.baidu.com/s?wd=web%B1%EA%D7%BC
```

其中，s 是处理表单的程序，wd 是百度文本框的 name 属性值，而 web%B1%EA%D7%BC 是在文本框中输入的“web 标准”的 URL 编码形式，即文本框的 value 值，可见 GET 方式总是在 URL 问号后接“name=value”信息对。其中，由于“标准”两字是中文字符，GET 方式自动对它作编码处理，“%B1%EA%D7%BC”就是“标准”的 GB2312 编码，这是由于该网页采用了 GB2312 编码方式。如果是 Google，则会对中文字符采用 UTF-8 编码，因为国外网站一般采用 UTF-8 编码。

（2）使用 POST 方式，浏览器将把各表单域元素及其数据作为 HTTP 消息的实体内容发送给 Web 服务器，而不是作为 URL 参数传递。因此，使用 POST 方式传送的数据不会显示在地址栏中。根据 HTML 标准，如果处理表单的服务器程序不会改变服务器上存储的数据，则可以采用 GET 方式，例如，用来对数据库进行查询的表单。反之，如果处理表单的结果会引起服务器上存储数据的变化，例如，将用户的注册信息存储到数据库中，则应采用 POST 方式。

提示：不要使用 GET 方式发送大数据量的表单（例如，表单中有文件上传域时）。因为 URL 长度最多只能有 8192 个字符，如果发送的数据量太大，数据将被截断，从而导致发送的数据不完整。另外，在发送机密信息时（如用户名和口令、信用卡号等），不要使用 GET 方式。如果这样做了，则浏览者输入的口令将作为 URL 显示在地址栏上，而且还将保存在浏览器的历史记录文件和服务器的日志文件中。因此，GET 方式不适用于对发送的表单数据机密性有要求的场合或表单发送的数据量大的场合。

---

4. enctype 属性

“MIME 类型”对应<form>的 enctype 属性，用来指定表单数据在发送到服务器之前应该如何编码。默认值为“application/x-www-form-urlencode”，表示表单中的数据被编码成“名=值”对的形式，因此在一般情况下无须设置该属性。但如果表单中含有文件上传域，则需设置该属性为“multipart/form-data”，并设置提交方式为 POST。

5. target 属性

“目标”对应<form>的“target”属性，它指定当提交表单时，action 属性所指定的动态网页以何种方式打开（例如，在新窗口还是原窗口）。取值有 4 种，含义和<a>标记的 target 属性相同。

2.4.2 <input>标记

<input>标记是用来收集用户输入信息的标记。它是一个单标记，至少应具有两个属性，一是 type

属性，用来决定这个<input>标记的含义，type 属性共有 10 种取值，各种取值的含义如表 2-4 所示；二是 name 属性，用来定义该表单域元素的名称，如果没有该属性，虽然不会影响表单的界面，但服务器将无法获取该表单域元素提交的数据。

表 2–4　　<input>标记的 type 属性取值含义

type 属性值	含义	type 属性值	含义
text	文本框	hidden	隐藏域
password	密码框	submit	“提交”按钮
radio	单选框	reset	“重置”按钮
checkbox	复选框	button	“普通”按钮
file	文件域	image	“图像”按钮

1. 单行文本框

当<input>的 type 属性为 text 时，即：<input type="text" …/>，将在表单中创建一个单行文本框，如图 2-24 所示。文本框用来收集用户输入的少量文本信息。例如：

```
姓名：<input type="text" name="user" size="20" />
```

表示该单行文本框的宽度为 20 个字符，名称属性为 user。

如果用户在该文本框中输入了内容（假设输入的是 Tom），那么提交表单时，提交给服务器的数据就是“user=Tom”。即表单提交的数据总是“name=value”对的形式。由于 name 属性值为 user，而文本框的 value 属性值为文本框中的内容，因此有以上结果。

如果用户没有在该文本框中输入内容，那么提交表单时，提交给服务器的数据就是“user=”。

在初次打开网页时，文本框一般是空的。如果要使文本框显示初始值，可设置其 value 属性，value 属性的值将作为文本框的初始值显示。如果希望单击文本框时清空文本框中的值，可对 onfocus 事件编写 JavaScript 代码，因为单击文本框时会触发文本框的 onfocus 事件。示例代码如下，效果如图 2-21 所示。文本框和密码框的常用属性如表 2-5 所示。

```
查询 <input type="text" name="seach" value="请输入关键字" onfocus="this.value=''" />
```

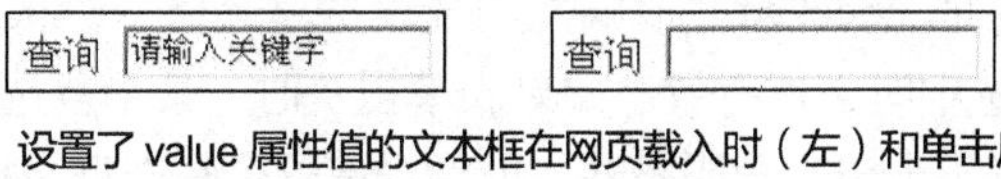

查询 请输入关键字　　查询

图 2-21　设置了 value 属性值的文本框在网页载入时（左）和单击后（右）

表 2–5　　文本框和密码框的常用属性

属性名	功能	示例
value	设置文本框中显示的初始内容，如果不设置，则文本框显示的初始值为空，用户输入的内容将会作为最终的 value 属性值	value="请在此输入"
size	指定文本框的宽度，以字符个数为度量单位	size="16"
maxlength	设置用户能够输入的最多字符个数	maxlength="11"
readonly	文本框为只读，用户不能改变文本框中的值，但用户仍能选中或复制其文本，其内容也会发送到服务器	readonly="readonly"
disabled	禁用文本框，文本框将不能获得焦点，提交表单时，也不会将文本框的名称和值发送给服务器	disabled="disabled"

提示：readonly 可防止用户对值进行修改，直到满足某些条件为止（如选中了一个复选框），此时需要使用 JavaScript 清除 readonly 属性。disabled 可应用于所有表单元素。

2. 密码框

当<input>的 type 属性为 password 时，表示该<input>是一个密码框。密码框和文本框基本相同，只是用户输入的字符会以圆点显示，以防被旁人看到。但表单发送数据时仍然会把用户输入的真实字符作为其 value 值以不加密的形式发送给服务器。示例代码如下，显示效果如图 2-22 所示。

```
密码 ： <input type="password" name="pw" size="15" />
```

密码：••••••

图 2-22　密码框

3. 单选按钮

<input type="radio" …/>用于在表单上添加一个单选按钮，但单选按钮需要成组使用才有意义。只要将多个单选按钮的 name 属性值设置为相同，它们就形成一组单选按钮。浏览器只允许一组单选按钮中的一个被选中。当用户提交表单时，在一个单选按钮组中，只有被选中的那个单选按钮的名称和值（即 name/value 对）才会被发送给服务器。

因此同组的每个单选按钮的 value 属性值必须各不相同，以实现选中不同的单选项，就能发送同一 name 不同 value 值的效果。下面是一组单选按钮的代码，效果如图 2-23 所示。

```
性别： 男 <input type="radio" name="sex" value="1" checked="checked" />
       女 <input type="radio" name="sex" value="2" />
```

性别：男 ◉ 女 ○

图 2-23　单选按钮

其中，checked 属性设定初始时单选按钮哪项处于选定状态，不设定表示都不选中。

4. 复选框

<input type="checkbox" />用于在表单上添加一个复选框。复选框可以让用户选择一项或多项内容，复选框的一个常见属性是 checked，该属性用来设置复选框初始状态时是否被选中。复选框的 value 属性只有在复选框被选中时，才有效。如果表单提交时，某个复选框是未被选中的，那么复选框的 name 和 value 属性值都不会传递给服务器，就像没有这个复选框一样。只有某个复选框被选中，它的名称（name 属性值）和值（value 属性值）才会传递给服务器。下面的代码是一个复选框的例子，显示效果如图 2-24 所示。

```
爱好：<input name="fav1" type="checkbox" value="1" /> 跳舞
      <input name="fav2" type="checkbox" value="2" /> 散步
      <input name="fav3" type="checkbox" value="3" /> 唱歌
```

爱好：☐ 跳舞 ☐ 散步 ☐ 唱歌

图 2-24　复选框

提示：从以上示例可看出，选择类表单标记（单选框、复选框或下拉列表框等）和输入类表单标记（文本域、密码域、多行文本域等）的重要区别是：选择类标记必须事先设定每个元素的 value 属性值，而输入类标记的 value 属性值一般是用户输入的，可以不设定。

5. 文件上传域

<input type="file" …/>是表单的文件上传域，用于浏览器通过表单向服务器上传文件。使用<input type="file" />，浏览器会自动生成一个文本框和一个“浏览…”按钮，供用户选择上传到服务器的文件，示例代码如下，效果如图 2-25 所示。

```
<input type="file" name="upfile" />
```

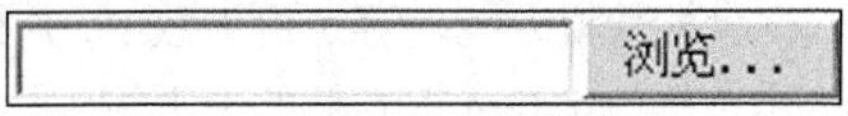

图 2-25　文件上传域

用户可以使用“浏览…”按钮打开一个文件对话框选择要上传的文件，也可以在文本框中直接输入本地的文件路径名。

注意：如果<form>标记中含有文件上传域，则<form>标记的 enctype 属性必须设置为“multipart/form-data”，并且 method 属性必须是 post。

6. 隐藏域

<input type="hidden" …/>是表单的隐藏域。隐藏域不会显示在网页中，但是当提交表单时，浏览器会将这个隐藏域元素的 name/value 属性值对发送给服务器。因此隐藏域必须具有 name 属性和 value 属性，否则毫无作用。例如：

```
<input type="hidden" name="user" value="Alice" />
```

隐藏域是网页之间传递信息的一种方法。例如，假设网站的用户注册过程由两个步骤完成，每个步骤对应一个网页文件。用户在第一步的表单中输入了用户名，接着进入第二步的网页中，在这个网页中填写爱好和特长等信息。在第二个网页提交时，要将第一个网页中收集到的用户名也传送给服务器，就需要在第二个网页的表单中加入一个隐藏域，让它的 value 值等于接收到的用户名。

2.4.3　HTML5 新增的表单类型和属性

HTML5 在表单方面作了很大的改进，包括：使用 type 属性增强表单，表单元素可以出现在 form 标记之外，input 元素新增了很多可用属性等。

1. input 标记的新增类型值

在 HTML5 中，<input>标记在原有类型（type 属性值）的基础上，新增了许多新的类型成员，如表 2-6 所示。

表 2-6　<input>标记新增的类型

类型名称	type 属性	功能描述
网址输入框	<input type="url">	用来输入网址的文本框
E-mail 输入框	<input type="email">	用来输入 E-mail 地址的文本框
数字输入框	<input type="number">	输入数字的文本框，并可设置输入值的范围
范围滑动条	<input type="range">	可拖动滑动条，用于改变一定范围内的数字
日期选择框	<input type="date">	可选择日期的文本框
搜索输入框	<input type="search">	输入搜索关键字的文本框

其中，网址输入框与 E-mail 输入框虽然从外观上看与普通文本框相同，但是它会检测用户输入的文本是否是一个合法的网址或 E-mail 地址，从而不需要再使用 JavaScript 脚本来验证用户输入内容的有效性。

数字输入框示例代码（6-16.html）如下，在 chrome 中的外观如图 2-26（a）所示。

```
<input type="number" min="1960" max="1990" step="1" value="1980" />
```

相对于普通文本框，数字文本框会检验输入的内容是否为数字，并且可以设置数字的最小值（min）、最大值（max）和步进值（step）。当单击数字输入框右侧的上下箭头时，就会递增或递减当前值。

范围滑动条的示例代码如下，在 chrome 浏览器中的外观如图 2-26（b）所示。

```
0<input type="range" min="0" max="20" value="10" />20
```

搜索输入框专门用于关键字查询，该类型输入框和普通文本框在功能和外观上没有太大区别，唯一区别是，当用户在输入框中填写内容时，输入框右侧将会出现“×”按钮，单击该按钮，就会清空输入框中内容。示例代码如下，运行结果如图 2-26（c）所示。

```
<input name="keyword" type="search" />
```

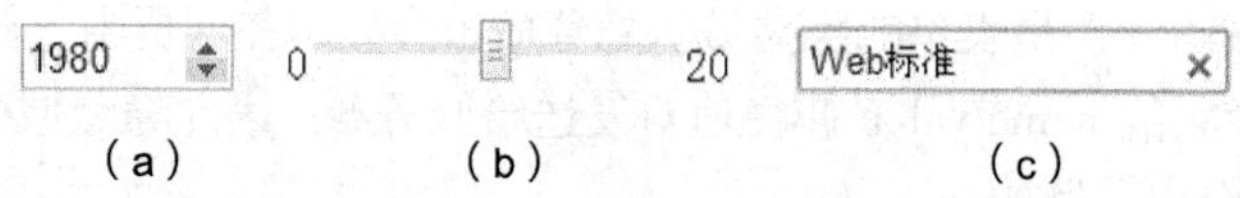

图 2-26　数字输入框、范围滑动条和搜索输入框的效果

日期选择框的示例代码如下，在 chrome 浏览器中的外观如图 2-27 所示。

```
<input name="birth" type="date" value="2013-06-10" />
```

图 2-27　日期选择框

可见，日期选择框能够弹出日期界面供用户选择，如果对其设置 value 属性，则会显示该属性中的值作为默认日期。type 属性除了 date 外，将 type 属性设置为 time、month、week、datetime、datetime-local 均表示日期选择框，只不过此时能选择时间、月份、星期等值。

提示：如果浏览器不支持这些 HTML5 中的 type 属性值，则会取 type 属性的默认值 text，从而将 input 元素解释为文本框。

2. <input>标记新增的公共属性

在 HTML5 中，<input>标记新增了很多公共属性，如表 2-7 所示。除此之外，还新增了一些特有属性，如 range 类型中的 min、max、step 等。

表 2-7　<input>标记新增的公共属性

属性	HTML 代码	功能说明
autofocus	<input autofocus="true">	设置元素自动获得焦点
pattern	<input pattern="正则表达式">	使用正则表达式验证 input 元素的内容
placeholder	<input placeholder="请输入">	设置文本输入框中的默认内容
required	<input required="true">	是否检测文本输入框中的内容为空
novalidate	<input novalidate="true">	是否验证文本输入框中的内容
autocomplete	<input autocomplete="on">	使 form 或 input 具有自动完成功能

<input>标记的公共属性的含义如下。

（1）autofocus 属性：当 input 元素具有 autofocus 属性时，会使页面加载完成后，该元素自动获得焦点（即光标位于该输入框内）。

（2）pattern 属性：对于比较复杂的规则验证，如验证用户名“是否以字母开头，包含字符或数字和下画线，长度在 6-8”。则需要使用 pattern 属性设置正则表达式验证，例如：pattern="^[a-zA-Z]\w(5,7)$"。

（3）placeholder 属性：该属性可在文本框中放置一些提示文本（以灰色显示），当输入文本时，提示文本消失。示例代码如下，其效果类似图 2-21。

```
<input name="keyword" type="search" placeholder="请输入关键字" />
```

（4）required 属性：该属性用来验证输入框的内容是否为空，如果为空，在表单提交时，会显示错误提示信息。

（5）novalidate 属性：该属性表示提交表单时不验证表单或输入框的内容，适用于<form>及以下类型的<input>标记：text、search、url、telephone、email、password、date pickers、range 及 color。

（6）autocomplete 属性：该属性用来设置表单或输入框是否具有自动完成功能，其属性值是 on 或 off。开启自动完成功能后，当用户成功提交一次表单后，以后每次再提交表单时，都会在输入框下方出现以前输入过的内容供用户选择。

这些属性的功能过去一般是用 JavaScript 脚本实现，而用 HTML5 属性实现后，可以大大减少对 JavaScript 代码的使用。

2.4.4 <select>和<option>标记

<select>标记表示下拉框或列表框，其含义由其 size 属性决定。如果该标记没有设置 size 属性，那么就表示是下拉列表框。如果设置了 size 属性，则变成了列表框，列表的行数由 size 属性值决定。如果再设置了 multiple 属性，则表示列表框允许多选。下拉列表框中的每一项由<option>标记定义，还可使用<optgroup>标记添加一个不可选中的选项，用于给选项进行分组。例如，下面代码的显示效果如图 2-28 所示。

```
所在地: <select name="addr">        <!--添加属性 size="5"则为图 2-28 右边的列表框-->
    <option value="1">湖南</option>
    <option value="2">广东</option>
    <option value="3">江苏</option>
    <option value="4">四川</option></select>
```

提交表单时，select 标记的 name 值将与选中项的 value 值一起作为 name/value 信息对传送给服务器。如果<option>标记没有设置 value 属性，那么提交表单时，将把选中项中的文本（例如，“湖南”）作为 name/value 信息对的 value 部分发送给服务器。

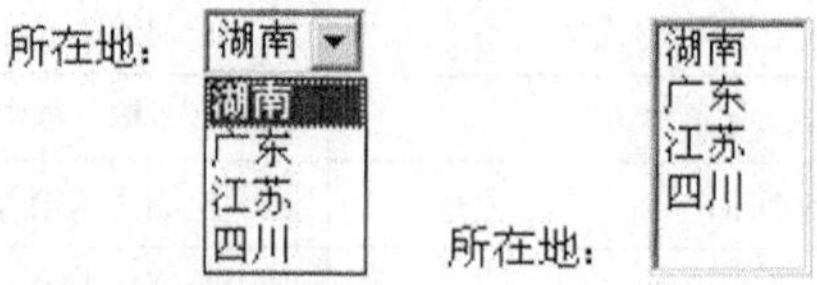

所在地：湖南 湖南 广东 江苏 四川　　所在地：湖南 广东 江苏 四川

图 2-28　下拉列表框（左）和列表框（右）

2.4.5　多行文本域标记<textarea>

<textarea>是多行文本域标记，用于让浏览者输入多行文本，如发表评论或留言等。<textarea>是一个双标记，它没有 value 属性，而是将标记中的内容显示在多行文本框中，提交表单时也是将多行文本框中的内容作为 value 值提交。例如：

```
<textarea name="comments" cols="40" rows="4" wrap="virtual">表示是一个有 4 行,每行可容纳 40 个字符，换行方式为虚拟换行的多行文本域。</textarea>
```

<textarea>的属性如下。

（1）cols：用来设置文本域的宽度，单位是字符。

（2）rows：用来设置文本域的高度（行数）。

（3）wrap：设置多行文本的换行方式，取值有以下 3 种。默认值是文本自动换行，对应虚拟（virtual）方式。

① 关（off）：不让文本换行。当用户输入的内容超过文本区域的右边界时，文本将向左侧滚动，不会换行。用户必须按 Return 键才能将插入点移动到文本区域的下一行。

② 虚拟：表示在文本区域中设置自动换行。当用户输入的内容超过文本区域的右边界时，文本换行到下一行。当提交数据进行处理时，换行符并不会添加到数据中。数据作为一个数据字符串进行提交。虚拟方式是 wrap 属性的默认值。

③ 实体（physical）：文本在文本域中也会自动换行，但是当提交数据进行处理时，将把这些自动换行符作为
标记添加到数据中。

2.4.6　表单数据的传递过程

1. 表单的三要素

一个最简单的表单必须具有以下 3 部分内容：①<form>标记，没有它表单中的数据不知道提交到哪里去，并且不能确定这个表单的范围；②至少有一个输入域（如 input 文本域或选择框等），这样才能收集到用户的信息，否则没有信息提交给服务器；③“提交”按钮，没有它表单中的信息无法提交（当然，如果使用 Ajax 等高级技术提交表单，表单也可以不具有第①项和第③项，但本章不讨论这些）。

2. 表单向服务器提交的信息内容

大家可以查看百度首页中表单的源代码，这可以算是一个最简单的表单了，它的源代码如下，可以看到它具有上述的表单三要素，因此是一个完整的表单。

```
<form name=f action=s>
    <input type=text name=wd id=kw size=42 maxlength=100>
    <input type=submit value=百度一下 id=sb>……
</form>
```

当单击表单的“提交”按钮后，表单将向服务器发送表单中填写的信息，发送形式是各个表单元素的“name= value & name= value & name= value…”。下面以图 2-29 中的表单为例分析表单向服务器提交的内容是什么（输入的密码是 123）。

图 2-29　一个输入了数据的表单

其中图 2-29 对应的 HTML 代码如下：

```
<form action="login.php" method="post">
  <p>用户名: <input name="user" id="xm" type="text" size="15" /> </p>
  <p>密码 :  <input name="pw" type="password" size="15" /></p>
  <p>性别:  男 <input type="radio" name="sex" value="1" />
     女 <input type="radio" name="sex" value="2" /></p>
<p>爱好: <input name="fav1" type="checkbox"  value="1" />跳舞
          <input name="fav2" type="checkbox" value="2" />散步
          <input name="fav3" type="checkbox" value="3" /> 唱歌 </p>
  <p>所在地: <select name="addr">
      <option value="1">长沙</option>
      <option value="2">湘潭</option>
      <option value="3">衡阳</option>
    </select> </p>
  <p>个性签名:  <br/><textarea name="sign"></textarea> </p>
  <p> <input type="submit" name="Submit" value="提交" /> </p>
</form>
```

分析：表单向服务器提交的内容总是 name/value 信息对，对于文本类输入框来说，一般无须定义 value 属性，value 的值是在文本框中输入的字符。如果事先定义 value 属性，那么打开网页它就会显示在文本框中。对于选择框（单选框、复选框和列表菜单）来说，value 的值必须事先设定，只有某个选项被选中后，它的 value 值才会生效。因此上例提交的数据是：

```
user=tang&pw=123&sex=1&fav2=2&fav3=3&addr=3&sign=wo&Submit=提交
```

说明：

① 如果表单只有一个“提交”按钮，可去掉它的 name 属性（如 name="Submit"），防止“提交”按钮的 name/value 属性对也一起发送给服务器，因为这些是多余的。

② <form>标记的 name 属性通常是为 JavaScript 调用该 form 元素提供方便的，没有其他用途。如果没有 JavaScript 调用该 form，则可省略 name 属性。

2.5 CSS 和 JavaScript 的嵌入

万维网联盟（World Wide Web Consortium，W3C）指出，网页应由结构、表现和行为三者组成。XHTML 用来描述文档的结构，而控制文档外观的任务则交给了另一种语言——CSS，因此 XHTML 和 CSS 就是结构和表现的关系，由 XHTML 确定网页的结构，而通过 CSS 决定页面的表现形式。网页还需要能够响应用户的行为，这个任务一般由客户端脚本语言 JavaScript 来完成。

2.5.1 在 HTML 中引入 CSS

HTML 和 CSS 是两种作用不同的语言，它们同时对一个网页产生作用，因此必须通过一些方法，将 CSS 与 HTML 挂接在一起，才能正常工作。

在 HTML 中，引入 CSS 的方法有行内式、嵌入式、链接式和导入式 4 种。

1. 行内式

所有 HTML 标记都有一个通用的属性“style”，行内式就是将元素的 CSS 规则作为 style 属性的属性值写在元素的标记内，例如：

```
<td style="color: red; text-decoration: underline"; width="92%">
```

这种方式由于 CSS 规则就在标记内，其作用对象就是该元素，所以不需要指定 CSS 的选择器，只需要书写属性和值。该方法的优点是对代码的改动最小，如果需要对个别元素设置 CSS 属性，可以使用这种方式，但它没有体现出 CSS 统一设置许多元素样式的优势。

2. 嵌入式

嵌入式将页面中各种元素的 CSS 样式设置集中写在<style>和</style>之间，<style>标记是专用于引入嵌入式 CSS 的一个 HTML 标记，它只能放置在文档头部，即<style>…</style>只能放置在文档的<head>和</head>之间。例如：

```
<head>
<style type="text/css">
h1{
   color: red;
   font-size: 25px;    }
</style>
</head>
```

对于单一的网页，这种方式很方便。但是对于一个包含很多页面的网站，如果每个页面都以嵌入式的方式设置各自的样式，不仅麻烦，冗余代码多，而且网站每个页面的风格不好统一。因此一个网站通常都是编写一个独立的 CSS 文件，使用以下两种方式之一，引入网站的所有 HTML 文档中。

3. 链接式和导入式

当样式需要应用于很多页面时，外部样式表（外部 CSS 文件）将是理想的选择。所谓外部样式表就是将 CSS 规则写入一个单独的文本文件中，并将该文件的后缀命名为“.css”。链接式和导入式的目的都是为了将外部 CSS 文件引入 HTML 文件中，其优点是可以让很多网页共享同一个 CSS 文件。

在学习 CSS 或制作单个网页时，为了方便，可采取行内式或嵌入式方法引入 CSS，但若要制作网站，则主要应采用链接式引入外部 CSS 文件，以便使网站内的所有网页风格统一。而且在使用外部样式表的情况下，可以通过改变一个外部 CSS 文件来改变整个网站所有页面的外观。

链接式和导入式最大的区别在于链接式使用 HTML 的标记引入外部 CSS 文件，而导入式则是用 CSS 的规则引入外部 CSS 文件，因此它们的语法不同。

链接式是在网页头部通过<link>标记引入外部 CSS 文件，格式如下：

```
<link href="style1.css" rel="stylesheet" type="text/css" />
```

而导入式是通过 CSS 规则中的@import 指令来导入外部 CSS 文件，语法如下：

```
<style type="text/css">
    @import url("style2.css");
</style>
```

此外，这两种方式的显示效果也略有不同。使用链接式时，会在装载页面主体部分之前装载 CSS 文件，这样显示出来的网页从一开始就是带有样式效果的；而使用导入式时，要在整个页面装载完之后再装载 CSS 文件，如果页面文件比较大，则开始装载时会显示无样式的页面。从浏览者的感受来说，这是使用导入式的一个缺陷。

2.5.2 在 HTML 中嵌入 JavaScript

JavaScript 的最大特点是能够与 HTML 结合，它需要被嵌入 HTML 中才能对网页产生作用。就像网页中嵌入 CSS 一样，必须通过适当的方法将 JavaScript 嵌入 HTML 中才能使 JavaScript 正常工作。在 HTML 中插入 JavaScript 脚本的方法有以下 3 种。

1. 使用<script>标记将脚本嵌入网页中（嵌入式）

<script>是 HTML 语言为引入脚本程序而定义的一个双标记。插入脚本的具体方法是：把<script></script>标记置于网页的 head 部分或 body 部分中，然后在其中加入脚本程序。

使用<script>标记嵌入 Javascript 脚本的语法如下：

```
<script>
   这里写 JavaScript 脚本
</script>
```

下面是一个嵌入了 JavaScript 脚本的网页（2-2.html），当用户单击网页中的段落标记时会弹出一个警告框，代码如下，运行效果如图 2-30 所示。

```
<html><head>
<title>第一个 JavaScript 程序</title>
<script>
   function msg () {        //这里是 JavaScript 注释：建立函数
        alert ("Hello, the WEB world!") ;    }
</script>
</head>
<body>
<p onclick="msg()">Click Here</p>  <!--通过事件调用函数 -->
</body></html>
```

图 2-30　2-2.html 的运行效果

其中，onclick 表示单击事件，当单击 p 元素时，就会执行 msg()函数中的代码，函数中 alert 语句的作用是弹出一个警告框。可见，JavaScript 程序是事件驱动的，它可响应用户或浏览器的某些事件（如单击鼠标），从而实现网页与用户的交互。

说明：

（1）虽然<script></script>标记可以位于 HTML 文档的任意位置，但比较好的做法是将所有包含自定义函数的 JavaScript 脚本放在<head></head>部分。

因为 HTML 代码在浏览器中是从上到下解释的。放在 head 部分的脚本比放在 body 中的脚本先执行。这样，浏览器在未载入页面主体之前就先载入了这些函数，确保 body 中的元素能够调用这些函数。

但是，如果 JavaScript 脚本中有获取 HTML 元素的语句，那么要么把脚本放置在要获取的 HTML 元素的后面，要么确保这些 HTML 元素先于脚本执行，否则由于页面还没载入这些 HTML 元素，就用程序去获取，则会发生"对象不存在"的错误。

（2）在 DW 中可以自动插入<script>标记对，方法是执行菜单命令"插入"→"HTML"→"脚本对象"→"脚本"，在弹出的"脚本"对话框中，单击"确定"按钮即可。

（3）JavaScript 语句通常以分号";"结束。

（4）代码中的"//"是 JavaScript 语言的注释符，可在其后添加单行注释，如果要添加多行注释，则应该使用多行注释符：/*…*/（多行注释符与 CSS 注释符相同）。

2. 将脚本嵌入 HTML 标记的事件中（行内式）

HTML 标记内可以将事件以属性的形式引入（称为事件属性），然后将 JavaScript 脚本写在该事件的值中。因此，2-2.html 可改写成如下代码（2-3.html），运行效果完全相同。

```
<html><body>
    <p onClick="JavaScript:alert('Hello,the WEB world!');">Click Here</p>
</body></html>
```

可以看出，这种方式更简单。对于大多数浏览器来说，"JavaScript:"都可省略，但这种方式的缺点是 HTML 结构代码和行为代码（JavaScript）没有分离。如果处理事件的代码比较长，或有多个 HTML 元素都需要调用事件中的这段代码，那么还是写成嵌入式好些。

3. 使用<script>标记的 src 属性链接外部脚本文件（链接式）

如果有多个网页文件需要使用同一段 JavaScript，则可以把这段脚本保存成一个单独的".js"文件（JavaScript 外部脚本文件的扩展名为".js"），然后在网页中调用该文件，这样既提高了代码的重用性，也方便了维护，修改脚本时只需修改这个单独的 JS 文件代码。

引用外部脚本文件的方法是使用<script>标记的 src 属性来指定外部文件的 URL。示例代码如下（2-4.html 和 2-4.js 位于同一目录下），运行结果如图 2-30 所示。

-------------------------------2-4.html 的代码------------------------------

```
<html><body>
<script type="text/JavaScript" src="2-4.js "></script>
<p onClick="msg()">Click Here</p>
</body></html>
```

-------------------------------2-4.js 的代码-----------------------------------

```
function msg () {        //建立函数
   alert ("Hello,the WEB world!") ; }
```

从上面的几个例子可以看出，网页中引入 JavaScript 的方法其实和引入 CSS 的方法有很多相似之处，也有嵌入式、行内式和链接式。不同之处在于，用嵌入式和链接式引入 JavaScript 都是用的同一个标记<script>，而 CSS 则分别使用了<style>和<link>标记。

习题

1. HTML 中最大的标题元素是（　　）。
   A. <head>　　B. <title>　　C. <h1>　　D. <h6>
2. 下列（　　）元素不能够相互嵌套使用。
   A. 表格　　B. 表单 form　　C. 列表　　D. div
3. 下述元素中（　　）都是表格中的元素。
   A. <table><head><th>　　B. <table><tr><td>
   C. <table><body><tr>　　D. <table><head><footer>
4. <title>标记中应该放在（　　）标记中。
   A. <head>　　B. <table>　　C. <body>　　D. <div>
5. 下述（　　）表示表图像元素。
   A. <img>image.gif</img>　　B. <img href= "image.gif " />
   C. <img src= "image.gif " />　　D. <image src= "image.gif " />
6. 要在新窗口打开一个链接指向的网页需用到（　　）。
   A. href = "_blank "　　B. name= "_blank "
   C. target = "_blank "　　D. href = "#blank "
7. align 属性的可取值不包括（　　）。
   A. left　　B. center　　C.middle　　D. right
8. 下述（　　）表示表单控件元素中的下拉框元素。
   A. <select>　　B. <input type="list">
   C. <list>　　D. <input type="options">
9. 下列表述不正确的是（　　）。
   A. 单行文本框和多行文本框都是用相同的 HTML 标记创建的
   B. 列表框和下拉列表框都是用相同的 HTML 标记创建的
   C. 单行文本框和密码框都是用相同的 HTML 标记创建的
   D. 使用图像按钮<input type="image">也能提交表单

10. colspan 是_______标记的属性，cellpadding 是_______标记的属性，target 是________标记或________标记的属性，<input>标记至少会具有_______属性，<img>标记必须具有________属性，如果作为超链接，<a>标记必须具有_________属性。

11. 下面的表单元素代码都有错误，指出它们分别错在哪里。

```
① <input name="country" value="Your country here." />
② <checkbox name="color" value="teal" />
③ <input type="password" value="pwd" />
④ <textarea name="essay" height="6" width="100">Your story.</textarea>
⑤ <select name="popsicle">
  <option value="orange" /><option value="grape" /><option value="cherry" />
 </select>
```

12. 设#title{padding: 6px 10px 4px}，则 id 为 title 的元素左填充是__________。

13. 如果要使代码中的文字变红色，则应填入：<h2 ____________>课程资源</h2>

14. 画出下面的表格：

```
<table width="466" height="127">
     <tr><td></td><td rowspan="2"> </td></tr>
     <tr><td> </td></tr></table>
```

15. 仿照图 2-21，设计一个用户注册的表单页面。

3 第 3 章　PHP 语言基础

学习 PHP 语言的基本语法是进行 PHP 编程开发的第一步。PHP 语言的语法混合了 C、Java 和 Perl 语言的特点，语法非常灵活，与其他编程语言有很多不同之处，读者如果学习过其他语言，可通过体会 PHP 与其他语言的区别来学习 PHP。

PHP 是运行在服务器端的，而 HTML、CSS、JavaScript 都是运行在浏览器上的。有时也把针对浏览器的网页设计称为 Web 前端开发，而把服务器端程序开发称为 Web 后台编程。

3.1 PHP 语法入门

3.1.1 PHP 代码的基本格式

1. PHP 代码的组成

PHP 是一种可嵌入 HTML 中的脚本语言。PHP 的代码一般由两部分组成：

① HTML 代码，其中还包括嵌入其中的 CSS 和 JavaScript 代码；

② 服务器端脚本，位于 PHP 定界符“<?”与“?>”之间的代码。

其中，①是静态网页也具备的，它通过浏览器解释执行，又称为客户端代码。因此，PHP 可以通俗地认为是把服务器端脚本放在“<?”和“?>”之间，再嵌入静态网页中。

提示：“<?”和“?>”称为 PHP 脚本的定界符，表示脚本的开始和结束。这是因为在 PHP 文件中，HTML 代码和 PHP 代码混杂在一起（即页面和程序没有分离），必须使用专门的定界符对 PHP 代码进行区分。

---

2. PHP 代码的 4 种风格

根据定界符的不同，PHP 代码有 4 种风格，即：XML 风格、简短风格、脚本风格和 ASP 风格。使用任意一种都可将 PHP 代码嵌入 HTML 中。

（1）XML 风格

这种风格的 PHP 定界符是“<?php”和“?>”（<?和 php 之间不能有空格）。例如：

```
<h1><?php echo '现在是'.date("Y 年 m 月 d 日 H:i:s");?></h1>
```

（2）简短风格

将定界符“<?php”中的“php”省略，就成了简短风格，它的定界符是“<?”和“?>”。要使用简短风格，必须保证 php.ini 文件中的 short_open_tag = On（默认是开启的），本书中的 PHP 代码都采用这种风格。

（3）脚本风格

这种风格将 PHP 代码写在<script>标记对中，例如：

```
<h1><script language='php'>echo '现在是'.date("m 月 d 日");</script></h1>
```

（4）ASP 风格

这种标记风格将 PHP 代码写在“<%”和“%>”中，不推荐使用，并且默认是不能使用这种风格的，因为 php.ini 文件中的 asp_tags = Off。

3.1.2 简单 PHP 程序示例

下面是几个最简单的 PHP 程序，请仔细体会 PHP 程序的语法，以及与 HTML 代码互相嵌入的方法。

1. 以 h1 标题的形式输出当前日期和时间（3-1.php）

```
<h1>
<? echo '现在是'.date("Y 年 m 月 d 日 H:i:s");?>
</h1>
```

在该程序中，<h1>和</h1>是 HTML 代码，<?…?>是 PHP 代码。其中，echo 是 PHP 的输出函数，'…'表示这是一个字符串常量，“.”是字符串连接符，date()是时间日期函数，可以按指定的格式获取当前日期和时间。运行程序会在网页上以 1 级标题的形式输出：

```
现在是 2018 年 08 月 18 日 16:20:55
```

2. **输出不同大小的字体**（3-2.php）

代码如下，运行结果如图 3-1 所示。

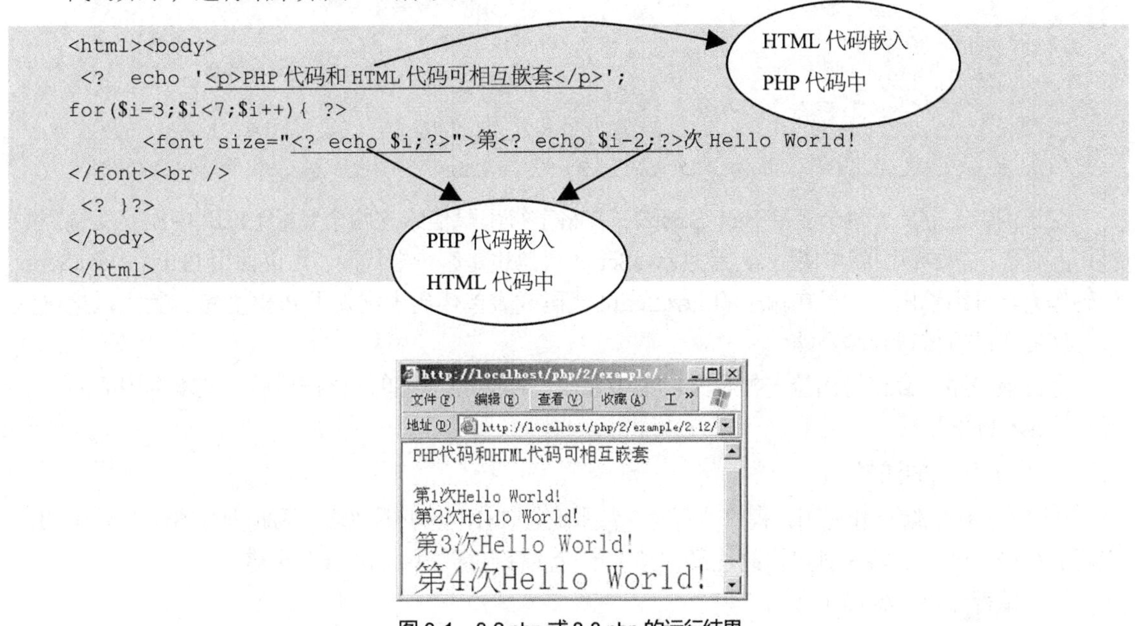

```
<html><body>
 <?  echo '<p>PHP 代码和 HTML 代码可相互嵌套</p>';
for($i=3;$i<7;$i++){  ?>
      <font size="<? echo $i;?>">第<? echo $i-2;?>次 Hello World!
</font><br />
 <? }?>
</body>
</html>
```


图 3-1　3-2.php 或 3-3.php 的运行结果

在 3-2.php 中，使用 for 循环语句循环输出 HTML 代码“<font…>…</font>
”。从结构上，这条 HTML 代码被 PHP 代码包含。$i 是程序中定义的一个变量，PHP 规定所有变量名必须以“$”开头。可以看出，PHP 代码可以位于 HTML 代码的任意位置。如标记外<? for($i=3;$i<7;$i++){ ?>、<? }?>，标记内<? echo $i-2;?>，甚至是标记的属性内<? echo $i;?>。从结构上看，可以是 HTML 代码中包含 PHP 代码，也可以是 PHP 代码中包含 HTML 代码。实际上，PHP 代码还可与 CSS 或 JavaScript 等浏览器端代码互相嵌入，因为 PHP 解析器只对“<?”和“?>”之间的代码进行处理。

注意： PHP 代码的定界符“<?”和“?>”不能够嵌套。如果遇到 HTML 代码（如<font…），就必须立即用“?>”把前面的 PHP 代码结束，即使这段代码并不完整（但其中每行语句必须是完整的）。

3. **用 PHP 程序输出 HTML 代码，实现 3-2.php 的功能**（3-3.php）

在 3-2.php 中，由于 PHP 代码和 HTML 代码频繁地交替出现，以致经常需要使用定界符关闭和开始一段 PHP 代码，而如果把 HTML 代码当成字符串通过 PHP 程序来输出，则可避免该问题。代码如下，运行结果如图 3-1 所示。

```
<html><body>
   <p>PHP 代码和 HTML 代码可相互嵌套</p>
   <? for($i=3;$i<7;$i++){
        echo '<font size='. $i .'>第' . ($i-2) .'次 Hello World!</font><br />';
   }?>
</body></html>
```

提示：使用 PHP 程序输出 HTML 代码是一项常用技巧。总的原则是：如果 PHP 代码之间的 HTML 代码很短，则使用 PHP 程序输出这些 HTML 代码更合适，而如果 PHP 代码之间的 HTML 代码很长，则还是作为外部 HTML 代码合适些，以改善程序的可读性。

4. 用 PHP 输出 JavaScript 代码并传递变量值给 JavaScript 或表单（3-4.php）

```
<?     $str1="Hello";                        //在弹出框中显示
       $str2="start PHP";                    //在文本框中显示
       echo "<script>";
       echo "alert('".$str1."');";           //在 JavaScript 中使用 $str1 变量
       echo "</script>";   ?>
<input type="text" id="tx" size=20 value="<? echo $str1; ?>">
<input type="button" value="单击" onclick="tx.value='<? echo $str2; ?>'">
```

在该例中，定义了两个变量$str1 和$str2，并将字符串赋值给这两个变量（PHP 中没有变量声明语句，变量不需要声明就可使用）。因为 JavaScript 代码也是客户端代码，可以使用 PHP 将 JavaScript 代码作为字符串输出。如果在输出的 JavaScript 代码或表单代码中嵌入了 PHP 变量，就可以把这些服务器端变量值传递到客户端。

运行该程序，会在弹出警告框和文本框中显示“Hello”，当单击该按钮后，文本框中的内容会变为“start PHP”。

5. PHP 代码的注释

注释即代码的解释和说明，程序执行时，注释会被 PHP 解析器忽略，因此浏览器端看不到 PHP 代码的注释。PHP 支持 3 种风格的注释，其中单行注释包括 2 种（//或#）风格。

（1）单行注释（//或#）

```
<? echo 'PHP 动态网页';          //输出字符串
                                 #单行注释用#也可以
?>
```

需要注意的是，单行注释的内容中不能含有“?>”，否则解释器会认为 PHP 的脚本到此结束了，而去执行“?>”后面的代码。例如：

```
<h1><? echo '这样会出错的';         //不会看到?>会看到
?></h1>
```

（2）多行注释（/*…*/）

如果要添加大段的注释，则使用多行注释更方便，但多行注释符不允许嵌套使用。如：

```
<h1><? echo '这样不会出错';            /*多行注释的内容
不会被输出?> */ ?></h1>
```

6. 编写 PHP 程序的注意事项

（1）PHP 是一种区分大小写的语言，表现在：①PHP 中的变量和常量名是区分大小写的；②但 PHP 中的类名和方法名，以及一些关键字（如 echo、for）都是不区分大小写的。在书写时，建议除了常量名以外的其他符号都小写。

（2）PHP 代码中的字符均为半角（英文状态下）字符，中文或全角字符只能出现在字符串常量中。

（3）在“<?”和“?>”内必须是一行或多行完整的语句，如“<? for($i=3;$i<7;$i++)?>”不能写成“<? for($i=3;?> <?$i<7;$i++)?>”。

（4）在 PHP 中，每条语句以“;”结束，PHP 解析器只要看到“;”就认为一条语句结束了。因此，可以将多条 PHP 语句写在一行内，也可以将一条语句写成多行。

3.2　常量、变量和运算符

3.2.1　PHP 的常量和变量

1. 常量

在程序运行中，其值不能改变的量称为常量，常量通常直接书写，如 10、–3.6、"hello"都是常量，除此之外，还可以用一个标识符代表一个常量，这称为符号常量。在 PHP 中使用 define()函数定义符号常量，符号常量一旦定义就不能再修改其值。另外，使用 defined()函数可以判断一个符号常量是否已被定义。例如：

```
<?   define("PI","3.1416");                    //定义符号常量 PI，并且区分大小写
define("SITE","网页设计学习网",true);          //定义符号常量 SITE，不区分大小写
echo (defined("PI"));                          //如果已被定义则返回“1”
?>
```

在 PHP 中，还预定义了一些符号常量，如表 3-1 所示（注意，__FILE__等常量左右两边是双下画线），这些符号常量可直接使用，如“echo __FILE__;”。

表 3-1　　PHP 预定义的符号常量

常量	功能
__FILE__	存储当前脚本的物理路径及文件名称
__LINE__	存储该常量所在的行号
__FUNCTION__	存储该常量所在的函数名称
PHP_VERSION	存储当前 PHP 的版本号
PHP_OS	存储当前服务器的操作系统名

2. 变量

变量是指程序运行过程中其值可以变化的量，变量包括变量名、变量值和变量的数据类型三要素。PHP 的变量是一种弱类型变量，即 PHP 变量无特定数据类型，不需要事先声明，并可以通过赋值将其初始化为任何数据类型，也可以通过赋值随意改变变量的数据类型。下面是一些变量声明（定义）和赋值的例子：

```
<? $str1="PHP 变量 1";              //该变量为字符串变量
 $num=10+2*9;                       //该变量为数值型变量
 $_date="2013-9-8";                 //该变量为字符串变量，PHP 无日期型数据类型
 $bol=true;                         //该变量为布尔型变量
 $num='赋值字符串';                  //通过赋值改变变量的数据类型
 $str1=$num+$_date;
var_dump($num,$_date,$bol);       // var_dump 函数可输出变量的类型
 ?>
```

说明：

① PHP 变量必须以“$”开头，区分大小写。

② 变量使用前不需要声明，PHP 中也没有声明变量的语句。

③ 变量名不能以数字或其他字符开头，其他字符包括@、#等。例如：$xm、$_id、$sfzh 都是合法的变量名，而$-id、$57zhao、$zh fen 都是非法的变量名。

④ 变量名长度应小于 255 个字符，不能使用系统关键字作为变量名。

3.2.2 变量的作用域和生存期

1. 变量的作用域

变量的作用域是指该变量在程序中可以被使用的范围。对于 PHP 变量来说，如果变量是定义在函数内部的，则只有这个函数内的代码才可以使用该变量，这样的变量称为“局部变量”。如果变量是定义在所有函数外的变量，则其作用域是整个 PHP 文件，减去用户自定义的函数内部（注意这和 ASP VBScript 语言是不同的），称为“全局变量”。例如：

```
<?    $a="全局变量<br>";              //该变量为全局变量
function fun(){
      echo $a;                        //调用函数也不会输出“全局变量”
      $a="局部变量、";                 //该变量为局部变量
      echo $a;
   }
   fun();                             //输出“局部变量”
echo $a;                              //输出“全局变量”    ?>
```

输出结果为“局部变量、全局变量”。可见函数内不能访问函数外定义的变量。

如果一定要在函数内部引用外部定义的全局变量，或者在函数外部引用函数内部定义的局部变量。可以使用 global 关键字。示例代码（global.php）如下：

-------------------------- global.php------------------------------

```
<?    $a="全局变量、";
function fun(){
      global $a;               //为了引用函数外定义的变量$a
      echo $a;
      $a="局部变量、";          //添加 static 试试
      echo $a;                 //输出“局部变量”
      }
  fun();                       //调用函数将输出“全局变量、局部变量、”
echo $a;                       //输出“局部变量”
?>
```

输出结果为“全局变量、局部变量、局部变量”。

提示：

① global 的作用并不是将变量的作用域设置为全局，而是起传递参数的作用。在函数外部声明的变量，如果想在函数内部使用，就在函数内用 global 来声明该变量。

② 不能在用 global 声明变量的同时给变量赋值。例如，global $a="全局"是错误的。

③ global 只能写在自定义函数内部，写在函数外部没有任何用途。

另外，使用$GLOBALS[]全局数组也能实现在函数内部引用外部变量，例如：

```
<?    $a="全局变量、";
function fun(){
      echo $GLOBALS['a'];
      $a="局部变量、";
      echo $a;            //输出"局部变量"
      }
fun();                    //调用函数将输出"全局变量、局部变量、"
echo $a;                  //输出"全局变量"
?>
```

则输出结果为"全局变量、局部变量、全局变量"。可见$GLOBALS[]和 global 是有区别的，它只能在函数内部引用外部变量，但不能在函数外部引用函数内部定义的局部变量。

2. 变量的生存期

变量的生存期表示该变量在什么时间范围内存在。全局变量的生存期从它被定义那一刻起到整个脚本代码执行结束为止；局部变量的生存期从它被定义开始到该函数运行结束为止。

可见，一般的局部变量在函数调用结束后，其存储的值会自动被清除，所占的存储空间也会被释放。为了能在函数调用结束后仍保留局部变量的值，可使用静态变量，这样当再次调用函数时，又可以继续使用上次调用结束后的值。静态变量使用 static 关键字定义。例如：

```
<?  function Test() {
          static $w = 0;          //声明静态变量$w
          echo $w;
          $w++;         }
Test();Test() ;Test() ;Test() ;Test() ;        ?>
```

程序的输出结果为"01234"。而如果去掉程序中的"static"，则运行结果为"00000"。

提示：

① 静态变量仅在局部函数域中存在，函数外部不能引用函数内部的静态变量。例如，将 global.php 中的"$a="局部变量";"改为"static $a="局部变量";"，则最后一条语句将输出"全局变量"。

② 对静态变量赋值时不能将表达式赋给静态变量。如 static $int = 1+2; static $int = sqrt(9);都是错误的。

表 3-2 对 3 种类型的变量进行了总结。

表 3–2　变量根据作用域和生存期分类

类型	说明
全局变量	定义在所有函数外的变量，其作用域是整个 PHP 文件，减去用户自定义的函数内部
局部变量	定义在函数内部的变量，只有这个函数内的代码才可以使用该变量
静态变量	是局部变量的一种，能够在函数调用结束后仍保留变量的值

3.2.3　可变变量和引用赋值

1. 可变变量

可变变量是一种特殊的变量，这种变量的名称不是预先定义的，而是动态地设置和使用。可变变量一般是使用一个变量的值作为另一个变量的名称，所以可变变量又称为变量的变量。可变变量直观上看就是在变量名前加一个“$”。例如：

```
<?  $a = 'b';                    //定义变量$a
    $b = '一个变量<br>';          //定义变量$b
    echo $$a;                    //$$a 就是一个可变变量，相当于$b
    $b = '变化后';
    echo $$a;                    //通过可变变量输出变量$b 的值
    $a = 'c';
    echo $$a;                    //相当于输出变量$c 的值
?>
```

输出结果是“一个变量
变化后”。由于没有给$c 赋值，第 3 条 echo 语句不会输出任何内容。

2. 引用赋值

从 PHP 4.0 开始，提供了“引用赋值”功能。即新变量引用原始变量的地址，修改新变量的值将影响原始变量，反之亦然。引用赋值使不同的变量名可以访问同一个变量内容。使用引用赋值的方法是：在将要赋值的原始变量前加一个“&”符号。例如：

```
<?  $b=10;
$a="hello ";            //$a 赋值为 hello
$b=&$a;                 //变量$b 引用$a 的地址
echo $a;                //输出结果为 hello
$b="world ";            //修改$b 的值，$a 的值将一起变化
echo $a;                //输出结果为 world
$a="cup";               //修改$a 的值，$b 的值将一起变化
echo $b;                //输出结果为 cup
?>
```

引用赋值的原理如图 3-2 所示。引用赋值后，两个变量指向同一个地址单元，改变任意一个变量的值（即地址中的内容），另一个变量值也会随之改变。

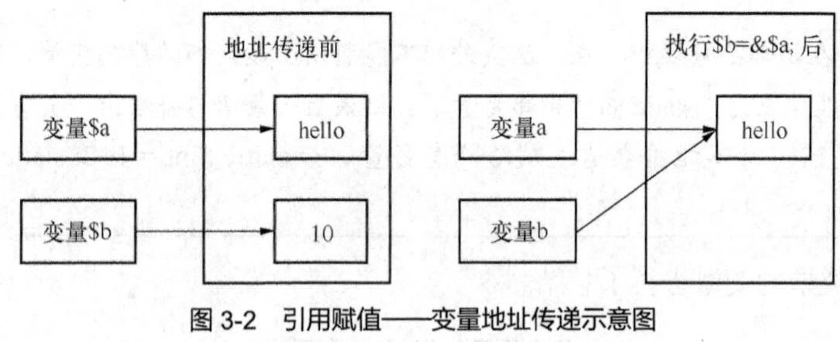

图 3-2 引用赋值——变量地址传递示意图

注意：只有已经命名过的变量才可以引用赋值，例如，$bar=&(25*5)是错误的。

3.2.4 运算符和表达式

PHP 的运算符包括算术运算符、比较运算符、逻辑运算符、赋值运算符、连接运算符等。而表达式就是由常量、变量和运算符组成的，符合语法要求的式子。PHP 主要有 5 种表达式，即：数学表达式（如 3+5*7）、字符串表达式（如"abc"."gh"）、赋值表达式（如$a+=$b）、关系表达式（如 i==5）和逻辑表达式（如$a||$b&&$c）。

1. 算术运算符

算术运算符有：加（+）、减（-）、乘（*）、除（/）、取余（%）等。算术运算符的运算结

果是一个算术值。例如：$a=7/2+4*5+1，结果是 24.5。$b=-7%3，结果是-1（对于取余运算符来说，如果被除数是负数，那么取得的结果也是负数）。如果对 10 求余可得到一个数个位上的数字。

如果算术运算符的左右两边有一个操作数或两个操作数都不是数值型时，那么会将操作数先转换成数值型，再执行算术运算。

例如：$a=10+'20'，结果为 30；$a='10'+'20'，结果为 30；$a='10'+'2.2ab8'，结果为 12.2；$a='10'+'ab2.2'，结果为 10；$a='10'+true，结果为 11。

字符串转换为数值型的原则是：从字符串开头取出整数或浮点数，如果开头不是数字的话，就是 0。布尔型的 True 会转换成数值 1，False 转成数值 0。

2. 连接运算符

PHP 中连接运算符只有一个，即“.”，它用于将两个字符串连接起来，组成一个新字符串。如果连接运算符左右两边任一操作数或两个操作数都不是字符串类型，那么会将操作数先转换成字符串，再执行连接操作。例如：

```
$a='PHP'. 5;          //$a 的值为 PHP5，注意数字和“.”之间要用空格隔开
$b='PHP'.'5';         //$b 的值为 PHP5
$c="PHP".True;        //$c 的值为 PHP1
$d=5 . 'PHP';         //$d 的值为 5PHP
```

提示：如果“.”的左右有数字，注意将“.”和数字用空格隔开。

可见“.”是强制连接运算符，不管左右两边是什么数据类型，都会执行连接运算。

3. 赋值运算符

最基本的赋值运算符是“=”，它用于对变量赋值，因此它的左边只能是变量，而不能是表达式。例如：$a=3+5，$b=$c=9 都是合法的。此外，PHP 还支持像 C 语言那样的赋值运算符与其他运算符的缩写形式，如“+=”“.=”“&=”“|=”等。

如$a+=3 等价于$a=$a +3，$a.=3 等价于$a=$a. 3。

4. 比较运算符

比较运算符会比较其左右两边的操作数，如果比较结果为真，则返回 true，否则返回 false。PHP 中的比较运算符有：是否相等（==）、大于（>）、小于（ < ）、大于等于（>=）小于等于（<=）、不等于（!=或<>）、恒等于（===）、非恒等于（!==）。

其中，恒等于（===）表示数值相等并且数据类型也相同，非恒等于（!==）表示数值不相等或者数据类型不相等。

例如，若$a=6，$b=3，则$a<$b 返回 false，$a>$b 返回 true，$a<>$b 返回 true。$c="PHP"<"php" 返回 true。$c="5"==5 返回 true，$c="5"===5 返回 false，$c=1==true 返回 true，$c=1!==true 返回 true。

5. 逻辑运算符

逻辑运算符用来组合逻辑运算的结果，例如，对两个布尔值或两个比较表达式进行逻辑运算，再返回一个布尔值（true 或 false）。PHP 中的逻辑运算符有逻辑非（!）、逻辑与（&&或 and）、逻辑或（||或 or）、逻辑异或（xor）。

例如：!5<3 && 'b'=="b"返回 true，!(5>3 && 'b'==="b")返回 false。

逻辑与和逻辑或的优先级不同。“&&”的优先级比“and”高，“||”的优先级比“or”高。例如：$c=(1 or 2 and 0)，会返回 true。因为 or 和 and 优先级相同，则按自右至左的执行顺序，先执行 2 and

0。而$c=(1 || 2 and 0)，会先执行 1 || 2，再执行 true and 0，最终返回 false。

又如，$c=false or 1，返回 false，$c=false || 1，返回 true。因为“=”的优先级比“or”高，但是比“||”低。

6. 加 1/减 1 运算符

加 1/减 1 运算符与 C 语言中的加 1/减 1 运算符相同。包括前加（++$a）、后加（$a++）、前减（--$a）、后减（$a--）4 种形式。

前加操作是先加 1，再赋值，后加操作是先赋值，再加 1。例如：$a=6;$b=++$a，执行完后，$a=7，$b=7；$a=6;$b=$a++，执行完后，$a=7，$b=6。

前减操作和后减操作的规则与此相同。

7. 条件运算符

条件运算符是一个三元运算符，其语法如下：

```
条件表达式 ？ 表达式 1 ： 表达式 2
```

如果条件表达式的结果为 true，返回表达式 1 的值，否则返回表达式 2 的值。

例如，下面的表达式会得到“Yes”。

```
$c=10>2 ? "Yes" : "No"
```

在分页程序中，常通过条件运算符判断要显示的分页页面，如果获取的分页变量 page 的值存在，则显示该分页，如果获取不到 page 变量值，则显示第 1 页，代码如下：

```
$page=(isset($_GET['page']))?$_GET['page']:"1";
```

8. 执行运算符

执行运算符，即反引号（``）（键盘上的反引号键在数字 1 键的左边）。可用来执行 Shell 命令。在 PHP 脚本中，将外部程序的命令行放入反引号中，并使用 echo()或 print()函数将其显示，PHP 将会在到达该行代码时启动这个外部程序，并将其输出信息返回，其作用效果与 shell_exec()函数相同。例如：

```
<?  $output=`dir`;
echo $output;                    //输出当前目录下的内容
echo shell_exec('dir ');         //输出当前目录下的内容，结果同上    ?>
```

提示： IIS 出于安全性考虑，禁止使用执行运算符，执行运算符只能在 Apache 中使用。

3.3 数据类型和类型转换

3.3.1 PHP 的数据类型

数据类型是一个值的集合以及定义在这个值集上的一组操作。数据类型的使用往往和变量的定义联系在一起。虽然 PHP 定义变量时不需要指定数据类型，但它会根据对变量所赋的值自动确定变量的数据类型。确定了变量的数据类型就确定了变量的存储方式（占多少字节）和操作方法。PHP 具有的数据类型如表 3-3 所示。

表 3-3 PHP 中的数据类型

数据类型	具体描述
整型（integer）	即整数，占 4 字节（32 位），取值范围为−2147483648～2147483647，可以采用十进制、八进制（0 作前缀）、十六进制（0x 作前缀）表示
浮点型（float）	即实数（包含小数的数），如 1.0、3.14
布尔型（boolean）	只有 true（逻辑真）和 false（逻辑假）两种取值
字符串（string）	是一个字符的序列。组织字符串的字符可以是字母、数字或者符号
数组（array）	由一组相同数据类型的元素组成的数据结构，每个元素都有唯一的编号
对象（object）	是面向对象语言中的一种复合数据类型，对象就是类的一个实例
NULL	空类型，只有一个值 NULL。如果变量未被赋值，或被 unset()函数处理后的变量，其值就是 NULL
资源（resource）	资源是 PHP 特有的一种特殊数据类型，用于表示一个 PHP 的外部资源，例如一个数据库的访问操作，或者打开保存文件操作。PHP 提供了一些特定的函数，用于建立和使用资源
伪类型	只用于函数定义中，表示一个参数可接受多种类型的数据，还可以接受别的函数作为回调函数使用

3.3.2 字符串数据类型

任何由字母、数字、文字、符号组成的 0 到多个字符的序列都叫作字符串。在 Web 程序中，经常需要对字符串进行操作。如截取标题、连接字符串常量和变量等。PHP 规定字符串的前后必须加上单引号（'）或双引号（"），例如："这是一个字符串"、'另一个字符串'、'5'、'ab'、"（空字符串）都是合法的字符串。但单双引号不能混用，如'day"则是非法的。

如果字符串中出现单引号（'）或双引号（"），则需要使用转义字符（\'或\"）来输出，例如：

```
echo 'I\'m a boy';          //输出结果为 I'm a boy
```

1. 单引号字符串和双引号字符串

单引号表示包含的是纯粹的字符串；而双引号中可以包含字符串和变量名。双引号中如果包含变量名则会被当成变量，会自动被替换成变量值，单引号中的变量名则不会被当成变量，而是把变量名当成普通字符输出。示例代码如下，运行效果如图 3-3 所示。

```
<? $a='tang';
$b=10;
echo '你好$a';                  //使用单引号输出$a
echo '<br>';
echo "你好$a";                  //使用双引号输出变量
echo "你是第 $b 次光临";        //使用双引号输出变量    ?>
```

图 3-3 单引号字符串与双引号字符串

可见，在双引号字符串中，$a 和$b 被解析成了变量$a 和$b 的值。因此建议：如果要书写纯字符串，建议用单引号字符串；如果要对字符串和变量进行连接操作，可以使用双引号字符串，以简化写法，例如：

```
echo "你是第 $b 次光临";      //注意$b 后面要有个空格
```

等价于：

```
echo '你是第 '.$b .' 次光临';
```

注意：在双引号字符串中，如果变量名后有其他字符的话，要在变量名后加空格，否则 PHP 解析器会认为后面的字符也是变量名的一部分。例如：

```
$sport='basket';
$hobby="I like play $sportball.";          //包含变量的错误方法
echo $hobby;
```

则 PHP 解析器认为双引号中的变量是$sportball，而$sportball 未定义，视为值为空。因此会输出“I like play .”。为解决这个问题，可以加空格，或用花括号将变量名包含起来。

```
$hobby="I like play {$sport}ball.";      //包含变量的正确方法
$hobby="I like play $sport ball.";       //包含变量的正确方法
```

双引号比单引号支持更多的转义字符，双引号支持的转义字符如表 3-4 所示。

表 3-4　双引号支持的转义字符及含义

转义字符	含义	转义字符	含义	转义字符	含义
\n	换行	\t	跳格 Tab	\\	反斜杠\
\r	回车	\"	双引号	\$	显示$符号

例如，要在双引号字符串中输出$符号、反斜杠和换行符。代码如下：

```
echo "变量\$a='\\t'\n";            //输出结果为：变量$a='\t'（换行）
```

但是换行符会被浏览器当成空格忽略，只有在网页源代码中才能看到换行符的效果。

2. 界定符表示字符串

除了使用单引号或双引号表示字符串外，还可使用界定符表示字符串或变量，例如：

```
<?  $i = '显示该行内容';
 echo <<< STD
双引号""可直接输出，\$i 同样可以被输出出来。<br>
 \$i 的内容为：$i
STD;
?>
```

输出结果为：

```
双引号""可直接输出，$i 同样可以被输出出来。
$i 的内容为：显示该行内容
```

说明：

① 程序中的“STD”是自定义的界定符，也可以使用任何其他标识符，只要首尾界定符相同即可。

② 开始界定符前面必须有 3 个左尖括号“<<<”，后面不能有任何空格。结束界定符必须单独另起一行，前后不能有空格或任何其他字符（包括注释符），否则都会引起语法错误。

③ 界定符和双引号唯一的区别是界定符中的双引号不需要转义就能显示，因此，如果需要处理大量的内容，同时又不希望频繁使用各种转义字符，使用界定符更合适。

3. 获取字符串中的字符

在 PHP 中，可以通过给字符串变量加下标的方式获取字符串中的字符。语法为：

```
字符串变量[index]
```

其中，index 指定字符的位置，0 表示第 1 个字符，1 表示第 2 个字符，以此类推。例如：

```
<?   $i = 'Tom & Mary';
 echo $i[1]  . $i[4];        //输出结果为 o&，因为空格也算一个字符
?>
```

4. 获取字符串的长度

使用 strlen()函数可获取字符串的长度，该函数的参数是一个字符串，例如：

```
<?   echo strlen('喜欢 PHP!');    ?>
```

输出的结果是 8，这是因为每个中文字符占 2 字节，加上后面 4 个英文字符总共占 8 字节。如果要计算中文字符串的长度，可以使用 mb_strlen()函数，例如：

```
<?   echo mb_strlen('喜欢 PHP!',"gb2312");       ?>
```

则返回值为 6，将网页字符编码设置为 GBK 或 GB2312 即可获得正确的中文字符串长度。

3.3.3　数据类型的转换

PHP 中数据类型的转换有以下几种情况。

1. 自动类型转换

（1）如果对变量重新赋了不同数据类型的值，则变量的数据类型会自动转换，例如：

```
$a="Hello";       $a=12;
```

则变量$a 的数据类型就会由字符串型转换成整型。

（2）如果不同数据类型的变量进行运算操作，则将选用占字节最多的一个运算数的数据类型作为运算结果的数据类型。例如：

```
$a=1+3.14;
$b=2+"2.0";
$c=3+"php";
var_dump($a,$b,$c);        //输出 float(4.14) float(4) int(3)
```

则$a 的数据类型为浮点型。在第 2 个赋值表达式中，首先将字符串数据"2.0"转换成浮点型数据 2.0，然后进行加法运算，赋值后$b 的数据类型为浮点型。在第 3 个表示式中，首先将字符串数据转换成整型数据 0，然后进行加法运算，赋值后$c 的数据类型为整型。

2. 强制数据类型转换

利用强制类型转换可以将数据类型转换为指定的数据类型。其语法如下：

```
(类型名) 变量或表达式
```

其中，类型名包括 int、bool、float、double、real、string、array、object，类型名两边的括号一定不能省略。例如：

```
$a="2.0";            $b=(int) $a;
$c=(array)$a;        print_r($c);
```

则$b 将转换成整型。$c 将转换为数组类型（Array ([0]=>2.0)。

虽然强制数据类型转换使用起来很方便，但也存在一些问题，例如，字符串型转换成整型该如何转换，整型转换成布尔型该如何转换，这些都需要一些明确的规定，PHP 为此提供了相关的转换规定，如表 3-5 所示。

表 3-5　PHP 类型转换的规定

源类型	目的类型	转换规则
float	integer	保留整数部分，小数部分无条件舍去
Boolean	integer 或 float	false 转换成 0，true 转换成 1
Boolean	string	false 转换成空字符串""，true 转换成字符串"1"
string	integer	从字符串开头取出整数，开头没有的话，就是 0。例如，字符串"3M"、"8.6uc"、"x5"会转换成整数 3、8、0
string	float	从字符串开头取出浮点数，开头没有的话，就是 0.0。例如，字符串"3M"、"8.6uc"、"x5"会转换成整数 3.0、8.6、0.0
string	Boolean	空字符串""或字符串"0"转换成 false，其他都转换成 true，因此字符串"false"也会转换成 true
integer float	Boolean	0 转换成 false，非 0 的数都转换成 true
integer float	string	将所有数字转换成字符串，如 12 转换成"12"，3.14 转换成"3.14"
integer float Boolean string	array	创建一个新的数组，第 1 个元素就是该整数、浮点数、布尔值或字符串
array	string	字符串"Array"
object	Boolean	没有成员的对象转换成 false，否则会转换成 true

提示：如果使用 echo 函数输出布尔值：echo true，会输出字符串"1"；echo false，会输出空字符串。因为任何数据类型输出时都将被转换成字符串。

3.4 PHP 的语句

PHP 的语句可分为条件控制语句、循环控制语句、文件包含语句等。

3.4.1 条件控制语句

在 PHP 中，有 if 语句和 switch 两种条件语句。if 语句又可分为单分支选择 if 语句、双分支选择 if…else 语句和多分支选择 if…elseif…else 语句 3 种。

1. 单分支选择 if 语句

一般形式为：

```
if(条件表达式) {
    语句块  }
```

它表示当条件表达式成立时（值为 true），执行“语句块”。例如：

```
if($sex==1) echo "尊敬的先生";
```

如果语句块中包含多条语句，则要使用{}将这些语句包含起来，使它们构成一条复合语句。例如：

```
if($a>$b)    {
        $temp=$a;
        $a=$b;
        $b=$temp;}
```

2. **双分支选择 if…else 语句**

一般形式为：

```
if (条件表达式)
        {      语句块 1        }
else
        {      语句块 2        }
```

表示当条件表达式值为 true 时，执行“语句块 1”，否则执行“语句块 2”。例如：

```
if($a) $a=0; else $a=1;
```

该语句被称为“开关语句”。即如果$a 的值为 true 或非 0，则让$a 的值为 0，否则让$a 的值为 1，因此每执行一次都会使$a 的值在 0 和 1 之间转换。if($a)是 if($a==true)的简写形式。

3. **多分支选择 if…elseif…else 语句**

一般形式为：

```
if(表达式 1)          语句块 1
elseif(表达式 2)      语句块 2
elseif(表达式 3)      语句块 3
……
else 语句块 n
```

它会首先判断表达式 1 是否成立，如果成立，则执行语句块 1，执行完后，直接退出该选择结构，不再判断后面的表达式是否成立。如果表达式 1 不成立，则再依次判断表达式 2 到表达式 *n* 是否成立，如果成立，则执行对应的语句块 *i*，如果所有表达式都不成立，则执行 else 后的语句块 *n*。例如，要找出 3 个数中的最大数，程序如下：

```
if($a<$b) $max=$b;
elseif($a<$c) $max=$c;
else $max=$a;
```

说明：

① if 语句还可以嵌套使用，也就是说“语句块”中还可以存在 if 语句。

② if(条件表达式)后一般没有“;”，如果有“;”，表示 if 语句的语句块为空语句。

③ 语句块如果是一条语句则后面一定要有“;”，如果语句块是由{}包含的复合语句，则{}后不要有“;”。

---

4. switch/case 语句

switch 语句是多分支选择 if 语句的另一种形式，两者可互相转换。在要判断的条件有很多种可能的情况下，使用 switch 语句将使多分支选择结构更加清晰。一般形式为：

```
switch(变量或算术表达式)    {
        case(常量 1):    语句块 1
        case(常量 2):    语句块 2
        ……
        case(常量 n):    语句块 n
        default: 语句块 n+1
}
```

下面的程序根据时间显示不同的欢迎信息（3-5.php）。

```
<?   $a =date(G);          //获取当前时间的小时数
$a=floor($a/3);           //将小时数除以 4 并取底
switch ($a)    {
        case 2:echo "早上好";break;
        case 3:echo "上午好";break;
        case 4:case 5: echo "下午好";break;
        case 6:echo "晚上好";break;
        default: echo "该睡觉了";break;
}       ?>
```

说明：

① case 语句后不能接表示范围的条件表达式，只能接常量。

② 各个 case 中的常量必须不相同，如果相同，则满足条件时只会执行前面 case 语句中的内容。

③ 多个 case 可共用一组语句，此时必须写成“case 4:case 5:”的形式，不能写成“case 4,5:”。

④ 每个 case 后一般都要有一条 break 语句，这样执行完该 case 语句后就会跳出分支结构，否则，执行完该 case 语句后还会依次执行下面的 case 语句，直到遇到 break 或执行完。

⑤ 各个 case 和 default 语句的出现顺序可随意变动。

3.4.2 循环控制语句

循环结构通常用于重复执行一组语句，直到满足循环结束条件时才停止。在 PHP 中，主要有 4 种循环语句，即 for 循环、foreach 循环、while 循环和 do…while 循环。

1. for 循环

for 循环语句是不断地执行循环体中语句，直到相应条件不满足，并且在每次循环后处理计数器。for 语句的一般形式为：

```
for (初始表达式; 循环条件表达式; 计数器表达式)
        {   循环体语句块  }
```

其执行过程为：①执行初始表达式（通常是给循环变量赋初值）；②判断循环条件表达式是否成立，若成立，则执行循环体，否则跳出循环；③执行一遍循环体语句块；④执行计数器表达式（通常是给循环变量计数）；⑤转到第②步，判断是否继续循环。

循环可以嵌套，例如要用 for 循环画金字塔，有下面两种写法，运行效果如图 3-4 所示。

① 写法 1（3-6.php）

```
<div align="center">
<?
for($i=0; $i<5; $i++){
  for($j=0; $j<=$i; $j++)
     echo "* ";
  echo "<br/>";
}
?></div>
```

② 写法 2（3-7.php）

```
<div align="center">
<?
for($i=0; $i<5; $i++){
  $a=$a ."* ";
  echo $a ."<br/>";
}
?>
</div>
```

提示：在对矩阵进行操作时，通常需要双重循环嵌套。

2. foreach 循环

foreach 语句通常用来对数组或对象中的元素进行遍历操作，例如数组中的元素个数未知，则很适合使用 foreach 语句。其一般形式为：

```
foreach (数组名 as $value)
      {  循环体语句块 }
```

或者

```
foreach (数组名 as $key=>$value)
      {  循环体语句块 }
```

foreach 语句遍历数组时首先指向数组中第 1 个元素。每次循环时，将当前数组元素值赋给$value，将当前数组索引值赋给$key，再让数组指针向后移动直到遍历结束。示例程序如下，运行效果如图 3-5 所示。

```
<?                    //3-8.php
$sports=array( "网球","游泳","短跑","柔道");    //定义并初始化一个数组
echo "我校开展的运动项目有：<br />";
foreach($sports as $key=>$value)
      echo $key .":". $value . " ";      ?>
```

图 3-4　画金字塔程序

图 3-5　foreach 示例程序

3. while 循环

while 语句是前测式循环，即是否终止循环的条件判断是在执行循环体之前，因此循环体可能一次都不会执行。其一般形式为：

```
while (条件表达式) {
      循环体语句块 }
```

例如，要输出一个有 3 行的 HTML 表格，程序（3-9.php）如下，运行效果如图 3-6 所示。

```
<table border="1" width="300" align="center">
<?   $i=0;
while($i<3){
      echo "<tr><td>这是第$i 行</td></tr>";     //输出表格行
      $i++;
}  ?> </table>
```

4. do…while 循环

do…while 循环语句是后测式循环，它将条件判断放在循环之后，这就保证了循环体中的语句块至少会被执行一次，在某些时候这是非常有用的。其一般形式为：

```
do {
      循环体语句块 }
while (条件表达式);        //注意 while (…)后有“;”
```

例如，下面的程序会输出段落<p>元素一次：

```
<?   $i=0;
do{
      echo "<p>不满足循环条件，仍然会输出一次</p>";
      $i++;     }
while($i>1);   ?>
```

想一想：如果将 while($i>1)改成 while($i>0)，程序会循环多少次？

5. break 语句

break 语句用来提前终止循环，它可以出现在 while、do…while、for、foreach 或 switch 语句内部，用来跳出循环语句或 switch 语句。在用“穷举法”解题时，通常找到解后就用 break 终止循环。例如，要输出一个字符串，各元素之间用“,”隔开，最后一个元素后没有“,”，代码（3-10.php）如下：

```
<?   $sports=array( "网球","游泳","短跑","柔道");
for ($i=0;$i<4;$i++){
      echo $sports[$i];
      if($i==3) break;     //最后一个元素不输出“,”，换成 continue 试试
      echo ", ";
}      ?>
```

输出结果为：

```
网球，游泳，短跑，柔道
```

提示：在 PHP 中，break 后还可带参数 *n*，表示跳出 *n* 层循环，如“break 2;”会跳出 2 层循环，而其他语言的 break 语句一般不能带参数，只能跳出最近的一层循环。

6. continue 语句

continue 语句用来提前结束本次循环，即不再执行本次循环中 continue 语句后的语句，接着再执行下次循环，因此它不会提前终止循环。例如，要用单个循环输出一个 3 行 3 列的表格，代码（3-11.php）如下，运行结果如图 3-7 所示。

```
<table border="1" width="200" align="center"><tr>
<?   $i=0;
while($i<9){
      echo "<td>第$i 格</td>";    //输出表格的单元格
      $i++;
      if($i%3<>0||$i==9) continue;
      echo "</tr><tr>";
}  ?>
</tr></table>
```

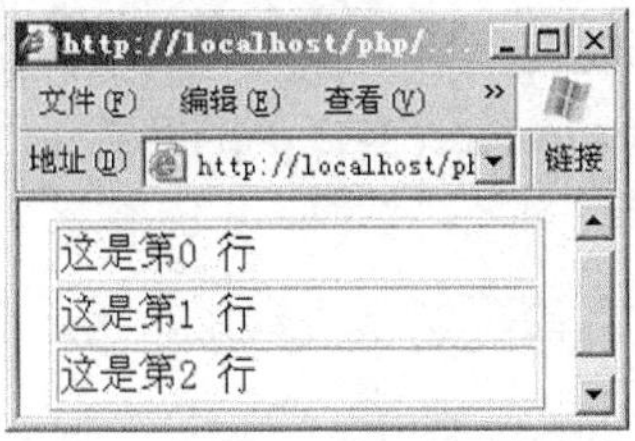

图 3-6　while 语句的应用 　　　　图 3-7　continue 语句的应用

提示：如果正好是最后一次循环时用 continue 语句结束本次循环，那就相当于提前终止循环，这种情况下 continue 和 break 可互换。如 3-10.php 中的 if($i==3) break 可换成 continue，因为$i=3 时正好是最后一次循环。

3.4.3　文件包含语句

为了提高代码的重用性，可以将一段公用的代码保存为一个单独的文件，然后在其他需要这段代码的文件中，使用包含语句将文件引入。PHP 提供了 4 种包含语句。

1. include 语句

使用 include 语句可以在指定的位置包含一个文件，语法如下：

```
include(path/filename);          //括号可省略
```

当一个文件被包含时，编译器会将该文件的所有代码嵌入 include 语句所在的位置。

例如，文件 3-12.php 和 3-13.php 位于同一目录下，在 3-12.php 中可以使用 include 语句将 3-13.php 包含进来。代码如下：

```
<?      //3-12.php
echo "我的名字是 $name <br>";
include('3-13.php');         //也可嵌入 3-14.html
echo "我的名字是 $name ,我今年 $age 岁。";
?>

<?      //3-13.php
$name='tangsix';
$age=33;          ?>
```

则编译器在执行 3-12.php 前，会把 3-13.php 的代码嵌入 3-12.php 中，3-12.php 的运行结果如图 3-8 所示。可见 3-12.php 等价于：

```
<?   echo "我的名字是 $name <br>";
$name='tangsix';        //嵌入的 3-13.php 的代码
$age=33;
echo "我的名字是 $name ,我今年 $age 岁";
?>
```

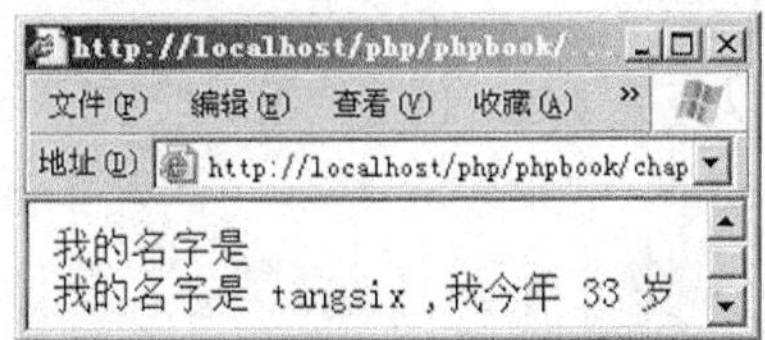

图 3-8　3-12.php 的运行结果

include 语句也能包含 HTML 文件，这时 include 语句会自动使用“?>”将前面的 php 代码结束，用“<?”开始后面的 php 代码。例如，将 3-12.php 文件中 include('3-13.php')换成 include('3-14.html')。3-14.html 代码如下：

```
<center> &copy; 程序员实验室 版权所有</center>
```

则 3-12.php 等价于：

```
<?   echo "我的名字是 $name <br>";    ?>
<center> &copy; 程序员实验室 版权所有</center>
<?   echo "我的名字是 $name ,我今年 $age 岁";
?>
```

提示： 如果被包含文件与包含文件不在同一目录中，则需要在被包含文件的文件名前加路径。有 3 个特殊的路径：“../”代表上一级目录，“./”代表当前目录，“/”代表网站根目录（不是虚拟目录）。例如，include('../file4.php');将包含位于当前目录上一级目录中的 file4.php。

---

2. include_once 语句

include_once 语句与 include 语句相似，也用于包含文件。唯一区别是，使用 include_once 包含文件时，如果该文件中的代码已被包含过，则不会再次包含。这样可以避免出现函数重定义、变量重新赋值等问题。

3. require 语句

require 语句也用于包含文件，但与 include 语句在错误处理上的方式不同。当包含文件失败时（如包含文件不存在），require 语句会出现致命错误，并终止程序的执行，而 include 语句只会抛出警告信息并继续执行程序。

4. require_once 语句

require_once 语句与 require 语句功能相似。但它在包含文件之前会先检查当前文件代码是否被包含过，如果该文件已经被包含了，则该文件会被忽略，不会被再次包含。

一般来说，由于 include 语句在出错时不会终止程序的执行，并显示警告信息，这容易产生安全问题，因此建议包含 PHP 程序文件时尽量使用 require 或 require_once 语句。

3.5 数组

数组是按一定顺序排列，具有某种数据类型的一组变量的集合。数组中的每个元素都是一个变量，它可以用数组名和唯一的索引（又称“下标”或“键名”）来标识。

3.5.1 数组的创建

1. 使用 array()函数创建数组

PHP 的数组不需要定义，可以直接创建。创建数组一般使用 array()函数，假设要创建一个包含 4 个元素的一维数组，简单形式是：

```
$citys=array( "长沙","衡阳","常德","湘潭");
```

则该数组的长度为 4。各个数组元素的索引值分别为：0、1、2、3，如$citys[1]表示第 2 个数组元素。

如果要自行给每个元素的索引赋值，可以使用完整形式定义：

```
$citys=array('cs'=>'长沙','hy'=>'衡阳','cd'=>'常德','xt'=>'湘潭');
```

可见，完整形式增加了对数组元素索引的赋值，这时各个数组元素的索引值分别为：cs、hy、cd、xt，如$citys[hy]表示第 2 个数组元素（注意，此时不能再使用$citys[1]访问该数组元素）。

2. **直接给数组元素赋值创建数组**

也可以创建一个空数组，然后再给每个数组元素赋值。例如：

```
$citys=array( );                //创建空数组，该语句可省略
$citys[1]="长沙";               $citys[3]="常德";        $citys[]="湘潭";
print_r ($citys);               //打印数组
```

上述代码输出结果为：

```
Array ( [1] => 长沙 [3] => 常德 [4] => 湘潭 )
```

可见，如果给数组元素赋值时不写该元素的索引值，则该数组元素默认的索引值为数组中最大的索引值加 1。如果数组中没有正整数形式的索引值，则默认的索引值为 0。

实际上，创建空数组的语句也可省略，那样就是通过直接给数组元素赋值创建数组了。

3. **创建数组注意事项**

（1）如果数组元素的索引是一个浮点数，则索引将被强制转换为整数，如$citys[3.5]将转换成$citys[3]。如果索引是布尔型数据，则将被强制转换成 1 或 0，如果索引是一个整数字符串，则将被强制转换成整数。$citys["3"]将转换成$citys[3]。

（2）如果数组元素的索引是字符串，则最好要给索引加引号，如$citys=array('cs'=>'长沙',…)不要写成$citys=array(cs=>'长沙',…)。$citys['cs']="长沙"不要写成$citys[cs]="长沙"。否则，虽然不会出错，但程序的运行效率将大打折扣。

4. **PHP 数组的特点**

（1）数组索引既可以是整数，也可以是字符串。如果索引值是整数，则称为索引数组，如果索引值是字符串，则称为关联数组。如果既有整数又有字符串，则称为混合数组。

（2）数组长度可以自由变化。

（3）同一数组中各元素的数据类型可以不同，甚至数组元素可以又是数组。例如：

```
$hybrid=array("长沙",0731,true,array("天心区","雨花区","芙蓉区"));
```

输出结果为：

```
Array ( [0] => 长沙 [1] => 473 [2] => 1 [3] => Array([0] => 天心区 [1] =>雨花区 [2] => 芙蓉区) )
```

3.5.2 访问数组元素或数组

1. **访问数组元素**

数组元素也是变量，访问单个数组元素最简单的方法就是通过“数组名[索引]”的形式访问，如$i=$citys[3]、echo $citys[1]。也可以使用大括号访问数组元素，如 echo $arr{3}。

如果要访问所有数组元素，可以使用 foreach 语句遍历数组。

2. **添加、删除、修改数组元素**

如果给已存在的数组元素赋值，将修改这个数组元素的值，给不存在的数组元素赋值，将添加

新的数组元素，而要删除数组元素，一般使用 unset()方法。例如：

```
<?      $arr = array(11,22,33,44);
 $arr[0]=66;                    //修改数组元素
 $arr[1]='长沙';                 //修改数组元素
 unset($arr[2]);                //删除数组元素
 $arr[]=55;                     //添加数组元素
 $arr[5]=88;                    //添加数组元素
 print_r ($arr);        ?>
```

运行结果为：

```
Array ( [0] => 66 [1] => 长沙 [3] => 44 [4] => 55 [5] => 88 )
```

注意，删除的元素索引不会被新添加的数组元素占用。

3. **访问数组**

数组名代表整个数组，将数组名赋值给变量能够复制该数组，数组名前加“&”表示该数组的地址，数组同样支持传值赋值和传地址赋值。例如：

```
<?   $citys=array('长沙','衡阳','常德','湘潭');
$urban=$citys;                  //复制数组（传值赋值）
$urban[1]='娄底';                //修改新数组元素的值
print_r ($citys);               //打印原数组
print_r ($urban);               //打印新数组
 //下面为传地址赋值
$loc=&$citys;                   //引用复制数组（传地址赋值）
$loc[1]='郴州';                  //修改新数组元素的值
print_r ($citys);               //打印原数组
print_r ($loc);                 //打印新数组
?>
```

输出结果为：

```
Array ( [0] => 长沙 [1] => 衡阳 [2] => 常德 [3] => 湘潭 )
Array ( [0] => 长沙 [1] => 娄底 [2] => 常德 [3] => 湘潭 )
Array ( [0] => 长沙 [1] => 郴州 [2] => 常德 [3] => 湘潭 )
Array ( [0] => 长沙 [1] => 郴州 [2] => 常德 [3] => 湘潭 )
```

可见，引用赋值会使新数组和原数组指向同一个数组的存储区，修改新数组的值，原数组的值也随之改变。

3.5.3 多维数组

创建多维数组同样有两种方法，一是使用 array()函数，二是直接给数组元素赋值。例如要创建一个如下的二维数组：

"玫瑰"	"百合"	"兰花"	
"苹果"	"香蕉"	"葡萄"	"龙眼"

使用 array()函数创建的代码如下：

```
$arr = array(array("玫瑰","百合","兰花"),array("苹果","香蕉","葡萄","龙眼") );
```

由于这个语句没有给索引赋值，默认的索引如下：

[0][0]	[0][1]	[0][2]	
[1][0]	[1]1]	[1][2]	[1][3]

要访问二维数组的元素，可以使用“数组名[索引 1] [索引 2]”的形式访问。例如：

```
echo  $arr[1][2];              //访问数组元素，输出葡萄
$arr[0][3]="茉莉";             //添加数组元素
$arr[1][3]="桂圆";             //修改数组元素
unset($arr[1][0]);             //删除数组元素
```

输出结果为：

```
葡萄Array ( [0] => Array ( [0] => 玫瑰 [1] => 百合 [2] => 兰花 [3] => 茉莉 ) [1] => Array (
[1] => 香蕉 [2] => 葡萄 [3] => 桂圆 ) )
```

3.5.4　操作数组的内置函数

PHP 提供了很多操作数组的内置函数，用来对数组进行统计、快速创建、排序等操作。

1. count()函数

count()可返回数组中元素的个数，语法格式为：int count(array arr[, int mode])。例如：

```
<?   $citys=array('长沙','衡阳','常德','湘潭');
echo count($citys);                    //输出 4
$arr = array(array("玫瑰","百合","兰花"),array("苹果","香蕉","葡萄","龙眼") );
echo count($arr);                      //输出 2
echo count($arr,1);                    //输出 9，第 1 维 2 个，第 2 维 7 个，共 9 个
?>
```

提示：如果数组是多维数组，则 count()函数默认也是统计第一维的元素个数，如果要统计多维数组中所有元素的个数，可以将 mode 参数的值设置为 1。

2. max()、min()、array_sum()函数

max()和 min()可分别返回数组中最大值元素和最小值元素，而 array_sum()可统计所有元素值的和。例如：

```
<?   $score=array(70,80,92,60);
echo max($score);             //输出 92
$grade=array('A','C','D','B');
echo min($grade);             //输出 A
echo array_sum($score);       //输出 302
 ?>
```

3. array_count_values()函数

该函数用于统计数组中所有值出现的次数，并将结果返回到另一数组中。例如：

```
<?   $level=array(2,1,3,1,2,3,2,4,3,1,4);
$tmp=array_count_values($level);
print_r($tmp);          //输出 Array ( [2] => 3 [1] => 3 [3] => 3 [4] => 2 )
?>
```

该函数常用在投票程序中，将原数组中每个值看成一个投票选项。

4. explode()函数

explode()通过切分一个具有特定格式的字符串而形成一个一维数组，数组中的每个元素就是一

个子串。语法为：explode(separator, string[,limit])。例如：

```
<?  $str='湖南 湖北 广东 河南';
 $arr=explode(" ",$str);        //通过切分生成数组$arr
 print_r($arr);    ?>
```

输出结果为：

```
Array ( [0] => 湖南 [1] => 湖北 [2] => 广东 [3] => 河南 )
```

说明：

① explode 的分隔符可以是空格等一切字符，但不能为空字符串""。

② limit 参数可限制返回数组元素的个数。

5. implode()函数

implode()使用连接符将数组中的元素连接起来形成一个字符串。它实现了与 explode()相反的功能。例如：

```
<?  $grade=array('A','C','D','B');
$link=implode("--",$grade);
echo $link;        //输出 A--C--D--B        ?>
```

6. range()函数

range()可以快速创建一个从参数 start 到 end 的数字数组或字符数组。语法为：

```
array range(mixed start, mixed end)
```

例如：

```
<?  $score=range(2,5);            //等价于$score=array(2,3,4,5);
print_r($score);                 //输出 Array ( [0] => 2 [1] => 3 [2] => 4 [3] => 5 )
$score=range('D','A');           //等价于$score=array('D', 'C', 'B','A');
?>
```

7. 排序函数

数组排序函数如表 3-6 所示。其中，sort($arr)按元素"值"的升序对数组$arr 进行排序；rsort 按元素"值"的降序对数组进行排序；asort 按元素"值"的升序进行排序，并保持元素"键值对"不变；arsort 按元素"值"的降序进行排序，并保持元素"键值对"不变；ksort 按元素"索引值"升序进行排列，并保持元素"键值对"不变；krsort 按元素"索引值"降序进行排列，并保持元素"键值对"不变。

表 3-6　　数组排序函数

函数	排序依据	排序规则	"键值对"是否改变
sort()	元素值	升序	是
rsort()	元素值	降序	是
asort()	元素值	升序	否
arort()	元素值	降序	否
ksort()	索引值	升序	否
krsort()	索引值	降序	否
natsort()	元素值	升序	否
natcasesort()	元素值	升序	否
shuffle()	元素值	随机乱序	是

可见，排序函数中 a 表示 association，表示排序过程中保持“键值对”的对应关系不变。r 表示 reverse，表示按降序进行排序。k 表示 key，表示按照数组元素的“键”进行排序。

排序函数示例程序如下：

```
<?   $pic=array('img12.gif','img10.gif','img2.gif','img1.gif','img01.gif');
sort($pic);            //将 sort 依次换成 asort, rsort, arsort
print_r ($pic);     ?>
```

输出结果依次为：

```
Array ( [0] => img01.gif [1] => img1.gif [2] => img10.gif [3] => img12.gif [4] => img2.gif )
Array ( [4] => img01.gif [3] => img1.gif [1] => img10.gif [0] => img12.gif [2] => img2.gif )
Array ( [0] => img2.gif [1] => img12.gif [2] => img10.gif [3] => img1.gif [4] => img01.gif )
Array ( [2] => img2.gif [0] => img12.gif [1] => img10.gif [3] => img1.gif [4] => img01.gif )
```

natsort()函数是用“自然排序”的算法对数组 arr 元素的值进行升序排序，所谓自然排序是指小数总排在大数前，如 img2.gif 将排在 img10.gif 之前。

```
<?   $pic=array(1=>'img12.gif','c'=>'img10.gif','b'=>'img2.gif',0=>'img01.gif');
ksort($pic);         //将函数依次换成 krsort, natsort
print_r ($pic);      ?>
```

输出结果依次为：

```
Array ( [0] => img01.gif [b] => img2.gif [c] => img10.gif [1] => img12.gif )
Array ( [1] => img12.gif [0] => img01.gif [c] => img10.gif [b] => img2.gif )
Array ( [0] => img01.gif [b] => img2.gif [c] => img10.gif [1] => img12.gif )
```

8. array_reverse()函数

array_reverse()函数用来对数组元素进行逆序排列，返回逆序后的新数组。例如：

```
<?   $color=array('a'=>'blue','red','green','red');
$result=array_reverse($color);
print_r($result);    //返回 Array ( [0] => red [1] => green [2] => red [a] => blue )    ?>
```

9. array_unique()函数

array_unique()函数可删除数组中重复的元素，返回没有重复值的新数组。例如：

```
<?   $color=array('a'=>'blue','red','b'=>'blue','green', 't'=>'red');
$result=array_unique($color);
print_r($result);        //输出 Array([a] => blue [0] => red [1] => green)       ?>
```

10. 搜索函数

搜索函数用来检查数组中是否存在某个值或某个键名，假设示例数组为$color=array('a'=>' blue',' red','green','red')，则各搜索函数的功能如表 3-7 所示。

表 3–7　　数组搜索函数及功能

函数	功能	示例
in_array(mixed target, array arr)	检查数组中是否存在某个值，返回 true 或 false	in_array('red',$color) ，返回 true
array_search(mixed target, array arr)	检查数组中是否存在某个值，如果存在则返回其对应的索引值，否则返回 false	array_search('blue',$color)，返回 a

续表

函数	功能	示例
array_key_exists(mixed key, array arr)	检查数组中是否存在指定的键，返回 true 或 false	array_key_exists(3,$color)，返回 false
array_keys(array arr, mixed search)	返回数组中所有的键名，将其保存到一个新数组中 若指定了 search，则只返回该值对应的键名	array_keys($color)，返回 Array([0]=>a [1]=>0 [2]=>1 [3]=>2) array_keys($color,'red')，返回 Array ([0] => 0 [1] => 2)
array_values(array arr)	返回数组中所有的值，将其保存到一个新数组中	array_values($color)，返回 Array([0]=> blue [1]=> red [2] => green [3]=> red)

提示：如果想检查数组中是否含有某个键名，可以用 array_search()函数，如果想获取所有匹配的键名，则应该使用 array_keys()函数，并设置 search 参数。

11. 数组和变量间的转换函数

（1）list()函数

list()函数可以用数组中的元素为一组变量赋值，从而通过数组得到一组变量。语法格式为：

```
void list(var1, var2,…, var n)=array arr
```

list()函数要求数组 arr 中所有键为数字，并要求数字键从 0 开始连续递增。例如：

```
<?   $str='湖南 湖北 广东 河南';
$arr=explode(" ",$str);          //$arr=array ([0]=>湖南 [1]=>湖北 [2]=>广东 [3]=>河南)
list($s1,$s2,$s3)=$arr;         //$s1='湖南',$s2='湖北',$s3='广东'
echo $s1."<br>".$s2."<br>".$s3."<br>";          ?>
```

（2）extract()函数

extract()函数能利用一个数组生成一组变量，其中变量名为数组元素的键名，变量值为数组元素的值。如果生成的变量名和已有的变量名冲突，则可使用其第 2 个参数按一组规则来处理。

（3）compact()函数

compact()函数利用一组变量返回一个数组，它实现了和 extract()函数相反的功能。数组元素的键名为变量名，数组元素的值为变量值。extract()函数和 compact()函数的示例如下：

```
<?   $citys=array( "cs"=>"长沙","hy"=>"衡阳",cd=>"常德",xt=>"湘潭");
extract($citys);                        //$cs='长沙',$hy='衡阳',$cd='常德',$xt='湘潭'
echo $xt;                               //输出湘潭
$newcitys=compact('cs','cd','xt');      //用变量组成数组
print_r($newcitys);                     //输出 array([cs]=>长沙 [cd]=>常德 [xt]=>湘潭)      ?>
```

12. 数组指针函数

每一个 PHP 数组在创建之后都会建立一个“当前指针”（current），该指针默认指向数组的第一个元素；通过指针函数可获取指针指向的元素值或键名，也可移动当前指针，对数组进行遍历。数组指针函数如表 3-8 所示。

表 3-8　　数组指针函数

函数	功能
current()	返回当前指针所指元素的“值”
key()	返回当前指针所指元素的“键名”

续表

函数	功能
next()	移动指针使指针指向下一个元素
prev()	移动指针使指针指向上一个元素
end()	使指针指向最后一个元素，并返回当前指针所指元素的值
reset()	使指针指向第一个元素，并返回当前指针所指元素的值
each()	以数组形式返回当前指针所指的元素，该数组有 4 个元素，其中键名为 1 和 value 的元素值为当前元素的值，键名为 0 和 key 的元素值为当前元素的键名

例 3.1 数组指针的操作。

```
<?   $citys=array( "cs"=>"长沙","hy"=>"衡阳",cd=>"常德",xt=>"湘潭");
echo key($citys).' '.current($citys).' '.next($citys).' '.next($citys).'<br>';
echo  prev($citys).' '.end($citys).' '.reset($citys).'<br>';
print_r (each($citys)).'<br>';        ?>
```

输出结果为：

```
cs 长沙 衡阳 常德
衡阳 湘潭 长沙
Array ( [1] => 长沙 [value] => 长沙 [0] => cs [key] => cs )
```

例 3.2 数组的遍历。

利用 next()函数和循环语句可以遍历数组，以实现和 foreach 语句类似的功能。例如：

```
<?   $citys=array( "cs"=>"长沙","hy"=>"衡阳","cd"=>"常德","xt"=>0);
 reset($citys);
do{
 echo key($citys).' => '.current($citys);}
while(next($citys)!==false);        //不要写成 while(next($citys));     ?>
```

输出结果为：

```
cs => 长沙 hy => 衡阳 cd => 常德 xt => 0
```

提示：上例中 do…while 语句的循环条件不要简写成 next($citys)，因为若某个数组元素的值为空或 0，则值也会被当成 false 处理，导致遇到 0 就会终止循环。

习题

1. 下列 PHP 变量的名称错误的是（　　）。

   A. $5-zhao　　B. $s_Name　　C. $_if　　D. $This

2. 语句“echo 'happy'. 1+2 .'345';”输出结果为（　　）。

   A. 2345　　B. happy3345　　C. happy12345　　D. 运行出错

3. “? :”运算符相当于 PHP 语句（　　）。

   A. if…else　　B. switch　　C. for　　D. break

4. 语句“for($k=0;$k=1;$k++);”和语句“for($k=0;$k==1;$k++);”的执行次数分别是（　　）。

A. 无限次和 0　　B. 0 和无限次　　C. 都是无限次　　D. 都是 0

5. 如果要提前离开 for 循环，可以使用下面（　　）语句。

A. pause　　B. return　　C. exit　　D. break

6. 如果要使程序的运行在循环内跳过后面的语句，直接返回循环的开始，应在循环内使用下面（　　）语句。

A. goto　　B. jump　　C. continue　　D. break

7. 对于 for($i=100; $i<=200; $i+=3)，循环运行结束后，变量$i 的值是（　　）。

A. 201　　B. 202　　C. 199　　D. 198

8. 下列（　　）代表无穷循环。

A. for(;;)　　B. for()　　C. foreach(,)　　D. do(1)

9. 数组是通过（　　）来区分它所存放的元素。

A. 长度　　B. 值　　C.索引　　D. 维度

10. 在默认情况下，PHP 数组中第一个元素的索引是（　　）。

A. 0　　B. 1　　C.空字符串　　D. 不一定

11. PHP 规定数组的索引可以为以下（　　）形式（多选）。

A. 布尔　　B. 浮点型　　C. 整数　　D. 字符串

12. 下列（　　）可以用来访问数组的元素。

A. ->　　B. =>　　C. ()　　D. []

13. 下列（　　）运算符可以用来比较两个数组是否不相等。

A. +　　B. !=　　C. <>　　D. !==

14. 如果数组$a=array(0=>5,1=>10)，$b=array(1=>15,2=>20)，$c=$a+$b，则$c 等于（　　）。

A. array ([0] => 5 [1] => 10 [2] => 20)　　B. array ([0] => 5 [1] => 15 [2] => 20)

C. array ([0] => 5 [1] => 　[2] => 20)　　D. array ([0]=>5 [1]=>10 [2]=>15 [3]=>20)

15. 假设$a=array(0=>'a',1=>'b')，$b=array(1=>'b',0=>'a')，则$a==$b 和$a===$b 的值分别是（　　）。

A. true true　　B. true false　　C. false false　　D. false true

16. 假设$a=array('a','b','c','d')，则依次调用 next($a);next($a);next($a);prev($a);后，current($a)会返回（　　）。

A. 'a'　　B. 'b'　　C. 'c'　　D. 'd'

17. 假设 list($x,$y)= array(10,20,30,25)，则$y 的值是（　　）。

A. 10　　B. 20　　C. 30　　D. 25

18. 下列（　　）函数可以将数组中的索引和值互相交换。

A. array_reverse()　　B. array_walk()

C. array_flip()　　D. array_pad()

19. 假设$a=array(10,25,30,25,40)，则 array_sum($a)会返回（　　）。

A. array ([0] => 105)　　B. array ([0] => 130)

C. 105　　D. 130

20. 假设$a=range(1,20,5)，则 print_r($a)为（　　）。

A. array (1, 6, 11, 16)　　B. array (1, 20, 5)

C. array (5, 10, 15, 20)　　D. array (5, 10, 15)

21. 假设$a=array('x','y');，则$a=array_pad($a,4,'z');，会返回（　　）。

A. array ('x','y','z','z')　　B. array ('z','z','z','z')

C. array ('x','x','x','z')　　D. array ('x','y','z',0)

22. PHP 是________的缩写，PHP 文件中可包含________、________、________三部分的代码。

23. 当把布尔值转换为整型时，true 会转换成________，false 转换成________。当把布尔值转换成字符串时，true 会转换成________，false 转换成________。

24. 检测一个变量是否设置需要使用________函数，检测一个变量是否为空需要使用________函数。

25. 对变量进行引用赋值时，引用的变量名前必须加________。

26. 对于用$arr=array(1,2,array('h'))定义的数组，数组元素'h'的索引值是________，count($arr,1)将返回________。

27. echo count("abc"); 的输出结果是________。

28. 对数组进行升序排序并保留索引关系，应使用的函数是________。

29. 假设网站目录为 E:\news，网站的 admin 目录中的 sh.php 中有包含语句 require 'inc/conn.php';，则应保证文件 conn.php 位于________目录下，如果将该文件包含命令改成 require '/inc/conn.php';，则应保证文件 conn.php 位于________目录下。

30. 假设要输出正确的 HTML 代码，下列 PHP 代码中写法正确的有：________。

```
(1) <ta<?= "b" ?>le border="1">
(2) <ta<?= b ?>le border="1">
(3) <ta<? echo 'b' ?>le border="1">
(4) <p align="<?= "right" ?>">段落</p>
(5) <p align='<?= "right" ?>'>段落</p>
(6) <p <?="align='right'" ?>>段落</p>
(7) <p <?='align="right"' ?>>段落</p>
(8) <? 'for($i=1;$i<5;$i++)'?>
(9) <? for($i=1;$i<5;$i++) ?>
(10) <? for($i=1;?><? $i<5;$i++) ?>
(11) <% for i= 1 to 5 %>
(12) <?= "<table  border='1'>" ?>
(13) <font size="<?= 6 ?>">天</font>
(14) <style>p{ height:<?= 58 ?>px;}</style>
```

31. 如果要将一个变量的数据类型由字符串型强制转换成整型，有哪几种方法？

32. 在页面 A 中定义的普通变量$b 可以在页面 B 中使用吗（页面 A、B 不存在包含关系）？

33. 包含文件操作常用的 4 种函数是什么？各适合应用于哪种场合？

34. 编写 PHP 程序，计算 1～100 所有偶数的总和，然后把结果输出出来。

35. 编写程序，在网页上输出一个三角形形式的九九乘法表。

36. 编写程序，使用 while 循环计算 4096 是 2 的几次方，然后输出结果。

37. 编写程序，先声明一个数组{5, 8,2,3,7,6,9,1,8,4,3,0}，然后输出数组中最大元素和最小元素的索引值。

38. 先根据原理写出下列程序的运行结果，然后上机验证结果是否正确。

（1）运行结果为：

```
$a = "hello";
$b = &$a;
unset($b);
$b = "world";
echo $a;
```

（2）运行结果为：

```
$str = "true or false;";
 if(eval($str))
      echo 1;
 else
     echo 0;
```

（3）运行结果为：

```
$n = 10;  $nn = 100;
$a = '$nnn';
$b = "$nnn";
$c = $a.$b;
echo $c;
```

（4）运行结果为：

```
$d = 3;   $y = 1;
while($d > 0) {
  $x = ($y+1) * 2;
   $y = $x;
   --$d;    }
echo $x;
```

（5）运行结果为：

```
$c = 5;
$d = 0;
if($c = $d++)
        echo $d;
else
        echo $c;
```

（6）运行结果为：

```
  $str = 'Heng_yang';
$arr = explode('_', $str);
$res = implode('', $arr);
  echo $res;
```

39. 写出下列程序的运行结果：

（1）运行结果为：

```
$num = 2;
$a = 2;   $b = 1;
for($i=1; $i<=$num; $i++){
      $s = $s + $a / $b;
      $t = $a;
      $a = $a + $b;
      $b = $t;    }
echo $s;
```

（2）运行结果为：

```
$num =10;
function multiply(){
      $num =$num *10;
}
 multiply();
 echo $num;
```

（3）运行结果为：

```
function fun($a){
if($a > 1)
   $r = $a * fun($a - 1);
else  $r = $a;
return $r;
}
echo fun(3);
```

（4）运行结果为：

```
function rev($var){
  $res="";
for($i=0,$j=strlen($var);$i<$j;$i++) {
   $res=$var[$i].$res;
     }
  return $res;
}
$tmp="hengyang";
$res=rev($tmp);
echo $res;
```

（5）运行结果为：

```
$b = 20;
$c = 40;
$a = $b > $c ? ($c - $b) ? 1 : ($b - $c) > 0
: ($b + $c) ? 0 : $b * $c;
echo $a;
```

（6）运行结果为：

```
$arr = array(1, 1);
for($i=2; $i<20; $i++){
     $arr[$i] = $arr[$i-1] + $arr[$i-2];
}
for($i=0; $i< count($arr); $i++){
     if ($arr[$i] %5 == 0){
          echo $arr[$i];
          break;
     }
}
```

（7）运行结果为：

```
function t($n){
 static $num = 1;
 for($j=1; $j<=$n; $j++) {
   if($j>=4 && $j<15)
      $num++;
    t($n-$j);
     if($j==20)
        $num--;
    }
    return $num;
}
echo t(5);
```

（8）运行结果为：

```
for($i=100;$i<1000;$i++){
     $a = intval($i /100);
     $b = intval($i / 10) % 10;
     $c = $i % 10;
     if(pow($a, 3) + pow($b, 3) + pow($c,
3) == $i && $i % 10 == 0)
          echo $i;
}
```

（9）运行结果为：

```
function fun($n){
  if($n == 3) return 1;
     $t = 2 * (fun($n + 1) + 1);
  return $t;    }
echo fun(1);
```

第 4 章　函数和面向对象编程

在实际的软件项目开发中，为了提高代码的可重用性和实现程序的模块化，函数被大量使用。一个函数代表一个功能模块，这样程序就由许多函数构成，程序的执行就是函数之间的相互调用。当软件更加复杂时，往往将许多相关的函数及变量封装成一个类，通过类的对象来调用函数。可以认为，函数是对功能模块的一次封装，而类是对功能模块的二次封装。

4.1 PHP 的内置函数

PHP 提供了大量的内置函数，用于方便开发者对字符串、数值、日期、数组等各种类型的数据进行处理。内置函数无须定义就可使用，如 date()函数就是 PHP 的一个内置函数。

4.1.1 字符串处理函数

在 PHP 程序开发中对字符串的操作非常频繁。例如，用户在注册时输入的用户名、密码，以及用户留言等都被当作字符串来处理。很多时候要对这些字符串进行截取、过滤、大小写转换等操作，这时就需要用到字符串处理函数。常用的字符串处理函数如表 4-1 所示。

表 4-1 常用的字符串函数及功能

函数	功能	示例
strlen (string)	返回字符串的长度（中文算两个字符）	strlen ("abc8")，返回 4
trim(string)	去掉字符串两端的空格	trim(" abcd* ")，返回"abcd*"
ltrim(string)、rtrim(string)	去掉字符串左边或右边的空格	ltrim(" abcd* ")，返回"abcd* "
substr(string, start, [length])	从字符串的第 start 个字符开始，取长为 length 的子串。如果省略 length，表示取到字符串的结尾，如果 start 为负数表示从末尾开始截取，如果 length 为负数，则表示取到倒数第 length 字符	substr("2010-9-6",5)，返回"9-6" substr("2010-9-6",2,4)，返回"10-9" substr("2010-9-6",2,-2)，返回"10-9" substr("2010-9-6",-3,3) ，返回"9-6"
str_replace(find, replace, string, [&count])	替换字符串中的部分字符，将 find 替换为 replace，如果有参数 count，还可获取替换了多少处	str_replace("AB","*","ABCabc")，返回"*Cabc"
strtr(string, find, replace)	等量替换字符串中的部分字符，将 find 替换为 replace，如果 find 和 replace 长度不同，则只替换两者中的较小者	strtr("Hilla Warld","ial","eo")，返回" Hello World"（i 替换成 e，a 换成 o）
substr_replace(string, replace, start, [length])	从字符串的第 start 个字符开始，用 replace 替换长度为 length 的字符，若省略 length，将替换到结尾	substr_replace("ABCabc","*",3) ，返回"ABC*" substr_replace("ABCabc","*",3, 2) ，返回"ABC*c"
strtok(string,split)	根据 split 指定的分隔符把字符串分割为更小的字符串	strtok($str, " ")
strpos(string,find,[start])	返回子串 find 在字符串 string 中第一次出现的位置，如果未找到该子串，则返回 false，如果有 start 参数，表示开始搜索的位置	strpos("ABCabc","bc")，返回 4 strpos("ABCabc","bc",5)，返回 false
strstr(string,search)	返回从 search 开始，字符串的其余部分。如果未找到所搜索的字符串，则返回 false	strstr("ABCabc","ab")，返回"abc"
strcmp(str1,str2)	返回两个字符串比较的结果。str1 小于 str2，比较结果为-1；str1 等于 str2，比较结果为 0；str1 大于 str2，比较结果为 1	strcmp ("ABC","abc")，返回-1 strcmp ("abc","abc")，返回 0 strcmp ("abc", "aa")，返回 1
strrev(string)	反转字符串	strrev("Hello")，返回 “olleH”
str_repeat(string,repeat)	把字符串重复指定的次数	str_repeat(".",6)，返回 “……”

续表

函数	功能	示例
nl2br(string)	将 string 中的\n 转换为换行标记 	nl2br("a\nb"),返回 "a b"
strip_tags(string,[allow])	去除字符串中的 HTML、XML、PHP 标记	strip_tags("Hello <b>world!</b>")，返回 "Hello world!"
chr(number)	返回与指定 ASCII 码对应的字符	chr(13)，返回回车符 chr(0x52)，返回"R"
ord(string)	返回字符串中第一个字符的值	ord("h")，返回 104
strtolower($str)	字符串转换为小写	strtolower('ABc')，返回 abc
strtoupper($str)	字符串转换为大写	strtoupper('ABc')，返回 ABC
ucfirst($str)	将字符串的第一个字符转换为大写	ucfirst('ab cd')，返回 Ab cd
ucwords($str)	将每个单词的首字母转换为大写	ucwords('ab cd')，返回 Ab Cd

提示： 上述字符串函数都严格区分大小写。如果希望不区分则可使用对应的大小写不敏感函数：strpos()→stripos()，strstr()→stristr()，str_replace()→str_ireplace()，strcmp()→strcasecmp()。另外，strchr()是 strstr()的别名。

1. strpos()函数

strpos()函数除了有定位子串位置的功能外，还具有查找子串的功能，只要检测其返回值不恒等于 false 即可（注意：不能用返回值是否等于 0 来判断，因为如果特定子串的位置是第 0 个字符，其返回值也为 0）。示例程序如下。

例 4.1　对用户输入的字符串进行检查并过滤掉非法字符。

```
<?
$Patternstr = "黄|黑|走私|发票|枪支";                       //定义要过滤的非法字符串集
$Pattern= explode("|",$Patternstr);                       //将字符集分割成数组
//print_r($Pattern);
$inputstr="黑色黄色枪支弹药走私物品增值发票";               //假设这是用户输入的字符串
for($i=0;$i<count($Pattern);$i++)    {                    //分别对数组中每个字符串进行查找
  if (strpos($inputstr, $Pattern[$i])!==false)    {       //如果找到字符集中的某个字符串
 $outstr=str_replace($Pattern[$i],"",$inputstr);          //将该字符串过滤掉
 $inputstr=$outstr;}                                      //让输入的字符串等于这次过滤后的字符串
}
echo $outstr."<br>";        ?>
```

程序的输出结果为：色色弹药物品增值。

例 4.2　用字符串函数来判断 E-mail 或 IP 地址的格式是否正确，运行结果如图 4-1 所示。

```
<?   $email="tangsix@163.com";
if (strpos($email, "@") && strpos($email, ".")&& strpos($email, "@")<strpos($email, "."))
echo "E-mail 格式正确<br/>";
  //判断 IP 地址是否正确，用到了 explode 函数
$IP="59.51.24.54";
$arr=explode(".",$IP);
if (count($arr)==4)
echo "IP 格式正确，IP 前两位为 $arr[0].$arr[1].*.*";    ?>
```

2. str_replace()函数

str_replace()函数除了可替换字符串中的字符外，如果替换后的字符串为空，则能过滤掉被替换字符串中的某些字符。示例程序如下。

例 4.3 对查询关键词描红加粗，运行结果如图 4-2 所示。

```
<?  $content = "《Web 标准网页设计与 ASP》";        //假设这是待查询信息
$find= "网页设计";          //假设这是查询关键词
$out=str_ireplace($find,"<b style='color:red'>$find</b>",$content);
echo $out."<br>";   ?>
```

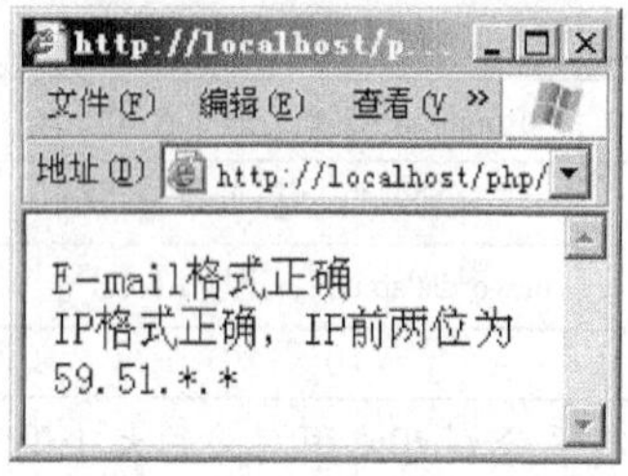

图 4-1 例 4.2 的运行结果

图 4-2 例 4.3 的运行结果

4.1.2 日期和时间函数

在动态网站中，经常需要获取当前的日期时间信息，例如，在论坛中要记录发言的日期和时间等，使用 PHP 提供的日期函数能方便地获取日期时间。

1. date()函数

date(string, [stamp])是最常用的日期时间函数，用来返回或设置当前日期或时间。例如：

```
echo date("Y-m-d");            //输出 2018-09-23
echo date("y 年 m 月 d");       //输出 18 年 09 月 23
echo date("h:i:s");            //输出 10:44:46
```

其中，Y、m、d 等是 date()函数 string 参数中的格式字符，常见的格式字符如表 4-2 所示。除了格式字符外的字符都是普通字符，它们将按原样显示，如“年”“-”等。

表 4-2　　date()函数的格式字符及其说明

格式字符	说明	格式字符	说明
Y	以 4 位数显示年	H	以 24 小时制显示小时（会补 0）
y	以 2 位数显示年	G	以 24 小时制显示小时（不补 0）
m	以 2 位数显示月（会补 0）	h	以 12 小时制显示小时（会补 0）
n	以数字显示月（不补 0）	g	以 12 小时制显示小时（不补 0）
M	以英文缩写显示月	i	以 2 位数显示分钟（会补 0）
d	以 2 位数显示日（会补 0）	s	以 2 位数显示秒（会补 0）
j	以数字显示日（不补 0）	t	显示该日期所在的月有几天，如 31
w	以数字显示星期（0~6）	z	显示该日期为一年中的第几天
D	以英文缩写显示星期	T	显示本地计算机的时区
l	以英文全称显示星期	L	判断是否为闰年，1 表示是

提示：

① date()函数也可带有 2 个参数，此时用来设置时间。第 2 个参数必须是一个时间戳，它将使 date()返回时间戳设置的时间。例如，date('Y-m-d', 0)将返回 1970-01-01。

② PHP 解析器默认采用格林尼治时间，使调用时间函数与实际时间相差 8 小时。为此，需要设置 PHP 的时区，打开 php.ini 文件，将“;date.timezone”修改为“date.timezone =PRC”即可。

2. getdate()函数

getdate()函数也能返回当前的日期时间，但它会返回各种时间字段到数组中。例如：

```
<?   $today=getdate();
     print_r($today);                    //$today 是 getdate()函数返回的数组
echo "$today[mon]月$today[mday]日";      //mon 和 mday 是数组元素的索引
?>
```

其中，print_r()是用于递归打印数组或对象的语句，可以将数组整体输出。运行结果为：

```
Array ( [seconds] => 58 [minutes] => 8 [hours] => 12 [mday] => 26 [wday] => 5 [mon] => 4
[year] => 2013 [yday] => 115 [weekday] => Friday [month] => April [0] => 1366974538 ) 4月26日
```

3. time()函数

time()函数会返回当前时间的时间戳。所谓时间戳是指从 1970/1/10:0:0 到指定日期所经过的秒数。例如，当前时间为 2013-04-28 11:58:17，则 time()返回的时间戳是 1367146697。因此利用 time()可对时间进行加减。示例程序如下，运行结果如图 4-3 所示。

图 4-3　time()函数示例

```
<?   $nextWeek = time() + (7 * 24 * 60 * 60);     //1 周=7 天×24 小时×60 分×60 秒
echo '现在是：'.  date('Y-m-d') ."<br>";
echo '下一周是：'. date('Y-m-d', $nextWeek) ;      ?>
```

4. mktime()函数

mktime()函数会返回自行设置时间的时间戳。与 date()函数结合使用可以对日期进行加减运算及验证。其语法如下：int mktime(时,分,秒,月,日,年)，例如：

```
echo date("Y-m-d",mktime(0,0,0,12,36,2012));
```

表示设置时间为 2018 年 12 月 36 日，则 mktime()会自动校正时间越界，输出结果为：

```
2019-01-05
```

如果要在今天日期的基础上加 12 天，可以使用：

```
echo date("Y-m-d",mktime(0,0,0,date(m),date(d)+12));
```

输出结果为：2018-07-08（注：系统当前日期为 2018-06-26）。上述代码中省略了年的参数，因为 mktime()函数的参数可以按照从右至左的顺序省略，任何省略的参数都会被设置为当前时间值。

5. strtotime()函数

strtotime()函数可将日期时间（英文格式）解析为时间戳。其功能相当于 date()函数设置时间的逆过程。date()函数（带有 2 个参数时）可以将时间戳设置为时间，而 strtotime()是将时间解析为时间戳。

```
<?   echo strtotime("now");                    //输出当前时间的时间戳，如：1367148939
echo strtotime("+5 hours");                    //输出加 5 小时后的时间戳
echo date('Y-m-d',strtotime("+1 week"));       //利用返回的时间戳设置时间
echo strtotime("+1 week 3 days 7 hours 5 seconds");     ?>
```

可见，使用 strtotime()函数也可用来对时间进行加减。

6. checkdate()函数

checkdate(月,日,年)函数可判断参数指定的日期是否为有效日期。如果是，就返回 true，否则返回 false。例如，checkdate(10,3,2018)返回 true，因为 2018/10/3 是存在的。而 checkdate(13,3,2018)返回 false。

在网站开发中，可使用 checkdate 函数对用户输入的日期格式合法性进行检查。

4.1.3 检验函数

检验函数用来检查变量是否定义，是否为空，获得变量的数据类型，取消变量定义等。

1. isset()函数

isset($var)函数用来检查变量$var 是否定义。该函数参数为变量名（带$），如果变量已经定义，并且其值不为 NULL，则返回 true，否则返回 false。

```
<?   echo isset($test);        //返回 false，输出空字符串
     $test=null;
     echo isset($test);        //仍然返回 false     ?>
```

通俗地说，如果有这个变量，则 isset($var)返回 true，否则返回 false。

2. empty()函数

empty()函数用来检查变量是否为空。所谓变量为空包括两种情况：①变量未定义；②变量的值为""、0、"0"、NULL、FALSE，以及空数组、没有任何属性的对象等。例如：

```
<?   $var=0;
echo empty($var);          //变量值为 0，返回 1
echo isset($var);          //变量存在，且值不为 null，返回 1
echo empty($str);          //变量不存在，返回 1        ?>
```

因此，如果要检测变量是否定义，尽量用 isset()方法。

3. unset()函数

unset($var)函数用来取消变量 var 的定义。该函数的参数为变量名，函数没有返回值。需注意的是：如果在某个自定义函数中用 unset()取消一个全局变量，则只是局部变量被取消，而在调用环境中的变量仍将保持调用 unset()之前一样的值。例如：

```
<?  $foo = 'alive';
function destroy_foo() {
     global $foo;
     unset($foo);                        //在函数中删除变量$foo，实际上只是局部变量被删除
}
destroy_foo();
echo $foo;                               //仍将输出 alive
unset ($bar[1]);                         // unset 也能删除数组元素
unset ($foo1, $foo2, $foo3);             // 同时删除多个变量    ?>
```

4. gettype()函数

gettype()函数用来返回变量或常量的数据类型，返回值包括：integer、double、string、array、object、unknown type 等。其语法格式为：string gettype (mixed var)。例如：

```
<?  $foo = 'bar';
echo gettype($foo).'<br>';          //输出 string
$bar=array("aa",12,true,2.2,"test",50);
echo gettype($bar[1]);              //输出 integer
?>
```

虽然 gettype()函数可用来获取数据类型，但由于 gettype()函数在内部进行了字符串的比较，所以它的运行速度较慢。建议使用下面介绍的 var_dump()函数和 is_*()函数来代替。

5. var_dump()函数

var_dump()函数用来返回变量或常量的数据类型和值，并将这些信息输出。例如：

```
<?  $a = 3.1;    $b ='天涯';
var_dump($a,$b);        //输出$a、$b 的数据类型和值
$c = array (1, '2', array ("a", "b", "c"));
var_dump ($c);        //输出$c 的数据类型和值
?>
```

输出结果为：

```
float(3.1) string(4) "天涯" array(3) { [0]=> int(1) [1]=> string(1) "2" [2]=> array(3) { [0]=> string(1) "a" [1]=> string(1) "b" [2]=> string(1) "c" } }
```

在调试程序时，经常使用该函数查看变量或常量的值、数据类型等信息。

6. is_*()系列函数

is_*()系列函数包括：is_string()、is_int()、is_float()、is_bool、is_null()、is_array()、is_object()、is_numeric()、is_resource()、is_integer()、is_long()、is_real()等。它们用来判断变量是否为某种数据类型。如果是，则返回 true，否则返回 false。例如：is_string()可以判断变量是否为字符串数据类型，is_int()判断变量是否为整型，而 is_numeric()判断变量是否为数字或由数字组成的字符串。例如：

```
<?  $a = 3.1;
echo is_float($a);         //返回 true
$b ='13307473544';         //$b 是由数字组成的字符串
echo is_numeric($b);       //返回 true   ?>
```

7. settype()函数

settype()函数可以进行强制数据类型转换。转换规则遵循表 3-5 的规定。其语法格式为：int settype(string var, string type)。参数 type 为下列的类型之一：integer、double、string、array 与 object。例如：

```
<?  $a = 3.1;
settype($a, integer);      //将变量$a 转换成整型
echo $a;                   //输出 3
$b = "false";
settype($b, bool);         //将变量$b 转换成布尔型
echo $b;        //返回 true       ?>
```

8. eval()函数

eval()函数可以动态执行函数内的 PHP 代码，其参数是一个字符串，eval()会试着执行字符串中的代码。示例代码如下：

```
<?   eval('$a=5+3;');              //执行赋值语句
     echo $a;                      //输出 8
     eval('var_dump($a);');        //输出 int(8)      ?>
```

虽然 eval()函数非常好用，但是，eval()函数执行代码时效率是十分低的。并且，eval()容易产生安全性问题，在获取表单中用户输入的数据时，应过滤这些数据中的 eval 关键词，因为它允许用户去执行任意代码，这是很危险的。

4.1.4 数学函数

数学函数的参数和返回值一般都是数值型，常用的数学函数及其功能如表 4-3 所示。

表 4-3 常用的数学函数及其功能

函数	功能	示例
round(val [,int precision)	返回按指定位数四舍五入的数值，如果省略 precision，则返回整数	round(3.41)，返回 3 round(3.45,1)，返回 3.5
ceil(val)	返回大于并最接近 val 的整数	ceil(3.45)，返回 4
floor(val)	返回小于并最接近 val 的整数	floor(3.45)，返回 3
intval(val)	返回 val 的整数部分	intval('3.6a')，返回 3 intval(3.6)，返回 3
abs(num)	返回 num 的绝对值	abs(-3.43)，返回 3.43
sqrt(num)	返回数 num 的平方根	sqrt(16)，返回 4
pow(base, exp)	计算次方值，base 为底，exp 为幂	pow(2,3)，返回 8
log(num[, base])	计算以 e 为底的对数	log(10)，返回 2.3025…
exp(num)	返回自然对数 e 的幂次方	exp(10)，返回 22026.…
rand(int min, int max)	返回 min 到 max 之间的伪随机数	rand(2,9)，返回 2～9 的整数
srand(int seed)	播下随机数发生器种子	已被淘汰，不建议使用
int getrandmax (void)	返回调用 rand()可能返回的最大值	
sin(arg)等三角函数	包括 sin()、cos()、tan()等	sin(pi()/6)，返回 0.5
max(num1,num2,…,numn)	返回若干个参数中的最大值	max(2,3,3.5)，返回 3.5
min(num1,num2,…,numn)	返回若干个参数中的最小值	min(2,3,3.5)，返回 2
decbin(num)	十进制数转换为二进制数	decbin(6)，返回 110
bindec(num)	十进制数转换为二进制数	bindec(11)，返回 3
dechex	十进制数转换为十六进制数	dechex(13)，返回"d"
decoct	十进制数转换为八进制数	decoct(13)，返回"15"
base_convert(num,from,to)	在任意进制之间转换数字	base_convert('1a',16,10)，返回"26”
number_format(num, preci, [point] ,[sep])	格式化数字字符串	number_format(3.142,2)，返回"3.14" number_format(1314.5205,3,"."," ")，返回"1 314.521"

4.2　自定义函数及调用

除了可以直接调用 PHP 内置函数完成某些功能外，用户还可以自己设计函数，来实现某种特殊功能，这称为自定义函数。使用自定义函数包括函数的定义和函数的调用两个步骤。

4.2.1　函数的定义

函数是一个可重用的代码块，用来完成某个特定功能。每当需要反复执行一段代码时，可以使用函数来避免重复书写相同代码。不过，函数的真正威力体现在，函数就像一台机器（见图 4-4），这台“机器”可以接收一些数据作为输入（通过函数的参数），进行加工后再把执行的“结果”输出（通过 return 语句）。函数可以有 0 个到多个参数，但只能有一个输出。用户设计函数的第一步就是要想清楚函数的输入和输出。

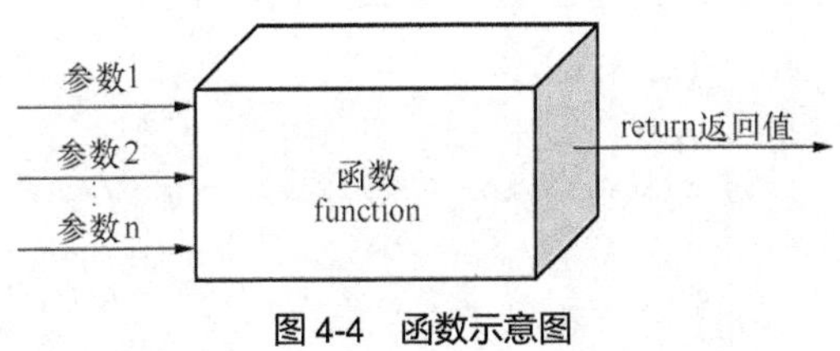

图 4-4　函数示意图

定义函数的语法如下：

```
function 函数名([参数 1, 参数 2, …, 参数 n])    {
        函数体
        [return 返回值]
}
```

其中，function 是 PHP 定义函数的关键字，函数名是自定义函数的名称，必须符合变量的命名规则。参数是函数的输入接口，函数通过参数接收“外部”数据。函数体是函数的功能实现。return 语句用来返回函数的执行结果，如果不需要返回结果，可以没有 return 语句。

4.2.2　函数的调用

要执行函数内的代码，必须调用函数。函数调用有 3 种方式：①函数调用语句；②赋值语句；③函数嵌套调用。

1. 函数调用语句

如果函数没有返回值（无论是否有参数），通常使用函数调用语句调用函数，形式为：

```
函数名([实参 1, 实参 2, …, 实参 n]);
```

下面两个程序通过调用自定义的 hello()函数打印一行字符：

```
<?
function hello(){
  echo "********************";
}
hello();    //调用无参函数
 ?>
```

```
<?
function hello($n,$star){
   for($i=0;$i<$n;$i++)
       echo $star;
}
hello(8,'&');         //调用有参函数    ?>
```

例 4.4 设计函数判断手机号码格式是否正确（函数调用语句举例）。

```
<?  function isTel($tel)    {
        if (strlen($tel)==11 && is_numeric($tel))
            echo  "手机号码格式正确";
        else
            echo "格式不正确，请重新输入";    }
    isTel("13388888888");       //调用有参函数     ?>
```

2. **赋值语句调用函数**

如果函数有返回值，通常使用赋值语句将函数的返回值赋给一个变量。形式为：

```
变量名=函数名([实参 1, 实参 2, …, 实参 n]);
```

例 4.5 限制输出字符串的长度（赋值语句调用函数举例）。

函数 Trimtit()的功能是：如果输入的字符串$tit 长度大于指定的长度$n，则返回截取的指定长度字符串并加“…”，如果长度小于等于指定长度，则返回原字符串。

```
<?  function Trimtit($tit,$n)   {                   //注意函数的输入为两个类型不同的参数
if (mb_strlen($tit,'GB2312')>$n)
        return  mb_substr($tit,0,$n,'GB2312')."…";  //返回函数值
    else
        return $tit;                                //返回函数值
    }
$str="航空母舰 2012 年完成舰载机着舰";                  //测试字符串
$out=Trimtit($str,14) ;                             //调用函数
echo $out;                                          //输出：航空母舰 2012 年完成…
 ?>
```

说明：

① 函数的参数类型可以各不相同，如上例中的$tit 是字符串，而$n 是数值型。

② 函数中只有一条 return 语句会被执行，return 语句以后的函数代码将不会被执行；

③ mb_strlen()和 mb_substr()分别是 strlen()和 substr()处理中文字符的版本，这两个函数都必须带有指定编码类型的参数，如'GB2312'。如果处理的字符串中有中文，一定要用这两个函数，因为substr()不仅会把中文当成 2 个字符，在处理某些中文字符时还会产生乱码。

例 4.6 替换特殊字符为字符实体（赋值语句调用函数举例）。

有时用户在表单中提交了一段字符串，这段字符串中可能有回车、空格等特殊字符，由于浏览器会忽略代码中的回车、空格等字符，导致这些格式丢失，因此有必要将它们用字符实体替代，使这些格式在浏览器中保留下来，示例程序如下，运行效果如图 4-5 所示。

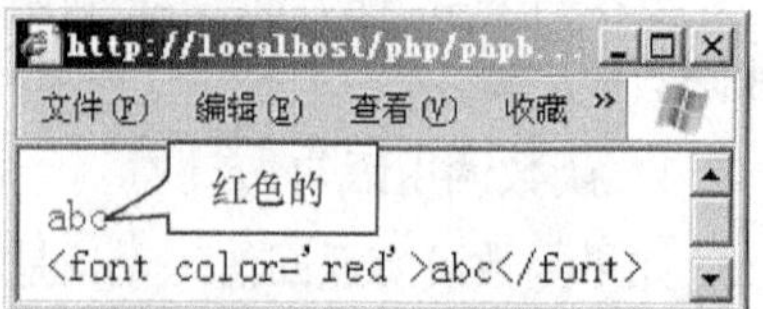

图 4-5 例 4.6 运行效果

```
<?
function myReplace($str){
   $str =str_replace("<","&lt;",$str) ;          //替换<为字符实体&lt;
   $str =str_replace(">","&gt;",$str);           //替换>为字符实体&gt;
   $str =str_replace(chr(13),"<br>",$str);       //替换回车符为换行标记<br>
   $str =str_replace(chr(32)," ",$str);     //替换空格符为字符实体 
     return $str ;                               //返回函数值
```

```
}
$str="<font color='red'>abc</font>";                //测试字符串
echo $str.'<br>';
echo myReplace($str);        ?>
```

提示：PHP 提供了内置函数 htmlentities()可以完成例 4.6 中 myReplace 函数的功能，但是 htmlentities()不会将空格替换成字符实体“ ”，而且字符串中如果有中文，使用 htmlentities()会产生乱码。

由于函数的返回值只能有 1 个，如果要返回多个数值，可以让函数返回一个数组。例如：

例 4.7　设计一个函数，输入一个整数，输出这个整数各位上的数字。

```
<?   function aval($num){              // aval()用来求$num 各位上的数字
        for($i=0;$num>=1;$i++){
            $arr[$i]=$num%10;      //对 10 取余得到个位数
            $num=$num/10;    }     //除以 10 后十位数变成个位数
        return $arr;               //$arr 保存了各位上的数
    }
    print_r(aval(54262));          //调用函数，将返回各位上的数字    ?>
```

输出结果为：Array([0] => 2 [1] => 6 [2] => 2 [3] => 4 [4] => 5)。

3. **函数的嵌套调用**

函数可以嵌套调用，即把函数调用作为另一函数的参数。例如：

```
<? function sum($a,$b){
     return $a+$b;    }
     echo sum(7,sum(3,5));        //函数作为另一函数的参数调用 ?>
```

例 4.8　过滤字符串中的 HTML 标记。

有时需要把文本中的 HTML 标记都过滤掉，过滤的思路是：首先找到第 1 个 HTML 标记的开始和结束位置（“<”和“>”），将“<”左边的字符与“>”右边的字符连接在一起，这样就去掉了第 1 个 HTML 标记，再把过滤后的字符串赋值给原字符串，进行下次过滤，直到文本中找不到 HTML 标记为止。

```
<?      // right 函数：截取字符串$s 右边的$n 个字符
function right($s, $n) { return $n? substr($s, -$n): ''; }
function noHtml($str){     // noHTML 函数：去除字符串$str 中的 HTML 标记代码
while (strpos($str,'<')!==false || strpos($str,'>')!==false)     {//如果字符串中有“<”或“>”
  $begin=strpos($str,'<');              //找到“<”的位置
  $end=strpos($str,'>');                //找到“>”的位置
  $length=strlen($str)-$end-1;          // “>”右边的字符串长度
              //将“<”左边的字符串和“>”右边的字符串连接在一起
  $filterstr=substr($str,0,$begin) . right($str,$length);  //在函数体内调用另一函数
     $str= $filterstr;     //把一次过滤后的字符串赋给原字符串，以便进行下次过滤
}
return $str;                            //返回函数值
}
$str="<font size=9>abc</font>";         //测试字符串
echo noHtml($str);                      //输出结果为“abc”
?>
```

实际上，PHP 提供了内置函数 strip_tags()可实现 noHtml()函数的功能。

4.2.3 变量函数和匿名函数

变量函数类似可变变量，它的函数名为变量。使用变量函数可实现通过改变变量值的方法调用不同的函数。例如，在例 4.8 的“?>”前插入如下代码：

```
$func='noHtml';                    //将一个函数名赋值给变量
echo $func($str);                  //相当于 echo noHtml($str)，输出结果为“abc”
$func='right';
echo $func($str,7);                //相当于 echo right($str,7)，输出结果为“</font>”
```

可见，当某个变量名后有小括号时，PHP 就会试着去找这个变量的值，然后去运行和该值同名的函数。但变量函数不能用于语言结构，如变量值不能为 echo、print、isset、empty、include、require 等。

在 PHP 5.3 以上版本中，开始支持匿名函数。匿名函数就是没有函数名的函数，例如：

```
<?    $greet=function($name){          //定义匿名函数，并将其赋给变量$greet
      echo 'hello '.$name;    };
      $greet('World');                 //调用匿名函数，输出 hello World
      $greet('PHP');       ?>
```

可见，为了调用匿名函数，常将匿名函数赋给一个变量，那么该变量就相当于函数名。但使用匿名函数更重要的原因，是为了实现函数的闭包。

4.2.4 传值赋值和传地址赋值

函数的参数赋值有两种方法：传值赋值和传地址赋值。

1. 传值赋值

默认情况下，函数的参数赋值采用传值赋值方式，即将实参值复制给形参值。例如：

```
<?    function add1($val){
            $val++;
            return $val;       }
 $age=18;
 echo add1($age).' ';
 echo add1($age).' ';
 echo $age;    //运行结果为 19 19 18    ?>
```

上述程序的执行过程如下。

① 函数只有在被调用时才会执行。因此，程序执行的第 1 条语句是“$age=18;”，PHP 预处理器为$age 分配第 1 个存储空间。

② 执行语句 echo add1($age).' ';，此时自定义函数 add1()被调用，PHP 预处理器为函数参数$val 分配存储空间，将实参值 18 复制给$val。

③ $val 进行加 1 运算，使$val 的值为 19，但$age 的值仍为 18。

④ 函数调用结束时，PHP 预处理器回收函数调用期间分配的所有内存，此时$val 消失。

⑤ 第 2 次调用函数时，又将$age 的值复制给$val，因此$val 的值仍为 18。

2. 传地址赋值

函数的参数也可以使用传地址赋值，即将一个变量的“引用”传递给函数的参数。与变量传地址赋值一样，在函数的参数名前加“&”就能实现传地址赋值。示例代码如下：

```
<?  function add1(&$val){
            $val++;
            return $val;    }
    $age=18;
    echo add1($age).' ';      //注意传地址赋值时，函数参数不能是常量
    echo add1($age).' ';
    echo $age;                //运行结果为 19 20 20        ?>
```

上述程序的执行过程如下。

① 程序执行的第 1 条语句是“$age=18;”，PHP 预处理器为$age 分配第 1 个存储空间。

② 程序执行到 echo add1($age).' ';，此时自定义函数 add1()被调用，PHP 预处理器为函数参数$val 分配存储空间，由于这里是传地址赋值，形参$val 和变量$age 都指向同一个变量值 18 的地址。因此$val 的值变为 18。

③ 程序执行到$val++;时，形参$val 修改地址中的值为 19，由于变量$age 也指向该地址，因此变量$age 的值也变为了 19。

④ 函数调用结束时，PHP 预处理器回收函数调用期间分配的所有内存，此时$val 消失。但函数外变量$age 的值不会改变，仍然为 19。

⑤ 第 2 次调用时，$val 又会修改$age 指向地址中的值，使$age 的值变为 20。

可见，使用传值赋值的方式为函数参数赋值，函数无法修改函数体外的变量值；若使用传地址的方法为函数参数赋值，则函数可以修改函数体外的变量值。

但不管使用哪种赋值方式，函数参数（或函数体内变量）的生存周期是函数运行期间，若要延长函数体内变量的生存期，需使用 static 关键字；函数参数（或函数体内变量）的作用域是函数体内有效，若要扩大函数体内变量的作用域，需使用 global 关键字。

4.3　面向对象编程

面向对象编程（Object Oriented Programming，OOP）是一种主流的编程思想和方法，这种编程方法将程序中的实体抽象成类（Class）和对象（Object），并可通过继承（Inherit）和多态（Polymorphism）机制实现模块化的程序设计。面向对象的程序由很多个类组成，每个类定义了一组静态的属性和动态的函数。利用类可声明对象，对象是一个类的具体化实例，通过对象可调用类中定义的函数和属性。

4.3.1　类和对象

在现实中，任何一个具体事物都可以看作一个对象，例如，一个人、一辆汽车、一场电影等都是对象。对象包含属性和方法。将张三这个人看作对象，则该对象具有下列属性和方法。

```
对象：张三    {
        属性：姓名、性别、身高、体重、年龄等；
        方法：吃饭、走路、说话等；
}
```

对于对象的属性，可以用变量来描述，例如，$age=33 表示张三的年龄是 33 岁。对于对象的方法，则可以用函数来定义，例如，function walk(){…}用来描述走路。

由于现实中很多对象都属于同一类，因此还可以把同一类的对象看成一个类，例如，所有的人

都属于“人”类。则对象可看成类的一个实例，如张三是“人”类的一个实例。因此定义对象前都要先定义类。

1. 类的定义

类是具有某些共同特征对象的抽象，使用 class 关键字可以定义一个类。语法为：

```
class 类名{
        定义成员变量
        定义成员函数
}
```

可见，类实际上就是一组静态属性和动态方法的集合，将它们封装在一起就形成了一个类。例如，要定义一个类 Mystr，代码如下：

```
<?   class Mystr{                //定义 Mystr 类，注意类名后面没有小括号
            var $str;
            function output(){
               echo 'Hello PHP';
            }
        }    ?>
```

说明：在类定义中，使用关键字 var 声明成员变量，并可在声明时直接对它赋值。

类成员变量又可分为两种，一种是公有变量，用关键字 public 或 var 定义；另一种是私有变量，用关键字 private 定义。公有变量可以在类的外部被访问，它是类与其他类或用户交流的接口。用户可通过公有变量向类中传递数据，也可以通过公有变量获取类中的数据。私有变量在类的外部无法访问，以保证类的设计思想和内部结构并不完全对外公开，这就是面向对象中的封装性。

下面是定义公有变量和私有变量的例子（4-10.php）。

```
class userInfo{
       public $userName;
       private $pwd;
       function output(){
         echo $this-> userName;
       }
}
```

在类 userInfo 中，使用公有变量保存用户名，使用私有变量保存用户密码。

说明：

① 类一旦定义后，系统会自动为其创建一个$this 的伪变量，代表类自身。

② 如果类的成员函数中要访问类中的变量或其他函数，必须使用“$this->变量名”或“$this->函数名”访问。例如，$this-> userName。不能简单使用$userName 来访问，也不能写成$this->$userName，更不能写成 userInfo-> userName。

③ 如果要在类外面访问类中定义的变量和方法，必须先创建该类的对象，然后用“对象名->变量名”或“对象名->方法名”来访问。

④“->”是 PHP 中的成员选择运算符。该运算符表示右边的变量或函数隶属于左边的类或对象。

注意区分“->”和“=>”，“=>”是初始化数组元素时分隔“键”和“值”的符号。

2. 构造函数和析构函数

在定义类时可以在类中定义一个特殊的函数——构造函数，用来执行一些初始化的任务，比如对属性赋初值等。PHP 规定构造函数的名称必须为“__construct”。

例如，在 userInfo 类中定义一个构造函数（4-11.php）。

```
class userInfo{
      public $userName;
      private $pwd;
      function __construct(){          //定义构造函数
           $this->userName='Admin';    //为类中的变量赋初值
           $this->pwd='123';
      }
      function output(){
           echo $this->userName;
      }
}
```

说明：

① 构造函数名“__construct”是以两个下画线开头。

② 构造函数不能被主动调用，例如“对象名->__construct()”是错误的。只有在使用关键字 new 创建对象时系统才会自动调用构造函数。

与构造函数相对应的是析构函数，析构函数会在某个对象的所有引用被删除或者对象被销毁时执行。也就是说，如果定义了析构函数，则对象在销毁前会调用析构函数。

PHP 规定析构函数的名称为“__destruct()”，析构函数不能带有任何参数。

3. 定义对象

对象是类的实例，可以使用 new 关键字来创建对象。定义一个类 userInfo 的对象$user 的代码如下：

```
$user=new userInfo();
```

则$user 就是一个对象（类型为 object 的变量），定义了对象后，就可使用对象来访问类中的成员变量或成员方法。例如：

```
$user=new userInfo();
echo $user->userName;         //访问类中的变量
$user->output();          //访问类中的函数
```

注意：

① 如果类中的构造函数包含参数，则在创建对象时，也需要提供相应的参数。

② 对象只能访问类中的公有变量和函数，如果试图访问类中的私有变量或函数，如 echo $user->pwd，则程序会出错，提示不能访问私有属性。

下面是一个定义类和对象的综合实例（4-12.php）。

```
<? class Person{
      var $name;              //人的名字
      var $sex;               //人的性别
      var $age;               //人的年龄
      function say($word) //人有说话的方法
```

```
            {echo $this->name.'对你说:'.$word;}
        function run($step) //人有走路的方法
            {echo "<br>然后走了".$step."步";}
        }
$p1=new Person();           //创建类 person 的对象$p1
$p1->name="张三";            //设置对象的属性，形式为“对象名->属性名”
$p1->say('您好');            //访问对象的方法，形式为“对象名->方法名”
$p1->run(5);
?>
```

输出结果为：

```
张三对你说:您好
然后走了 5 步
```

4. **操作符“::”**

相比伪变量$this 只能在类的内部使用，操作符“::”更加强大。它可以在没有声明对象的情况下直接访问类中的变量或方法。例如，下面的代码可在类外访问 Person 类的方法。

```
Person::run(8);          //将其放在 Person 类代码的外部，将输出“然后走了 8 步”
```

操作符“::”可用于访问静态变量、静态方法和常量，还可用于覆盖类中的成员变量和方法。其语法格式为：

```
关键字 :: 变量名/方法名/常量名
```

其中关键字可以分为以下 3 种情况。

- 类名：用来调用本类中的变量、常量和方法。
- self：用来调用当前类中的静态成员和常量。
- parent：用来调用父类中的变量、常量和方法。

5. **instanceof 关键字**

instanceof 关键字用来检测某个对象是否属于某个类，它返回一个布尔值。例如：

```
echo $p1 instanceof Person              //返回 true
```

4.3.2 类的继承和多态

1. **继承**

继承是指子类可以继承一个或多个父类的属性和方法，并可以重写或添加新的属性或方法。通过对已有类的继承，可以逐步扩充类的功能。继承的这些特性简化了对象和类的创建，增加了代码的可重用性。

例如，要设计 3 个类：“动物”类、“人”类和“学生”类。则可以先定义动物类，将动物类作为父类，人类作为子类，通过继承动物类的一些属性和方法就可以简化人类的设计，并可以添加人类的新属性和方法（如国籍、语言等）。同样地，学生类又可看成人类的子类。

在 PHP 中，用 extends 关键字可实现类的继承。语法格式为：

```
class 子类名 extends 父类名
{       定义子类的成员变量
        定义子类的成员函数
}
```

提示：PHP 不支持多重继承，即一个子类不能有多个父类。

下面创建了一个类 Students，并使它继承于类 Person，代码（4-13.php）如下：

```
<?
class Person{                                //定义父类
 function __construct($name,$sex){           //定义构造函数
        $this->name=$name;
        $this-> sex=$ sex;
       }
 function say(){                             //定义说话的方法
       echo '我叫：'.$this->name;
       echo ' 性别：'. $this-> sex.'<br>';
       }
}
class Students extends Person{               //定义子类并继承父类
 public $school;
 function study($scholl){                    //定义上学的方法
       echo '我在'. $scholl.'上学';
       }
}
$student=new Students('小新','男');          //创建一个子类的对象
$student->say();                             //调用父类的方法
$student->study('石鼓书院');                 //调用子类的方法
?>
```

运行程序，输出结果为：

```
我叫：小新 性别：男
我在石鼓书院上学
```

说明：程序中子类 Students 通过继承父类 Person，调用了父类中的方法和属性，如显式调用了父类中的 say()方法，通过创建对象隐式调用了父类中的构造方法。同时子类也可调用自己定义的方法 study()。

2. 多态

多态就像有一个成员（方法）让大家去吃饭，有的人用筷子吃，有的人用勺子吃，还有的人用叉子和勺子一起吃。虽然是同一种方法，但调用时却产生了不同的形态，就是多态。

在面向对象中，多态指多个函数使用同一个名字，但参数个数、参数数据类型不同。调用时，虽然方法名相同，但会根据参数个数或者类型自动调用对应的函数。

多态可通过继承或接口来实现。下面是一个通过继承实现多态的例子（4-14.php）。

```
<?
class Person{                                //定义父类
 function __construct($name,$sex){           //定义构造函数
        $this->name=$name;
        $this->sex=$sex;
 }
}
class Students extends Person{               //定义 Person 的子类 Students
       public $school;
```

```
        function study(){                          //定义上学的方法
              echo '我在上学<br>';        }
}
class dxs extends Students{                        //定义 Students 的子类 dxs
function study(){                                  //定义上学的方法
        echo $this->name.'在读大学<br>';    }
}
class xxs extends Students{                        //定义 Students 的子类 xxs
function study(){                                  //定义上学的方法
        echo $this->name.'在读小学<br>';        }
}
function rightstudy($obj) {                        //定义函数，该函数不属于任何类
        if ($obj instanceof Students)              //如果该对象是 Students 的实例
               $obj->study();                      //调用该对象的 study()方法
        else   echo '出现错误! <br>';
}
$s1=new dxs('小新','男');                          //创建 dxs 类的对象$s1
rightstudy($s1);
$s2=new xxs('小花','女');                          //创建 xxs 类的对象$s2
rightstudy($s2);
$s3=new Students('小文','女');                     //创建 Students 类的对象$s3
rightstudy($s3);
?>
```

运行程序，输出结果为：

```
小新在读大学
小花在读小学
我在上学
```

说明：程序通过继承 Students 类创建了两个子类：dxs 和 xxs。在两个子类及父类中都定义了 study()方法。通过 instanceof 检测对象类型，这样无论增加多少种 Students 类的子类，都能调用到正确的方法，并且不需要对 rightstudy()函数进行修改。

多态使得将编程的重点放在接口和父类上，而不必考虑对象具体属于哪个类的问题。

虽然不使用多态，而使用条件判断语句判断参数的个数或类型，也能使调用函数时自动调用相应的函数，但那样就不得不在函数中多写很多条件语句来判断，并且使不同的功能都集中到一个函数中了。

习题

1. 如果函数有多个参数，则参数之间必须以符号（　　）分开。

   A. ,　　B. :　　C. &　　D. ;

2. 如果要从函数返回值，必须使用关键词（　　）。

   A. continue　　B. break　　C. exit　　D. return

3. 下列关于函数的说法，错误的是（　　）。

   A. 函数具有重复使用性

B. 函数名的命名规则和变量命名规则相同，必须以$作为函数名的开头
C. 函数可以没有输入和输出
D. 如果把函数定义写在条件语句中，那么必须当条件表达式成立时，才能调用该函数

4. 如果要在函数内定义函数外也可访问的变量，必须使用关键词（　　）。
A. public　　B. var　　C. static　　D. global

5. 如果想保留函数内局部变量的值，必须使用关键词（　　）。
A. private　　B. var　　C. static　　D. global

6. 下列函数（　　）可用来取得四舍五入的值。
A. ceil()　　B. floor()　　C. round()　　D. abs()

7. 下列函数（　　）可以用来取得次方值。
A. sqrt()　　B. pow()　　C. exp()　　D. rand()

8. 下列函数（　　）可以用来取得当前的时间信息。
A. getdate()　　B. gettime()　　C. mktime()　　D. time()

9. 下列函数（　　）可以将字符串逆序排列。
A. chr()　　B. ord()　　C. strstr()　　D. strrev()

10. 下列函数（　　）可以将数组中各个元素连接成字符串。
A. implode()　　B. explode()　　C. str_repeat()　　D. str_pad()

11. 下列函数（　　）可以将换行符转换成 HTML 换行标记。
A. nl2br()　　B. substr()　　C. strcmp()　　D. strlen()

12. 下列运算符（　　）可以用来访问对象的成员。
A. ::　　B. =>　　C. ->　　D. .

13. 下列运算符（　　）可以直接访问类内的方法或常量，而无须创建对象。
A. ::　　B. =>　　C. ->　　D. .

14. 下列语句（　　）可以在子类调用父类的构造函数。
A. base::__construct()　　B. this::construct()
C. parent::__destruct()　　D. parent::__construct()

15. 关于构造函数的说法，下列错误的是（　　）。
A. 使用 new 创建对象时会自动运行构造函数
B. 名称只能为__construct
C. 子类会继承父类的构造函数
D. 不可以有参数

16. 如果一个对象的实例要调用该对象自身的方法函数“mymeth”，则应使用（　　）。
A. $self->mymeth()　　B. $this->mymeth()
C. $current->mymeth()　　D. $this::mymeth()

17. 如果类中的成员声明时没有使用限定字符，则成员属性的默认值是（　　）。
A. private　　B. protected　　C. public　　D. final

18. 在类中定义的析构方法是在（　　）被调用的。
A. 类创建时　　B. 创建对象时
C. 删除对象时　　D. 不会自动调用

19. PHP 中调用类文件中的 this 表示（　　）。

A. 用本类生成的对象变量　　B. 本页面

C. 本方法　　D. 本变量

20. 关于类的说法，错误的是（　　）。

A. 父类的构造函数与析构函数不会被自动调用

B. 成员变量需要用 public protected private 修饰，在定义变量时不再需要 var 关键字

C. 父类中定义的静态成员，不可以在子类中直接调用

D. 包含抽象方法的类必须为抽象类，抽象类不能被实例化

21. 若要显示“××××年××月××日 星期×　××：××：××”，应设置 date()函数的参数为_________。

22. substr('abcdef',1,3)的返回值是_________，substr('abcdef',-2)的返回值是_________。

23. 如果字符串$a="test"，$b="es"，对$a 进行处理得到$b 的方法是_________。

24. 函数 strpos("xxPPppXXpx","pp")的返回值是_________。

25. 实现中文字符串无乱码的截取方法是_________。

26. 变量$this 指的是对象本身，对不对？

27. PHP 允许父类有多个子类，也允许子类有多个父类，对不对？

28. 用 PHP 输出前一天的时间，要求格式为 2006-5-10 22:10:11。

29. 编写一个实现字符串反转的函数。

30. 编写一个函数，使用字符串处理函数获得文件的扩展名，如输入 ab.jpg，输出 jpg。

31. 编写一个函数，输入是一个小于 8 位的任意位数的整数，输出是这个整数各个位上的数。要求分别用两种方式实现：①直接在函数内部用 echo 语句输出，函数没有返回值；②用字符串处理函数截取该整数各位上的数。函数的返回值是一个数组，数组中各元素保存了各个位上的数。

32. 编写一个可计算某整数 4 次方的函数，该函数的输入是一个整数，输出是该数的 4 次方。然后调用该函数计算 16 的 4 次方，并输出结果。

33. 编写一个用来判断某整数是否是质数的函数，该函数的输入是一个整数，如果该整数是质数，就返回 true，否则返回 false，然后调用这个函数输出 2～100 所有的质数。

34. 任意输入一个整数，使用函数的方法判断该数是否为偶数。

35. 编写一个函数，实现以下功能，将字符串"cute_boy"转换成"CuteBoy"，"how_are_you"转换成"HowAreYou"。

36. 编写一个函数，输入是 5 个分数，输出是去掉一个最高分和去掉一个最低分后的平均分。

37. 将 4.1.1 节中的例 4.1 改写成函数，即输入是待过滤的字符串和非法字符集，输出是过滤后的字符串，并调用该函数实现例 4.1 的功能。

38. 编写函数，计算两个文件的相对路径（例如，$a='/a/b/c/d/e.php'; $b='/a/b/12/34/c.php';，则计算出$b 相对于$a 的相对路径应该是../../c/d）。

5

第 5 章　Web 交互编程

Web 应用程序的基本功能就是与用户进行交互，获取并处理用户提交的数据。用户提交数据的方法有：① 通过表单提交，如用户注册、用户登录、留言等都是通过表单提交信息；② 使用网址中的参数发送数据给服务器。这些数据都是以 HTTP 请求的方式发送。Web 服务器必须能够获取用户通过浏览器发送来的数据，才能与用户进行交互。

5.1 接收浏览器数据

浏览器可以通过表单或 URL 字符串向服务器发送数据，这些数据称为 HTTP 请求信息。PHP 提供了很多预定义的超全局变量，如表 5-1 所示，用来获取 HTTP 请求信息，这些超全局变量的数据类型均为数组。

表 5-1 PHP 的超全局变量及功能

超全局变量	功能
$_POST	获取客户端以 POST 方式发送的 HTTP 请求信息
$_GET	获取客户端以 GET 方式发送的 HTTP 请求信息
$_REQUEST	包含了$_GET、$_POST 和$_COOKIE 三类数组中的信息
$_SERVER	获取 HTTP 请求中的环境变量信息
$_SESSION	存储单个用户的信息
$_COOKIE	读取客户端的 Cookie 信息
$_FILE	获取通过 POST 方式上传文件时的相关信息，为多维数组
$_ENV	获取服务器名称或系统 shell 等与服务器相关的信息

所谓超全局变量表示该变量在一个文件的所有区域中都可使用，包括自定义函数内部。

5.1.1 使用$_POST[]获取表单数据

用户在表单中输入数据后，可以单击“提交”按钮，将数据提交给服务器，由在服务器端工作的 PHP 程序接收和处理这些表单数据。

表单提交数据的方式分为 GET 和 POST 两种，在定义表单时，将 method 属性设置为 GET 或不设置时，都会采用 GET 方式提交，将 method 属性设置为 POST 时，则会采用 POST 方式提交。

使用 GET 方式提交数据时，表单数据将通过 URL 参数的形式发送给服务器，而使用 POST 方式时，数据不会出现在 URL 参数中。

在 PHP 中，$_POST[]数组用来获取使用 POST 方式提交的表单数据，语法如下：

```
变量名=$_POST["表单元素 name 属性值"]
```

表示将获取的某个表单元素值（如一个文本框中的内容）保存到一个服务器端变量中。例如：$user=$_POST["user"]，其中，$user 是自定义的一个变量名称，而后面的 user 则是一个表单元素的名称（name 属性值），两者不是一回事。

在实际应用中，表单的 HTML 代码和获取表单数据的 PHP 程序既可以分别写在两个文件中，也可以写在同一个文件中。下面分别来讲述。

1. 使用两个网页文件

下面的例子用来获取用户登录时输入的用户名和密码。它使用了两个网页，其中 5-1.php 用来显示表单，是一个纯 HTML 页面，5-2.php 用来接收并输出获取的表单数据。

--------------------清单 5-1.php--

```
<html><body>
<form method="post" action="5-2.php">
```

```
  用户名:<input type="text" name="userName" size="12">
  密码:<input type="text" name="PS" size="10">
  <input type="submit" value="登录">
</form>
</body></html>
```

--------------------清单 5-2.php--

```
<html><body>
<?
    $userName=$_POST["userName"];
    $PS=$_POST["PS"];
    echo "您输入的用户名是:".$userName;
    echo "<br>您输入的密码是:".$PS;
?>
</body></html>
```

5-1.php 的运行结果如图 5-1 所示，单击“登录”按钮，就会将表单数据提交给 5-2.php，5-2.php 接收并显示数据，如图 5-2 所示。

图 5-1　5-1.php 的运行结果

图 5-2　5-2.php 的运行结果

注意，表单代码中有几个关键属性与接收表单数据的程序密切关联，如图 5-3 所示。

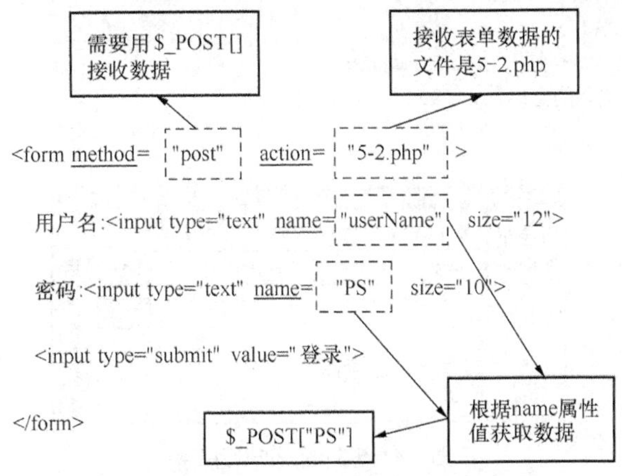

图 5-3　表单代码中与接收数据密切相关的属性

说明：

① 在 5-1.php 中，<form>标记的 method 属性值为 post，表示该表单提交数据时以 POST 方式提交。如果将其改为 get，那么将以 GET 方式提交，此时必须用$_GET[]才能获取表单数据。

② <form>标记的 action 属性用来指定接收表单数据的文件，它的属性值可以是相对 URL 或绝对 URL。这里因为两个文件在同一个文件夹下，直接写文件名即可。由于只有服务器端程序才能接收表单数据，因此该文件中必须含有 PHP 代码。

③ 5-1.php 中有 3 个表单元素：2 个文本框和 1 个提交按钮，通过表单元素的 name 属性值可以获取该表单元素中输入的内容（即 value 属性值），其中$_POST["userName"]会返回第 1 个文本框中输入的值（文本框会将框中的内容作为其 value 属性值），$_POST["PS"]会返回第 2 个文本框中输入的值。而提交按钮由于没有对其设置 name 属性，因此它的 value 值不会发送给服务器。

④ 在 5-2.php 中，也可以不将$_POST 的值赋给变量而是直接使用，例如：echo "您输入的用户名是:". $_POST["userName"]。但为了方便引用，也为了能对获取的值先进行一些检验处理（如过滤非法字符或空格，本例省略），最好先用一个变量引用它。

2. 使用一个网页文件

上述示例中的两个文件可以合并为一个文件。也就是说，网页可以将表单中的信息提交给自身。这样做的好处是减少了网站内网页文件数量。

实现的方法是：设置<form>标记的 action=""或 action="自身文件名"，然后将表单代码和 PHP 代码写在同一个文件中，并判断只有在用户提交了表单后才执行 PHP 代码，代码如下，运行效果如图 5-4 所示。

--------------------清单 5-3.php---

```
<html><body>
<form method="post" action="">
  用户名:<input type="text" name="userName"  size="12">
  密码:<input type="text" name="PS"  size="10">
  <input type="submit" name="denglu" value="登录">
</form>
<?
if(isset($_POST['denglu'])) {           //判断用户是否提交了表单（即单击了“提交”按钮）
      $userName=$_POST["userName"];
      $PS=$_POST["PS"];
      echo "您输入的用户名是:".$userName;
      echo "<br>您输入的密码是:".$PS;    }    ?>
</body></html>
```

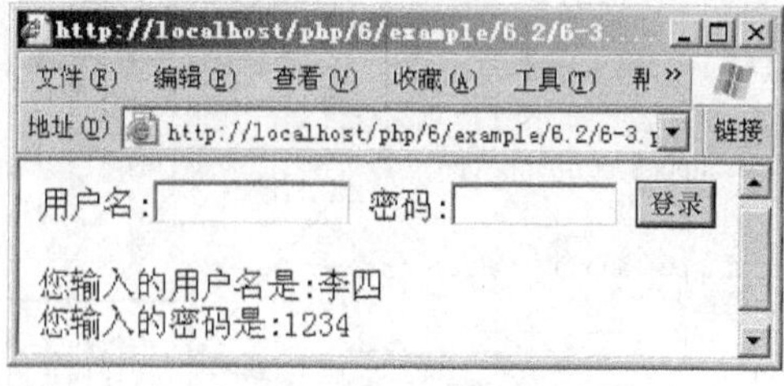

图 5-4　5-3.php 的执行结果

说明：

① 本例中，将 5-2.php 中的 PHP 代码全部放在一个条件语句 if(isset($_POST['denglu'])) {…}中。它表示，如果用户单击了“登录”按钮（$_POST['denglu']变量就会存在），才执行该条件语句中的内容：获取表单数据并输出。因此，当用户刚打开页面时，还没单击提交按钮，就不会执行条件语句中的内容，只会显示表单。

② 提交表单就会刷新一次网页，而刷新页面就会将页面中的所有代码重新执行一次。因此用户单击提交按钮后，5-3.php 的代码会从头到尾重新执行一遍。

想一想：当用户输入信息后，5-3.php 同时显示了表单界面和获取的信息，如果只希望输出获取信息，而不再显示表单，即和 5-2.php 执行效果一模一样，该怎么改 5-3.php 呢？

3. 获取复杂一点的表单页面

下面是一个获取用户注册信息的例子，其中 5-4.php 用来显示表单，5-5.php 用来获取表单数据。请仔细体会获取单选框、复选框、下拉框和多行文本域等表单元素中内容的方法。

--------------------清单 5-4.php--

```
<html><body>
    <h1 align="center">新用户注册</h1>
    <form method="Post" action="5-5.php">
    姓名：<input type="text" name="name"><br>
    性别：<input type="radio" name="Sex" value="1" checked="checked">男
         <input type="radio" name="Sex" value="0">女<br>
    爱好：<input type="checkbox" name="hobby[]" value="太极拳">太极拳
             <input type="checkbox" name="hobby[]" value="音乐">音乐
             <input type="checkbox" name="hobby[]" value="旅游">旅游<br>
    职业：<select name="career">
                   <option value="教育业">教育业</option>
                   <option value="医疗业">医疗业</option>
                   <option value="其他">其他</option>
       </select><br>
    个性签名：<textarea name="intro" rows="2" cols="20"></textarea><br>
       <input type="submit" value="  提 交  ">
    </form>
</body></html>
```

--------------------清单 5-5.php--

```
<html><body>
    <h3 align="center">
    <?   $name=$_POST["name"];            //获取各个表单元素的值
    $Sex=$_POST["Sex"];
    $hobby=$_POST["hobby"];
    $career=$_POST["career"];
    $intro=$_POST["intro"];
    $hobbynum=count($hobby);
    echo  "尊敬的".$name ;                 //输出各个表单元素的值
    if ($Sex=="1") echo "先生</h3>";       //根据单选框的值输出先生或女士
    if ($Sex=="0") echo "女士</h3>";
        echo "<p>您选择了".$hobbynum."项爱好：</p>" ;
    for($i=0;$i<$hobbynum;$i++)            //通过循环输出复选框的值
    echo $hobby[$i].' ';
    echo "<br>您的职业：" . $career;
    echo "<br>您的个性签名：" .$intro;
    //var_dump($_POST);                    //获取所有表单元素的值
?>
    <p><a href="JavaScript:history.go(-1)">返回修改</a></p>
</body></html>
```

程序 5-4.php 的初始运行效果如图 5-5 所示，单击“提交”按钮后效果如图 5-6 所示。

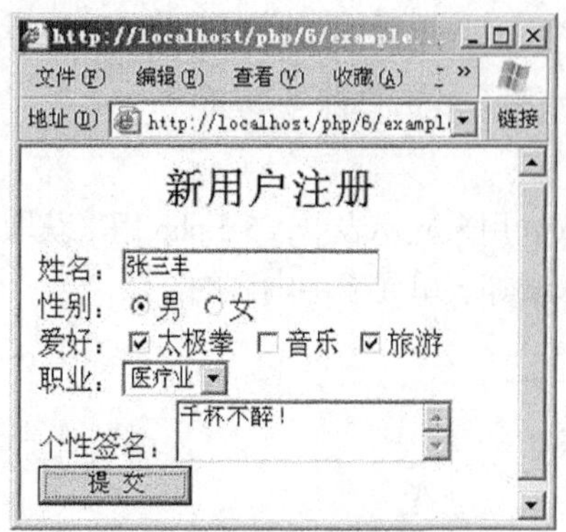

图 5-5 5-4.php 的初始运行结果

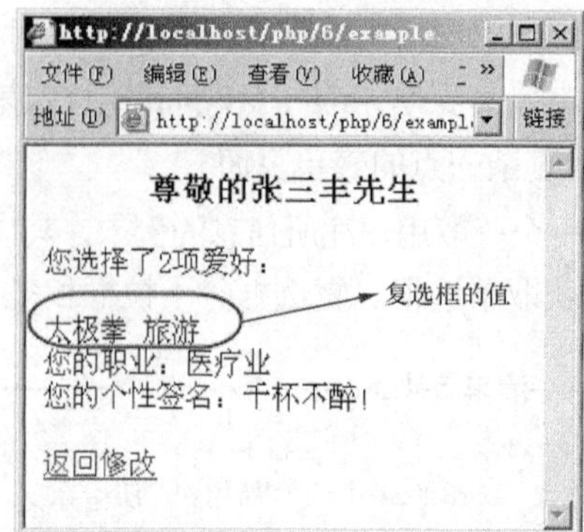

图 5-6 5-4.php 单击“提交”按钮后

说明：

（1）对于单选框，两个单选框的 name 属性值一样，就表示这是一组，只能选中一个。

（2）对于复选框，3 个复选框的 name 属性值相同，也表示是一组，但复选框可以选择多个，如果选中多个，则多个复选框的值将保存在一个数组中，可以用循环语句输出所有选中复选框的值。

（3）总的来说，表单元素可分为 2 类：①对于文本框、密码框、多行文本框这些需要用户输入内容的，$_POST[]获取的就是用户输入的内容；②对于单选框、复选框、下拉列表框、隐藏域这些无须用户输入内容的，$_POST[]获取的就是选中项的 value 值。因此对第②类表单元素必须设置 value 属性值。

（4）当多个复选框属于同一组时，对其 name 属性值命名，一定要命名成数组的形式，如 name="hobby[]"。这样$_POST["hobby"]返回的结果才会是一个数组，可以利用数组名加索引值来取得其中某个复选框的 value 值，例如，$_POST["hobby"][1]的值为“旅游”。还可利用 count()方法获得该数组中的元素总数，例如，count($hobby)。

---

4. 对$_POST[]数组的深入认识

实际上，$_POST[]是一个数组，它保存了接收到的所有的表单元素值，而$_POST["Sex"]是一个数组元素。可以在 5-5.php 中添加一行代码：

```
var_dump($_POST);
```

则输出结果为：

```
array(5) { ["name"]=> string(6) "张三丰" ["Sex"]=> string(1) "1" ["hobby"]=> array(2)
{ [0]=> string(6) "太极拳" [1]=> string(4) "旅游" } ["career"]=> string(6) "医疗业" ["intro"]=>
string(10) "千杯不醉！" }
```

可见该数组中，数组元素的索引值为表单元素的 name 属性值，数组元素的值为表单元素的 value 属性值。因此可以用数组元素如$_POST["name 属性值"]获取到对应表单元素的 value 属性值。

$_POST 数组元素的索引一定要加引号，如$_POST["Sex"]，不加虽然不会出错，但运行效率会大大降低，原因请看 3.5.1 节中“创建数组的注意事项”。

5.1.2 使用$_GET[]获取表单数据

如果表单是以 GET 方式提交的，即 method 属性值为 GET（或没有设置），则必须用$_GET[]数组获取表单中的数据。下面将 5-1.php 修改为以 GET 方式提交数据（5-6.php），将 5-2.php 修改为使用$_GET[]获取数据(5-7.php)。代码如下，运行效果类似图 5-1 和图 5-2。

--------------------清单 5-6.php--

```
<html><body>
<form method="get" action="5-7.php">
  用户名:<input type="text" name="userName" size="12">
  密码:<input type="text" name="PS" size="10">
  <input type="submit" value="登录">
</form>
</body></html>
```

--------------------清单 5-7.php--

```
<html><body>
<?   $userName=$_GET["userName"];            //获取 GET 方式提交的表单数据
$PS=$_GET["PS"];
echo "您输入的用户名是:".$userName;
echo "<br>您输入的密码是:".$PS;    ?>
</body></html>
```

GET 方式与 POST 方式提交的区别在于：GET 方式会将表单中的数据以 URL 字符串的形式发送给服务器，例如，当单击图 5-1 中的“登录”按钮后，浏览器地址栏会显示：

```
http://localhost/5-7.php?userName=tang&PS=123
```

而 POST 方式提交的话，浏览器地址栏只会显示：

```
http://localhost/5-1.php
```

可见，POST 方式提交表单比 GET 方式提交表单更安全，不会泄露机密数据。并且，POST 方式发送的字节数没有限制。

5.1.3 使用$_GET[]获取 URL 字符串信息

1. 什么是查询字符串

如果读者浏览网页时足够仔细，就会发现有些 URL 后面经常会跟一些以“?”开头的字符串，这称为查询字符串。例如：

```
http://ec.hynu.cn/otype.php?owen1=近期工作&page=2
```

其中，“?owen1=近期工作&page=2”就是一个查询字符串，它包含 2 个 URL 变量（owen1 和 page），而“近期工作”和“2”分别是这两个 URL 变量的值，URL 变量和值之间用“=”连接，多个 URL 变量之间用“&”连接。

查询字符串会连同 URL 信息一起作为 HTTP 请求数据提交给服务器端的相应文件，例如，上面的查询字符串信息将提交给 otype.php。利用$_GET[]可以获取查询字符串中变量的值。例如，在 otype.php 中编写如下代码，就能获取到这些查询变量的值了。

```
<?
   $owen=$_GET["owen1"];          //获取变量 owen1 的值，返回“近期工作”
   $page=$_GET["page"];           //获取变量 page 的值，返回“2”
?>
```

2. 设置查询字符串的方法

当网页通过超链接或其他方式从一个网页跳转到另一个网页时，往往需要在跳转的同时把一些数据传递到第 2 个网页中。如果把这些数据作为查询字符串附在超链接的 URL 后，就可以在第 2 个网页中使用$_GET[]获取 URL 变量的值。例如：

```
<a href="search.php?key=Web 标准&pageNo=5">查询结果第 5 页</a>
```

则在 search.php 中就可用$_GET[]获取第 1 个网页传递来的 URL 变量的值。这是通过超链接设置查询字符串，第 2 种方法是在<form>标记的 action 属性中设置。下面分别举例介绍。

（1）在超链接中设置查询字符串，示例代码如下，运行结果如图 5-7 和图 5-8 所示。

--------------------清单 5-8.php--

```
<html><body>
<ul>
  <li><a href="5-9.php?id=1">《电子商务安全》震撼上市</a></li>
  <li><a href="5-9.php?id=2">ASP 动态网页设计与 Ajax 技术</a> </li>
  <li><a href="5-9.php?id=3">基于 Web 标准的网页设计与…</a> </li>
 </ul>
</body></html>
```

--------------------清单 5-9.php--

```
<?   $id=intval($_GET["id"]);           //获取 URL 字符串中变量 id 的值并转为整型
     if ($id==1)
           echo "<p>这是第一条新闻</p>";
     elseif ($id==2)
           echo "<p>这是第二条新闻</p>";
     elseif ($id==3)
           echo "<p>这是第三条新闻</p>";
     else   echo "<p>参数非法</p>";    ?>
```

图 5-7 单击 5-8.php 中第二个超链接

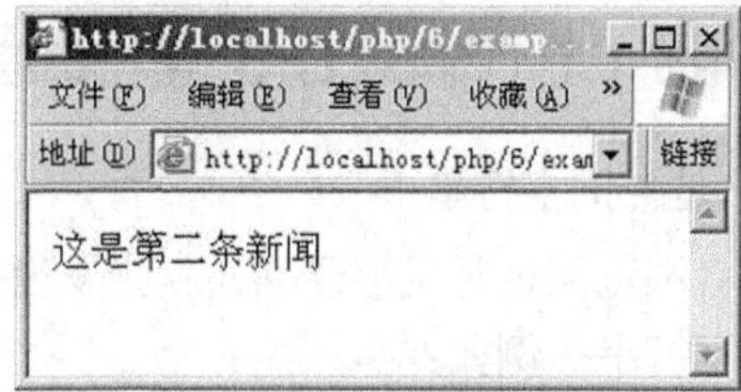

图 5-8 5-9.php 的运行结果

说明：

① 5-8.php 中所有链接都是链接到同一网页，只是设置了不同的 URL 变量值，就可以使 5-9.php 根据不同链接传来的不同 id 值显示对应的网页内容，实现了动态新闻网页效果。

② URL 变量中的数据都是字符串类型的值，因此如果要对数值进行判断，最好先转换为数值型，这样可防止非法用户手工在 URL 后注入非法参数。

（2）在<form>标记的 action 属性中设置查询字符串。示例代码如下，运行结果如图 5-9 所示。

--------------------清单 5-10.php--

```
<html><body>
<?    $flag=$_GET["flag"];          //获取 URL 变量 flag 的值
if ($flag=='1')
        echo '欢迎 '.$_POST['user']. ' 光临!';
else         //没有按"提交"按钮时
```

```
        echo '<form method="post" action="?flag=1">
                姓名：<input name="user" type="text" size="15" />
                <input type="submit" value="提交" />
              </form>';       ?>
    </body></html>
```

图 5-9　5-10.php 的运行结果

说明：在<form>标记中，“action="?flag=1"”省略了文件名表示将表单提交给自身，设置查询字符串 flag=1 用来判断用户是否按了“提交”按钮，一旦按了则 URL 地址后会增加"?flag=1"，因此可据此输出不同的内容。

（3）设置查询字符串的方法总结。

如果要设置查询字符串，以便将查询字符串中的信息传递给相应网页，有以下方法。

① 在超链接的 href 属性值中的 URL 后添加查询字符串。

② 在表单的 action 属性值中的 URL 后添加查询字符串。

③ 直接在浏览器地址栏中的网页 URL 后手工输入查询字符串。

显然，普通用户不会使用方法③设置查询字符串，因此一般使用方法①或②诱导用户将 URL 变量传递给相关网页。

提示：表单如果设置为 GET 方式提交，那么表单中数据将转换成 URL 字符串发送给服务器。此时，若在表单的 action 属性值中也设置 URL 字符串，那么将发生冲突，action 属性值中的 URL 字符串将无效。因此如果在 action 属性值中有 URL 字符串，则表单只能用 POST 方式提交，5-10.php 就是一个例子。

5.1.4　发送 HTTP 请求的基本方法

浏览器向服务器发送 HTTP 请求有两种基本方法：一种是在地址栏输入网址并回车，这样将以 GET 方式向服务器发送一个 HTTP 请求；另一种方法是提交表单，如果设置 form 标记的 method 属性为 get，那么表单中的数据将以 GET 方式发送给服务器；如果设置 form 标记的 method 属性为 post，那么数据将以 POST 方式发送。对于 GET 方式的 HTTP 请求，服务器端只有使用$_GET[]才能获取其中的数据，而对于 POST 方式的 HTTP 请求，服务器端只有使用$_POST[]才能获取其中的数据，如表 5-2 所示。

表 5-2　浏览器发送请求和服务器获取请求的方法

发送请求的方法		发送请求的方式	服务器获取请求的方法
输入网址（URL）		GET 方式	$_GET[]
提交表单	method="get"		
	method="post"	POST 方式	$_POST[]

一个 HTTP 请求实际上是一个数据包，如果以提交表单形式发送 HTTP 请求，则这个数据包中含有表单数据，如果是 GET 方式发送的请求，则包含了 URL 字符串中的数据。

以 5-1.php 和 5-2.php 的执行过程为例。可以把浏览器发送的 HTTP 请求数据包想象成一辆卡车，它装载了用户在表单中填写的信息。当单击“登录”按钮后，就会发送 HTTP 请求给服务器。这就好比这辆卡车载着货物（表单中的信息）从浏览器行驶到了服务器。服务器此时可以使用$_POST[]卸下卡车上的货物，保存到服务器端的变量中。整个过程如图 5-10 所示。

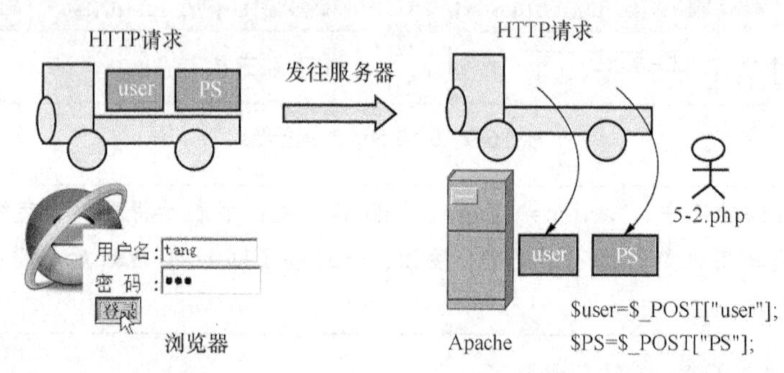

图 5-10　浏览器发送 HTTP 请求和服务器获取 HTTP 请求内容的示意图

提示：PHP 还提供了$_REQUEST[]数组，它包含了$_GET、$_POST 和$_COOKIE 数组信息。因此它可以获取 GET 或 POST 两种方式提交的数据，以及 Cookie 数据。所以，PHP 程序中的$_GET 或$_POST 都可换成$_REQUEST。

5.1.5　使用$_SERVER[]获取环境变量信息

实际上，浏览器发送的 HTTP 请求数据包中还包含了客户端的 IP 地址、请求文件的 URL 等环境变量信息。服务器在接收到这个请求时也会给出服务器端 IP 地址等环境变量信息，利用$_SERVER[]数组可以方便地获取到这些信息。例如，获取浏览者 IP 和来路的程序如下：

-------------------清单 5-11.php--

```
<?	$IP=$_SERVER['REMOTE_ADDR'];		//获取用户 IP 地址
	$From=$_SERVER['HTTP_REFERER'];		//获取用户来路
	echo "您的 IP 地址是: " . $IP;
	echo '<br>您是单击'.$From.'页面中的链接进来的'
?>
```

在程序中，“REMOTE_ADDR”就是一个环境变量名，表示客户端的 IP 地址。而“HTTP_REFERER”可以获取用户是从哪个网页进入当前网页的。例如，在 5-8.php 中做一个到 5-11.php 的超链接，单击该超链接进入 5-11.php，则 5-11.php 的运行结果如下：

```
您的 IP 地址是: 127.0.0.1
您是单击 http://localhost/6/5-8.php 页面中的链接进来的
```

通过“HTTP_REFERER”获取用户来路，可以知道自己的网页被哪些网站收录或反链，例如：如果用户是单击“百度”上的搜索结果打开当前网页的，那么获取来路就会返回百度搜索页的 URL。

其他比较有用的环境变量如表 5-3 所示。

表 5-3　　常用的环境变量

环境变量名	功能说明
QUERY_STRING	查询字符串信息
SCRIPT_NAME	当前文件相对于网站目录的路径和文件名
SCRIPT_FILENAME	当前文件在硬盘中的路径和文件名
PHP_SELF	当前正在执行脚本的文件名
DOCUMENT_ROOT	当前网站根目录
SERVER_SOFTWARE	Web 服务器软件的名称，如 IIS/5.1
SERVER_PORT	服务器端的端口号
SERVER_NAME	服务器主机的名称
SERVER_SIGNATURE	包含服务器版本和虚拟主机名的字符串
REQUEST_METHOD	HTTP 请求的方式，如："GET"和"POST"
REQUEST_TIME	HTTP 请求开始时的时间戳

5.2　发送数据给浏览器

Web 应用程序的基本功能包括两方面：一是接收并处理浏览器发送的 HTTP 请求数据，二是根据 HTTP 请求作出 HTTP 响应，这包括输出信息给浏览器，使浏览器重定向到其他页面等。

5.2.1　使用 echo 方法输出信息

在 PHP 中，echo 是最常用的方法，它用来将服务器端的数据发送给浏览器。所发送的信息可以是字符串常量、变量、HTML 代码、JavaScript 代码等所有浏览器能解释的代码。下面是使用 echo 方法输出信息的示例。

```
<?   echo "欢迎您：";                           //输出字符串常量
   $i='小花';
   echo $i;                                   //输出变量
   echo '<p>欢迎您：'.$i .'</p>';              //输出字符串常量和变量的混合体
   echo "<a href='5-4.php'>新用户注册</a>";     //输出 HTML 代码
   echo "<script>alert('留言修改成功');location.href='5-10.php';</script>";
   echo "<br>欢迎您：",$i;                      //输出多个字符串    ?>
```

说明：

① echo 后可接字符串常量或变量。回顾一下字符串常量和变量的写法：两边加引号表示字符串常量，不加引号表示的是变量。如果要输出的内容既有字符串常量又有变量，则它们之间要用连接符（.）连接或使用双引号字符串包含变量。

② HTML 代码本质上也是一段字符串，echo 可将它作为字符串常量输出，因此 HTML 代码两边要加引号。

③ echo 方法可以加括号，也可以不加括号，如 echo "欢迎" 也可写成 echo("欢迎")。

④ echo 还有一种省略的写法，即<?= … ?>（"<?"和"="之间不能有空格），例如：

```
<?= "欢迎您：";     ?>
<?='<p>欢迎您：'.$i .'</p>';     ?>
```

这种方法虽然简便，但它的两端必须要有“<?”和“?>”，导致在它前面和后面的 PHP 代码也必须用“?>”和“<?”进行封闭。如果它的前面和后面都是 HTML 代码，则用这种方式比较方便。如果它的前后都是 PHP 代码，则使用 echo 方法更清晰。

提示：在 PHP 中，还有 print、print_r、var_dump 这些语句也能用来输出信息。

echo 和 print 功能几乎完全相同，唯一区别是：使用 echo 可以同时输出多个字符串，多个字符串之间用逗号隔开即可，而 print 一次只能输出一个字符串。

print_r()用于输出整个数组，var_dump()用于输出变量的数据类型和值，是调试程序的好帮手。这两个方法后面的括号都不能省略。

5.2.2 使用 header()函数重定向网页

在 HTML 中，可以使用超链接引导用户至其他页面，但必须要用户单击超链接才行。可是有时需要自动引导（也称为重定向）用户至另一页面（如用户注册成功后就自动跳转到登录页面）。或者根据程序来动态判断将用户引导到哪一页面。

1. 重定向网页

在 PHP 中，使用 header()函数可以重定向网页，例如：

```
<?
header("location:http://www.baidu.com");     //重定向到绝对 URL
header("location:5-8.php");                   //重定向到相对 URL
header("location:?flag=1");                   //重定向到本页，并增加查询字符串
$url='5-1.php';
header("location:$url");                      //重定向到变量表示的网址
?>
```

注意：

① location 和“:”之间不能有空格，否则会出错。

② 在 header 函数代码之前，服务器不能向客户端发送任何数据。

③ 如果 PHP 代码中有多条重定向语句，则会重定向到最后一条语句中的 URL，表明 PHP 在执行重定向语句后，仍然会继续执行后面的语句。如果希望执行完重定向语句后立即停止脚本执行，应在 header 语句后使用 exit()或 die()方法退出。

---

header 函数的功能和 JavaScript 脚本中 location.href 的功能有些相似，如 header("location:5-8.php");又可使用“echo "<script> location.href='5-8.php';</script>";”来实现。不过，由于 header()函数要求在重定向之前不允许服务器向浏览器输出任何内容，因此使用该方法要么确保先用 ob_start()打开服务器缓冲区，使所有的内容先输出到缓存中，还没有输出到浏览器；要么确保在 header()语句之前没有任何内容输出到页面。因此下面的写法是错误的：

```
<html><body>
<?   header("location:5-8.php ");   ?>
</body></html>
```

2. header()函数的其他功能

实际上，header()函数的功能是向浏览器传送一个 HTTP 响应头信息，语法如下：

```
void header (string message [, bool replace [, int http_response_code]] )
```

其中，message 参数用来设置响应头信息，其格式为“header_name: header_value”。

浏览器收到这些响应头信息后，会作出适当的反应。如收到“Location: URL”响应头后，浏览器就会将页面重定向到 URL 指定的页面。header()函数的其他功能如下。

（1）文件延迟转向

使用 Refresh 响应头，可以使页面延迟 *N* 秒后，重定向到指定的 URL 页面。例如：

```
header('Refresh:3; url=http://ec.hynu.cn');     //3 秒后转到 ec.hynu.cn
```

（2）禁用浏览器缓存

为了让用户每次都能从服务器上获取最新的网页，而不是浏览器缓存中的网页，可以使用下列标头禁用浏览器缓存。

```
header('Expires: Mon,26 Jul 1997 05:00:00 GMT');     //设置过期时间为过去某一天
header('Last-Modified:' . gmdate('D, d M Y H:i:s') . 'GMT');
header('Cache-Control: no-store, no-cache, must-revalidate');
header('Pragma: no-cache');
```

（3）强制下载文件

简单文件下载只需要使用超链接标记<a>，将 href 属性值指定为下载的文件即可。这种方式下载，只能处理一些浏览器不能打开的文件（如 rar 文件），但如果要下载的文件后缀名是.html 的网页文件，或图片文件等，使用这种链接方式并不会提示下载，而是将文件内容直接输出到浏览器。为此，可使用 header 函数向浏览器发送必要的头信息，以通知浏览器进行下载文件的处理。强制下载文件的示例代码如下：

```
<?  $filename="test.gif";                        //指定文件名
 header('Content-Type: image/gif');       //指定下载文件类型
 header('Content-Disposition: attachment; filename="'.$filename.'"'); //下载文件的描述
 header('Content-Length: '.filesize($filename));                 //下载文件的大小
 readfile($filename);                        //将文件内容读取出来并直接输出，以便下载
?>
```

这样，在当前目录下放一个图片文件 test.gif，运行程序，就会提示下载 test.gif 文件。

5.2.3　操作缓冲区

所谓缓冲区，是指服务器内存中的一块区域。在没有开启缓冲区时，执行文件输出的内容都是直接输出到浏览器。开启缓冲区后，执行文件输出的内容会先存入缓冲区，直到脚本执行完毕（或遇到一些缓冲区操作指令），再将缓冲区中的内容发送给浏览器。

PHP 提供了很多操作缓冲区的函数（见表 5-4），这些函数名中都有“ob”，ob 是“Output Control（输出控制）”的缩写，表示在服务器端先存储有关输出，等待适当的时机再输出。下面分别介绍。

表 5-4　　PHP 缓冲区操作函数

函数名	功能
ob_start	打开输出缓冲区
ob_get_contents	返回内部缓冲区的内容
ob_get_clean	返回内部缓冲区的内容，并关闭缓冲区

续表

函数名	功能
ob_get_flush	返回内部缓冲区的内容，并关闭缓冲区，再将缓冲区的内容立刻输出到客户端
ob_get_length	返回内部缓冲区的内容长度
ob_clean	删除内部缓冲区的内容，但不关闭缓冲区
ob_flush	立刻输出内部缓冲区的内容，但不关闭缓冲区
flush	刷新输出缓冲，将 ob_flush 输出的内容，以及不在 PHP 缓冲区的内容，全部输出至浏览器
ob_end_clean	删除内部缓冲区的内容，并关闭缓冲区
ob_end_flush	立刻输出内部缓冲区的内容，并不关闭缓冲区

提示：缓冲区函数名中，end 表示关闭缓冲区；clean 表示删除缓冲区中的内容；flush 表示发送缓冲区中的内容到浏览器；get 表示缓冲区中的内容将作为函数的返回值返回。

1. 使用 ob_start()打开缓冲区

ob_start()用来打开缓冲区，下面的程序用来演示打开和关闭缓冲区时的差异。

```
<?    ob_start();                //删除该语句再试试
for($i=1;$i<20;$i++){
        for($j=1;$j<600000;$j++);        //空循环语句，用于延迟
        echo $i." ";
  }       ?>
```

当程序中有 ob_start()语句时，缓冲区打开，程序会将输出的内容先存储到缓冲区，待程序执行完后，再将缓冲区中的内容一起输出到浏览器。因此运行程序后，会先延迟一段时间，然后所有数字一起显示出来。

而将 ob_start()语句删除后，缓冲区关闭，程序每次执行到输出语句就会立即输出，因此运行程序不会延迟，数字会一个个地显示出来。

2. ob_flush()和 ob_ clean()方法

当缓冲区打开后，ob_flush()方法可以将缓冲区中的内容立刻输出到客户端，ob_clean()方法用于将当前缓冲区中的内容全部清除。例如：

```
<?  ob_start();
 echo "第一条";
 ob_flush();        //立刻输出缓冲区中的内容
 echo "第二条";
 ob_ clean()    ;    //清除缓冲区中的内容
 echo "第三条"    ;
 ob_end_flush();    //发送缓冲区的内容到浏览器，并且关闭缓冲区
?>
```

程序运行结果为“第一条 第三条”。

由于 ob_flush()会将缓冲区中的内容立刻输出，因此“第一条”会显示在页面上，然后“第二条”又被输出到缓冲区，但接下来 ob_clean()方法清除了缓冲区中的内容，因此“第二条”不会显示；“第三条”不受影响，也会输出到缓冲区再输出到页面。

PHP 会在以下 3 种情况下将缓冲区中的内容发送给客户端：①遇到 ob_flush()、ob_end_flush()或 ob_get_flush()函数；②程序执行完；③遇到 exit()或 die()函数提前终止程序。

3. ob_get_contents()和 ob_get_length()函数

当缓冲区打开时，ob_get_contents()可以获取缓冲区中的内容，并将内容作为字符串返回。ob_get_length()将返回缓冲区中内容的长度，返回值为 int 型。下面是一个例子：

```
<?  ob_start();
 echo "<b>Hello World</b>";        //输出到缓冲区，但不会立即输出到页面
 $len=ob_get_length();             //$len 保存了当前缓冲区中内容的长度
 $out = ob_get_contents();         //$out 保存了当前缓冲区中的内容
 ob_end_clean();                   //清空并结束缓冲区
 echo $out.'<br>';                 //输出<b>Hello World</b>
 $out = strtolower($out);          //将变量$out 中的字符转换为小写
 var_dump($out,$len);          ?>
```

输出结果为（注意第 1 条 echo()语句中的内容未输出，它被 ob_end_clean()方法清除了）：

```
<b>Hello World</b><br>string(18) "<b>hello world</b>"   int(18)
```

可见，ob_get_contents()函数可以将缓冲区中的内容保存到一个字符串中。

5.3 使用$_SESSION 设置和获取 Session

有时需要在用户访问网站过程中记住用户的一些信息，例如，用户登录以后，网站中的所有页面，都能显示用户的登录名，这就需要在整个网站中使用一种“全局变量”保存用户名。但是普通变量的作用域只能在一个网页内，当用户从一个网页跳转到另一个网页时，前一个网页中以变量、常量形式存放的数据就丢失了。为此，引入 Session 的概念，只要把用户的信息存储在 Session 变量中，用户在网站页面之间跳转时，存储在 Session 变量中的信息不会丢失，而是在整个用户会话中一直存在下去。

Session 的中文是“会话”的意思，在 Web 编程中 Session 代表了服务器与客户端之间的“会话”，意思是服务器和客户端在不断地交流。如果不使用 Session，则客户端每一次请求都是独立存在的，当服务器完成某次用户的请求后，服务器将不能再继续保持与该用户浏览器的连接。这样，当用户在网站的多个页面间切换时（请求了多个页面），页面之间无法传递用户的相关信息。这是因为，HTTP 是一种无状态（Stateless）的协议，利用 HTTP 无法跟踪用户。从网站的角度看，用户每一次新的请求都是单独存在的。

在 PHP 中，使用$_SESSION[]可以存储特定用户的 Session 信息。并且，每个用户的 Session 信息都是不同的。如果当前有若干个用户访问网站，则网站会为每个用户建立一个独立的 Session 对象，如图 5-11 所示。每个用户都无法访问其他用户的 Session 信息。因此一个用户访问网页时服务器为其创建的 Session 变量，别人是看不到的。

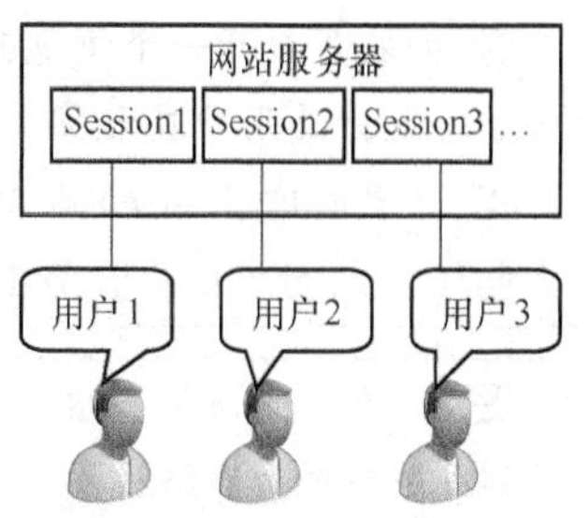

图 5-11 Session 示意图

5.3.1 存储和读取 Session 信息

在 PHP 中，使用 Session 前都需要在页面开始用 session_start()方法开启 Session 功能。然后就可利用 Session 变量存储信息了，这和用普通变量存储信息很相似。语法如下：

```
$_SESSION["Session 名称"]=变量或字符串信息
```

如果要读取 Session 变量信息，可将其赋给一个变量或直接输出，语法如下：

```
变量=$_SESSION["Session 名称"]
```

为了验证 Session 变量能被网站中所有网页读取，可新建 2 个文件（或更多），在 5-12.php 中用 Session 变量存储信息，在 5-13.php 中读取 Session 变量信息。代码如下：

------------------清单 5-12.php--

```
<?   session_start();                       //开启 Session
$_SESSION["username"]="小泥巴";             //将字符串信息存入 Session
$_SESSION["username"]="张三";               //修改 Session 变量值
$_SESSION["age"]=21;
 $email='tang@163.com';
$_SESSION["email"]=$email;                  //将变量信息存入 Session 变量
$_SESSION["user"] =array('name'=>'燕子','pwd'=>'111');     //将数组存入 Session 变量
?>
```

------------------清单 5-13.php--

```
<?   session_start();                      //开启 Session
echo $_SESSION["username"];                //输出"张三"
echo $_SESSION["age"];                     //输出 21
echo $_SESSION["email"];          ?>
```

测试时首先运行 5-12.php 写入 Session 变量，再在同一个浏览器中输入 5-13.php 的网址，读取 Session 变量信息。则 5-13.php 的运行结果如下：

```
张三 21tang@163.com
```

这样就实现了通过 Session 变量在不同页面间传递数据。

说明：

① session_start()函数前面不能有任何代码输出到浏览器，最好加在页面头部，或先用 ob_start()函数打开输出缓冲区。

② 对一个不存在的 Session 变量赋值，将自动创建该变量；给一个已经存在的 Session 变量赋值，将修改其中的值。

③ 如果新打开一个浏览器，去访问 5-13.php，则无法获取 Session 信息。因为新开一个浏览器相当于一个新的用户在访问。

④ 只要创建了 Session 变量，该 Session 变量就能被网站中所有页面访问，因此网站中任何页面（包括 5-12.php 自身）都能读取 5-12.php 创建的 Session 变量信息。

提示：在电子商务网站中常利用 Session 实现"购物车"，用户在一个页面中加入购物车的商品信息在转到另一个页面后仍然存在，这样用户可以在不同页面选择商品。所有商品的 id、价格等信息都保存在相应的 Session 变量中，直到用户去收银台交款或清空购物车时 Session 变量中的数据才被清除。由于服务器会为每个用户建立一个独立的 Session 对象，因此每个用户都有一辆专用的"购物车"。

5.3.2 Session 的创建过程和有效期

1. Session 的创建和使用过程

当用户请求网站中任意一个页面时，若用户尚未建立 Session 对象（如第一次访问），则服务器

会自动为用户创建一个 Session 对象（它包含唯一的 Session ID 和其他 Session 变量），并保存在服务器内存中，不同用户的 Session 对象存储着各自特定的信息。

服务器将 Session ID 发送到客户端浏览器，而浏览器则将该 Session ID 保存在会话 Cookies 中。当浏览器再次向服务器发送 HTTP 请求时，会将 SessionID 信息一起发送给服务器。服务器根据该 SessionID 查找到对应的 Session 对象，就能识别出用户。整个过程如图 5-12 所示。这将有利于服务器对用户身份的鉴别，从而实现 Web 页面的个性化。

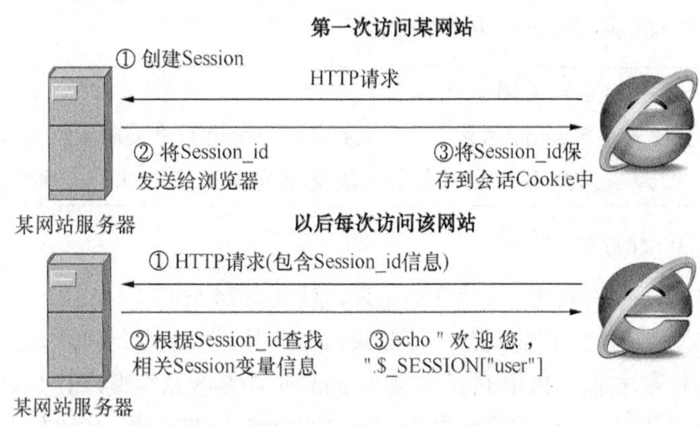

图 5-12　Session 的创建和使用过程

注意区分 Session 对象和 Session 变量，对于每个网站的访问者来说，网站都会为其建立一个 Session 对象，该 Session 对象中有一个 Session ID。如果程序中没有创建 Session 变量的代码，那么每个用户的 Session 对象中只含有 Session ID，否则，该 Session 对象中还包含许多个 Session 变量，如图 5-13 所示。也就是说，每个用户都有一个独立的 Session 对象，每个用户可以有 0 个到多个独立的 Session 变量。

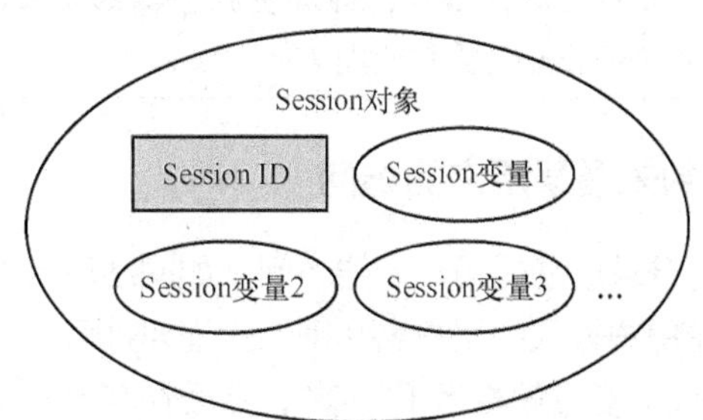

图 5-13　Session 对象和 Session 变量的关系示意图

下面的程序使用 session_id()函数返回用户的 Session ID 值。这验证了即使没有创建 Session 变量，用户仍然会拥有一个 Session ID。

```
<?   session_start();
var_dump($_SESSION);          //输出 array(0) { }，因为没有创建 Session 变量
echo session_id();            //输出 04c41641c2632c491c4d77d5898c0aa3
?>
```

提示： session_id()函数既可以获取当前 Session ID 值，也可以设置 Session ID 值，如 session_id('abc123')，此时必须在 session_start()函数调用之前使用。

最好不要把大量的信息存入 Session 变量中，或者创建很多个 Session 变量。因为 Session 对象是要保存在服务器内存中的，而且要为每一个用户单独建立一个 Session 对象，如果保存的信息太多，同时访问网站的用户又很多时，则如此多的 Session 对象是非常占用服务器资源的。

2. Session 的生命期

Session 对象的生命期从用户在 Session 有效期内第 1 次访问网站直到不再访问网站为止的这段时间。即一个 Session 开始于用户打开这个网站中的任意一个网页；结束于用户不再访问这个站点，包括 Session 超时或主动删除 Session 两种情况。

注意：不再访问这个站点≠关闭浏览器。

关闭浏览器并不会使一个 Session 结束，因为服务器并不知道用户关闭了浏览器，但会使这个 Session 永远都无法访问到。因为当用户再打开一个新的浏览器窗口又会产生一个新的 Session。

3. 设置 Session 的有效期

Session 对象并不是一直有效的，它有个有效期，默认为 24 分钟（1440 秒）。如果客户端超过 24 分钟没有刷新网页或访问网站中的其他网页，则该 Session 对象就会自动结束。不过，可以修改 Session 对象的默认有效期，一种方法是在 PHP 的配置文件 php.ini 中修改系统默认值（session.gc_maxlifetime = 1440），另一种方法是利用 ini_set()方法更改 Session 对象的默认有效期，代码如下：

```
session_start();
ini_set('session.save_path','/tmp/');                        //设置保存路径
ini_set('session.gc_maxlifetime', 60);                       //保存 1 分钟
setcookie(session_name(), session_id(), time() + 60, "/");   //设置会话 Cookie 的过期时间
```

提示：

① 虽然增加 Session 的有效期有时能方便用户访问，但这也会导致 Web 服务器内存中保存用户 Session 信息的时间增长，如果访问的用户很多，会加重服务器的负担。

② 不能单独对某个用户的 Session 设置有效期。

5.3.3 利用 Session 限制未登录用户的访问

网站中有些页面要求只有登录成功的用户才能访问，如网站后台管理页面，利用 Session 可实现这种需求。具体方法是：在用户输入的用户名和密码验证通过后，用 Session 变量存储某些特征信息（如用户名），这个 Session 变量就相当于“票”，然后在其他对安全性有要求的页面最前面检查这些 Session 变量是否存在（即验票），如果这些特征值为空，表示没有经过合法认证，而是通过直接输入网页的网址进入的，就拒绝其访问。示例代码如下：

--------------------清单 5-14.php--

```
<? session_start();
if (isset($_POST["submit"]))   {        //判断是否单击了“登录”按钮
        $user=$_POST["userName"];
        $pw=$_POST["PW"];
   if ($user=="admin" && $pw=='123'){        //判断用户名、密码是否正确
        $_SESSION['user']=$user;       //将用户名存入$_SESSION['user']，这是关键
        header('Location:5-15.php');}
   else   echo "用户名或密码错误";
 }
```

```
else  echo '
<form method="post" action="">
  用户名: <input type="text" name="userName" />
  密  码: <input type="password" name="PW />
  <input name="submit" type="submit" value="登录" />
</form>';        ?>
```

--------------------清单 5-15. php --

```
<? session_start();
 if (isset($_SESSION['user']))        //如果$_SESSION['user']不为空
       echo "欢迎您, ".$_SESSION["user"]."<br/>
            <a href='5-16.php?action=logout'>注销</a> ";
else
       echo "未登录用户不允许访问";         ?>
```

程序运行效果是：如果用户没有经过 5-14.php 页面登录或登录失败，而是直接运行 5-15.php，就会提示“未登录用户不允许访问”，如果在 5-14.php 登录成功过，则以后每次运行 5-15.php 都会显示欢迎信息。

说明：

① 该实例必须先运行 5-14.php，以对登录成功用户赋予$_SESSION['user']变量，而 5-15.php 用来检查该 Session 变量是否为空。请注意 5-15.php 中并没有采用$_POST 获取表单变量，而是读取和输出 5-14.php 中创建的 Session 变量。

② 5-14.php 中创建的 Session 变量可以被网站中所有网页访问。因此可以将 5-15.php 中的代码放到网站中所有对安全性有要求的网页的最前面。

5.3.4　删除和销毁 Session

删除 Session 常用来实现用户注销的功能，使用户能够安全退出网站。在 PHP 中，使用 unset()方法可以删除单个 Session 变量。使用 session_unset()函数可删除当前内存中$_SESSION 数组中的所有元素，它等价于$_SESSION=array()或 unset($_SESSION)。例如：

```
<?   session_start();
unset($_SESSION["username"]);    //删除$_SESSION 中一个 Session 变量
session_unset();                 //删除$_SESSION 中所有 Session 变量
?>
```

但是，session_unset 只能删除$_SESSION 数组中的所有元素，并不能删除对应的 Session ID，也不能删除保存 Session ID 的文件。而 session_destroy()函数就能删除 Session ID，并销毁 Session 文件，但它不会删除内存中的$_SESSION 数组中的所有元素。例如：

```
<? session_start();
 echo '<p>这个用户的 Session 编号为'.session_id().'</p>';
 $_SESSION["user_name"]="布什";
 session_destroy();                          //清除 Session ID
 echo '<p>这个用户的 Session 编号为'.session_id().'</p>';
 echo $_SESSION["user_name"];           //会输出 “布什”
?>
```

运行结果为：

```
这个用户的 Session 编号为 43abc321fc0e76486f32dd86fabde568
这个用户的 Session 编号为
布什
```

因此，如果要彻底删除 Session，实现用户安全注销功能，可以将 session_unset()与 session_destroy()函数结合使用，并且还需清除浏览器中的会话 Cookie 信息，这可以通过调用 setcookie 函数将会话 Cookie 设置为过期即可。下面是一个注销用户登录的例子：

---------------------清单 5-16.php--

```
<?
if($_GET['action'] == "logout"){
session_start();                        //启动会话
setcookie("user","",time()-60);         //将会话 Cookie 变量 user 设置为过期，即删除 Cookie
session_unset();                        //删除$_SESSION 中的 Session 变量
session_destroy();                      //销毁 Session，删除 Session ID
header("Location:5-14.php");            //回到登录界面
}   ?>
```

5.4 使用$_COOKIE 读取 Cookie

使用 Session 只能让网站记住当前正在访问的用户，但有时网站还需要记住曾经访问过的用户，以便在用户下次访问时，提供个性化的服务。这就需要用到 Cookie 技术。Cookie 能为网站和用户带来很多好处，比如，它可以记录特定用户访问网站的次数、最后一次访问时间、用户在网站内的浏览路径，以及使登录成功的用户下次自动登录等。

也有一些 Cookie 的高级应用，如在购物网站浏览商品页面时，该网站程序可以将用户的浏览历史记录到 Cookie 中，当用户下次再访问时，网站根据用户过去的浏览情况为用户推荐感兴趣的内容。

Cookie 实际上是一个很小的文本文件，网站通过向用户硬盘中写入一个 Cookie 文件来标识用户。当用户下次再访问该网站时，浏览器会将 Cookie 信息发送给网站服务器，服务器通过读取以前写入的 Cookie 文件中的信息，就能识别该用户。

Cookie 有两种形式：会话 Cookie 和永久 Cookie。前者是临时性的，只在浏览器打开时存在（存储在用户机器的内存中），主要用来实现 Session 技术；后者则永久地存放在用户的硬盘上并在有效期内一直可用。Cookie 文件默认保存在“C:\Documents and Settings\登录用户名\Cookies”文件夹中。

在 PHP 中，利用 setcookie()函数可以创建和修改 Cookie，以及设置 Cookie 的有效期；而使用$_COOKIE[]数组可以读取 Cookie 变量的值。

5.4.1 创建和修改 Cookie

创建 Cookie 最简单的方法是使用 setcookie()函数。语法如下：

```
setcookie(name, value, expire, path, domain, secure)
```

其中，name 用来定义一个 Cookie 的变量名，value 用来设置 Cookie 的变量值，expire 用来定义 Cookie 的有效期；而 path、domain、secure 分别用来规定 Cookie 的有效目录、有效域名和是否采用 HTTPS 来传输 Cookie，这 3 个参数不常用。除了 name 和 value 是必需的参数外，其他参数都是可选的。

下面是一个创建 Cookie 的程序。

--------------------清单 5-17.php---------------------------------------

```
<?
setcookie('tmpcookie','这是个临时 Cookie');          //不设置过期时间
setcookie('userName','小泥巴',time()+60);           //设置过期时间为 60 秒，永久 Cookie
setcookie('age',21,time()+60);
setcookie('sex','女',time()+60,'','',false);        //设置 setcookie 的所有参数
?>
```

上例中设置了 4 个 Cookie 变量，变量名分别为“tmpcookie”“userName”“age”和“sex”。其中，由于“tmpcookie”没有设置过期时间，因此它仅仅是个会话 Cookie，会话 Cookie 并没有保存到文本文件中，关闭浏览器后，tmpcookie 将立即失效。而其他 3 个 Cookie 均设置了过期时间，因此是永久 Cookie，它们将在关闭浏览器 1 分钟后失效。

要查看 5-17.php 写入的 Cookie 文件，可以打开保存在“C:\Documents and Settings\登录用户名\Cookies”目录下的 Cookie 文件，文件内容如图 5-14 所示。

图 5-14　客户端 Cookie 文件中的信息

从图中可以得知永久 Cookie 变量均保存在 Cookie 文件中，而会话 Cookie 没有保存。Cookie 变量名和变量值中如果含有中文或特殊字符，会自动经 urlencode 函数处理转换成 gb2312 编码形式。

如果要修改 Cookie 变量的值，可以用 setcookie 函数给变量重新赋值。例如：

```
setcookie('age',24,time()+60);        //将 Cookie 变量 age 的值修改为 24
```

但修改 Cookie 时设置过期时间的参数不能省略，否则该 Cookie 会被修改成临时 Cookie。

提示：

① 在使用 setcookie()函数前，不要有任何 HTML 内容输出到浏览器，因为 Cookie 也是作为 HTTP 头的一部分。否则 setcookie()创建 Cookie 将失败。

② Cookie 变量的值总是字符串数据类型。

③ 在 PHP 中，还能使用 header()函数设置 Cookie。例如：

```
header("Set-Cookie: nickname=小泥巴; expires=". gmstrftime("%A, %d-%b-%Y %H:%M:%S GMT",
time() + (86400 * 30)));
```

其中“nickname”是 Cookie 变量名，“小泥巴”是 Cookie 变量值，expires 用来设置过期时间。Set-Cookie 参数和 expires 参数之间用“;”隔开。

5.4.2　读取 Cookie

在客户端写入 Cookie 后，当用户再次向网站发送 HTTP 请求时，就会将 Cookie 信息放在 HTTP 请求头中一起发送给服务器，服务器会自动获取 HTTP 请求头中的 Cookie 信息，并将这些信息保存到$_COOKIE 数组中。因此通过$_COOKIE 可以读取所有从客户端传过来的 Cookie 信息。下

面的程序用来读取 5-17.php 中创建的 Cookie 信息。

--------------------清单 5-18.php--------------------------------------

```
<?
 $user=$_COOKIE['userName'];
 $age=$_COOKIE['age'];
 $sex=$_COOKIE['sex'];
 echo $user.$age.'岁,性别'.$sex;
?>
```

为了测试该程序，首先运行 5-17.php 创建 Cookie，再运行 5-18.php 读取 Cookie，则 5-18.php 的运行结果如下：

```
小泥巴 21 岁,性别女
```

说明：由于 Cookie 存放在了硬盘中，因此即使重启计算机后，再打开浏览器访问 5-18.php 也能读取到 Cookie（只要 Cookie 没过期）。

5.4.3 Cookie 数组

实际上，使用 setcookie()函数还可以创建 Cookie 数组。例如：

```
<?
setcookie("user[name]","张三",time()+600);
setcookie("user[id]","zhang3",time()+600);
setcookie("user[sex]","男",time()+600);
setcookie("user[age]",23);
?>
```

创建 Cookie 数组时，对于数组元素的索引可以是整数或字符串，但索引两边不要用引号（如 user[id]不能写成 user['id']），因为 PHP 会自动给 setcookie 中的数组索引加引号的。

要读取 Cookie 数组，可使用循环语句遍历数组，也可单独输出数组元素。代码如下：

```
<?
foreach($_COOKIE['user'] as $key=>$value){
   echo $key.'=>'.$value.'  ';}          //输出 Cookie 数组中所有元素
   //var_dump($_COOKIE);              输出$_COOKIE 中的所有内容
   echo  $_COOKIE['user']['name'];       //输出 Cookie 数组中一个元素
?>
```

运行结果如下（必须先运行创建 Cookie 数组的程序）：

```
name=>张三 id=>zhang3 sex=>男 age=>23 张三
```

5.4.4 删除 Cookie

有时用户可能希望网站不再记住自己过去访问的信息，这时可以删除 Cookie。删除 Cookie 有两种方法：一是将 Cookie 的变量值设置为空，并且不设置有效期（不设置有效期将删除 Cookie 文件中的 Cookie 变量）；二是将 Cookie 的有效期设置为过去的某个时间。不管使用哪种方法，浏览器接收到这样的 Cookie 响应头信息后，将自动删除用户硬盘中的 Cookie 文件和内存中的 Cookie 信息。例如，下面程序的功能是将 5-17.php 中创建的 Cookie 全部删除。

```
<?
setcookie('userName','');                    //删除 Cookie 的方法 1
setcookie('age',21,time()-600);              //删除 Cookie 的方法 2
setcookie('sex','女',time()-600);
var_dump($_COOKIE);                          //用来查看上述 Cookie 数组元素是否已经删除
?>
```

5.4.5　Cookie 程序设计举例

如果要编写 Cookie 应用的程序，一般的流程是：首先尝试获取某个 Cookie 变量，如果有，则表明是老客户，读取其 Cookie 信息，为其提供个性化的服务；如果没有，则表明是第 1 次来访的新客户，通过表单获取其身份信息，再将这些信息存入 Cookie 变量中去。

1. **用户自动登录**

用户自动登录程序的实现流程如图 5-15 所示。

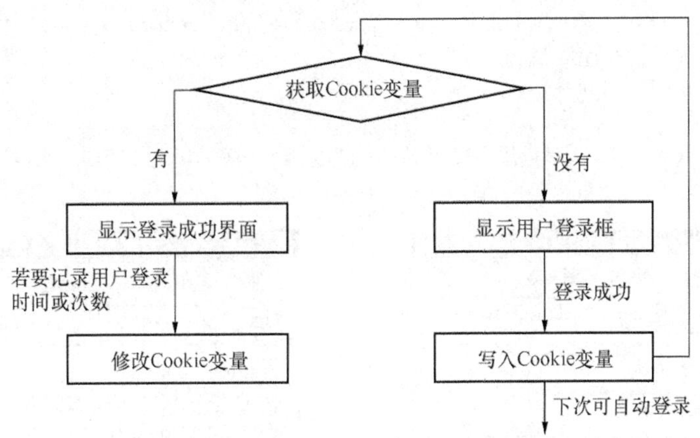

图 5-15　用户自动登录程序的一般流程

在下面的实例中，如果用户第 1 次访问 5-19.php，则会显示图 5-16 所示的登录表单，如果用户登录成功并选择了保存 Cookie，则以后再次访问 5-19.php 时就不需要登录，会自动转到欢迎界面（见图 5-17），并显示用户的访问次数和上次登录时间。该实例包括两个文件，其中 5-19.php 是主程序，5-20.php 用于获取表单信息并写入 Cookie 等，代码如下。

--------------------清单 5-19.php---

```
<?
if ($_COOKIE["user"]["xm"]<>""){          //尝试获取指定的 Cookie 变量，如果有
      $visnum=intval($_COOKIE["user"]["num"])+1;      //将原来的访问次数加 1
      $expire=intval($_COOKIE["user"]["expire"]);      //获取有效期
      //将本次访问时间写入 Cookie
      setcookie("user[dt]",date("Y-m-d h:i:s"),time()+3600*$expire);
      setcookie("user[num]",$visnum,time()+3600*$expire);    //将本次访问次数写入 Cookie
      echo"欢迎您:".$_COOKIE["user"]["xm"];          //输出 Cookie 变量的值
      echo "<br/>这是您第".$visnum."次访问本网站";
      echo "<br/>您上次访问是在".$_COOKIE["user"]["dt"];
}
else          //没有 Cookie 则显示登录表单
      echo '<html><body>
<div style="border:1px solid #06f; background:#bbdeff">
```

```
    <form method="post" action="5-20.php" style="margin:4px;">
        <p>账号: <input name="xm" type="text" size="12"></p>
        <p>密码: <input name="Pwd" type="password" size="12"></p>
        <p>保存: <select name="Save">
            <option value="-1">不保存</option>
            <option value="7">保存 1 周</option>
            <option value="30">保存 1 月</option></select>
            <input type="submit" value="登 录"></p>
    </form></div></body></html>'      ?>
```

--------------------清单 5-20.php--

```
<?   if ($_POST["xm"]=="admin" && $_POST["Pwd"]=="123" )    {
setcookie("user[xm]",$_POST["xm"],time()+3600*intval($_POST['Save']));
setcookie("user[dt]",date("Y-m-d h:i:s"),time()+3600*$expire);          //写入 Cookie
setcookie("user[num]",1,time()+3600*intval($_POST['Save']));
   //保存有效期到 Cookie
setcookie("user[expire]",$_POST['Save'],time()+3600*intval($_POST['Save']));
echo $_POST["xm"].": 首次光临";
      //var_dump($_COOKIE);    }
else
      echo "<script>alert('用户名或密码不对');location.href='5-19.php ';</script>";
?>
```

图 5-16　5-19.php 的第 1 次运行结果

图 5-17　5-19.php 登录成功后

2. 记录用户的浏览路径

在电子商务网站中，经常需要记录用户的浏览路径，以判断用户对哪些商品特别感兴趣或哪些商品之间存在销售关联。下面的例子使用 Cookie 记录用户浏览过的历史页面。该网站将每个页面的标题保存在该页面的 $title 变量中，用户每访问一个页面就会将新访问页面的标题添加到 Cookie 变量 $_COOKIE["history"]值中。随着用户访问页面的增多，该 Cookie 变量中保存的含有页面标题的字符串会越来越长。将该 Cookie 变量切分成数组，然后输出数组元素的值就输出了用户最近访问页面的标题列表。

--------------------清单 5-21.php（商品页）------------------------

```
<?    ob_start();       //打开缓冲区，以便在有输出后还能设置 Cookie
$title="西游记"        //商品页有很多，其他商品页的 title 是水浒传、西游记等 ?>
<html><head>
     <title><?= $title ?></title>  </head>
<body>   <h3 align="center"><?= $title ?>商品页面</h3>
<p>同类商品: <a href="hlm.php">红楼梦</a> <a href="shz.php">水浒传</a>
<a href="sg.php">三国演义</a></p>
<? require("5-22.php") ?>
</body></html>
```

--------------------清单 5-22.php（商品页调用的记录浏览历史的程序）----------

```
<? $history=$_COOKIE["history"];          //获取记录浏览历史的 Cookies
 if ($history=="")                         //如果浏览历史为空
       $path=$title;                       //将当前页的标题保存到 path 变量中
 else
       $path=$title."/".$history;          //将当前页的标题加到浏览历史的最前面
 //将$path 保存到 Cookie 变量中,设置过期时间为 30 天
 setcookie("history",$path,time()+30*3600);
 $arrPath=explode("/",$path);                    //将$path 分割成一个数组$arrPath
echo "您最近的浏览历史: <hr/>";
foreach ($arrPath as $key=>$value){
     if($key>9) break;                             //只输出最近的 10 条
     echo ($key+1) .". ". $value ."<br/>";        //输出浏览历史
}?>
```

说明：测试时应首先将 5-21.php 重命名成几个文件（xyj.php、shz.php、hlm.php、sg.php），然后将这几个文件第 2 行中的 title 变量值分别改成“水浒传”“西游记”和“三国演义”。接下来运行其中任何一个文件，再通过单击链接转到其他文件，会发现浏览一个页面后，它的标题就会记录到浏览历史中，如图 5-18 所示，而且关闭浏览器后再打开，浏览历史依然不会丢失，从而基本实现了保存用户浏览历史的目的。

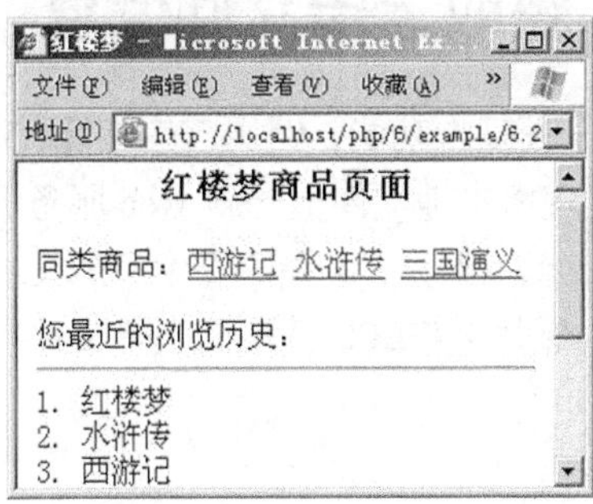

图 5-18　5-21.php 的运行结果

当然，在实际电子商务网站中，记录浏览历史还会将用户的浏览历史保存到服务器的数据库中，那样浏览历史能更长久地保存，网站还能根据所有用户的浏览历史进行数据分析和统计。

5.4.6　Cookie 和 Session 的比较

1. Cookie 和 Session 的区别

为了说明 Cookie 和 Session 的区别，先举个例子，假设一家奶茶店有喝 5 杯奶茶赠送 1 杯奶茶的优惠，那么奶茶店有两种办法记录用户的消费数量。

（1）发给顾客一张卡片，上面记录着顾客的消费数量，一般还有有效期限。每次消费时，如果顾客出示这张卡片，则在卡片上修改顾客的消费数量，这样，此次消费就会与以前或以后的消费联系起来。这种做法就是在客户端保持状态（Cookie）。

（2）发给顾客一张会员卡，除了卡号之外什么信息都不记录。每次消费时，如果顾客出示该卡片，则店员在店里的计算机中找到这张卡片卡号对应的记录，并修改计算机上记录的顾客消费数量。这种做法就是在服务器端保持状态（Session）。

可见，Session 只是将 Session ID（卡号）保存在客户端，服务器保存 Session ID 对应的信息。

而 Cookie 是将所有信息都保存在客户端的。表 5-5 对 Session 和 Cookie 作了比较。

表 5-5 Session 和 Cookie 的比较

比较		Session	Cookie
相似点	功能	存储和跟踪特定用户的信息	
	优势	在整个网站的所有页面都可以访问	
不同点	建立方式	每次访问网页时会自动建立 Session 对象	需要通过代码建立
	存储位置	服务器端	客户端
	应用场合	记住正在访问的用户信息	记住曾经访问过的用户信息

2. Cookie 和 Session 的优缺点

（1）Cookie 的限制：Cookie 的数据大小是有限制的，每个 Cookie 文件的大小不能超过 4KB，每个站点最多只能设置 20 个 Cookie。

（2）Cookie 可能会泄露用户隐私，并带来其他安全问题。

（3）Session 仍然要通过 Cookie 来实现，因为用户的 Session ID 必须保存在会话 Cookie 中。

5.5 使用$_FILES 获取上传文件信息

文件上传是 Web 应用程序的一项基本功能，例如，有些网站允许用户上传图片文件，上传文档（Word 或 PPT 等）。PHP 可轻松实现将本地文件上传到 Web 服务器的功能。

在 PHP 中，文件上传功能的实现步骤为：①在网页中添加文件上传表单，单击“提交”按钮后，选择的文件数据将发送到服务器；②用$_FILES 获取与上传文件有关的各种信息；③用文件上传处理函数对上传文件进行后续处理。

5.5.1 添加上传文件的表单

在 HTML 中，可以使用表单中的文件上传域来提交要上传的文件。下面是一个上传文件的 HTML 表单代码，它在浏览器中的显示效果如图 5-19 所示。

-----------------清单 5-23.php---------

```
<h3 align="center">上传文件的演示实例</h3>
<p>请选择要上传的 jpg 图片文件</p>
<form action="5-24.php" method="post" enctype="multipart/form-data">
  <input type="file" name="upfile" /><br><br>
  <input type="submit" value=" 上 传 " />
</form>
```

说明：如果表单中有文件上传域，则定义表单时必须设置 enctype="multipart/form-data"，method 属性必须设置为 post（这是因为 GET 方式发送的数据量不能超过 8KB）。action="5-24.php"表示上传的数据将发送给 5-24.php，因此 5-24.php 是处理上传文件的脚本。

提示：如果要限制上传文件的大小，可以在表单中添加一个隐藏域：<input type="hidden" name="MAX_FILE_SIZE" value="10240">，并且该隐藏域必须放在文件上传域的前面，否则会设置失效。

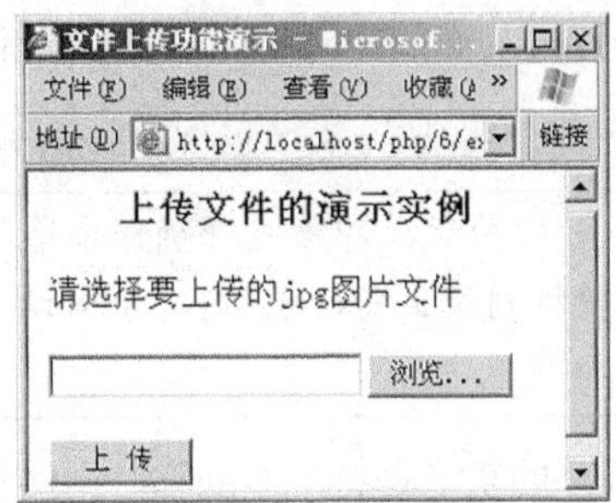

图 5-19　上传文件的网页 5-23.php

5.5.2　使用$_FILES 获取上传文件信息

当用户单击“上传”按钮后，上传的文件数据将发送给服务器。在处理脚本 5-24.php 中，可以使用$_FILES 来获取上传文件的信息。$_FILES 是一个多维数组，它可以保存所有上传文件的信息，以及上传过程中的错误信息。如果文件上传域的 name 属性值为 upfile，则可以使用$_FILES['upfile']来访问上传文件的有关信息。$_FILES['upfile']是一个一维数组，数组元素是上传文件的各种属性，具体如下。

$_FILES['upfile']['name']：客户端上传文件的原名称（不包括路径）。

$_FILES['upfile'] ['type']：上传文件的 MIME 类型，如 image/gif 等。

$_FILES['upfile'] ['size']：已上传文件的大小，单位是字节。

$_FILES['upfile'] ['tmp_name']：上传文件在服务器端保存的临时文件名（包含路径名）。

$_FILES['upfile'] ['error']：上传文件出现的错误号，是一个整数，其取值如表 5-6 所示。

表 5-6　上传文件过程中的错误号含义

错误号	说明
0	文件上传成功，没有错误发生
1	上传文件的大小超过了 php.ini 中 upload_max_filesize 选项限定的值
2	上传文件的大小超过了表单隐藏域中 MAX_FILE_SIZE 选项指定的值
3	只上传了部分文件，如上传过程中网络中断
4	没有上传的文件，如没有选择上传文件就直接单击“上传”按钮
6	找不到临时文件夹
7	服务器上临时文件写入失败，通常是权限不够
8	上传的文件被 PHP 扩展程序中断

可以在 5-24.php 中输入如下代码，来输出$_FILES['upfile']数组的内容：

```
<? var_dump($_FILES['upfile']);  ?>
```

选择上传文件 guangxue.gif，单击“上传”按钮后，执行结果如下：

```
array(5){["name"]=> string(12) "guangxue.gif" ["type"]=> string(9) "image/gif" ["tmp_name"]=>
string(26) "C:\WINDOWS\TEMP\php11C.tmp" ["error"]=> int(0) ["size"]=> int(44863) }
```

5.5.3　保存上传文件到指定目录

通过上述步骤，上传文件已经保存在 C:\Windows\temp\目录下，文件名为 php11C.tmp。接下来，必须将上传文件移动到网站目录下的指定目录中，并为它重命名，以便让网站目录内的网页可以引用该文件。

移动文件到指定目录一般使用 move_uploaded_file()函数。该函数的语法如下：

```
move_uploaded_file(文件原来的路径和文件名，文件的目的路径和文件名)
```

提示：该函数还提供了一个额外的功能，即检查并确保由第一参数指定的文件，是否是合法的上传文件（即通过 HTTP POST 上传机制所上传的），这对于网站安全是至关重要的。即该文件包含了 is_uploaded_file()函数的功能。

下面是 5-24.php 的代码。该程序的功能是将上传的临时文件移动到网站指定目录内，并为它重命名。为此先要检查指定目录是否存在，如果不存在，则创建。再用当前时间生成文件名。最后通过$_FILES 获取临时文件的文件名作为原文件名，就可以用 move_uploaded_file()将临时文件移动到指定目录下了。运行结果如图 5-20 所示。

----------------清单 5-24.php-------------------

```
<?          // $upload_dir 是上传文件的目录，getcwd()可获取当前脚本所在目录
$upload_dir = getcwd() . "\\images\\";        // 即“当前目录\images”
if(!is_dir($upload_dir))           // 如果目录不存在，则创建
      mkdir($upload_dir);
function makefilename() {          // 此函数用于根据当前时间生成上传文件名
     $curtime = getdate();         // 获取当前系统时间，生成文件名
     $filename =$curtime['year'] . $curtime['mon'] . $curtime['mday'] . $curtime['hours'] .
$curtime['minutes'] . $curtime['seconds'] . ".jpg";
           return $filename;     // 返回生成的文件名
      }
$newfilename = makefilename();
$newfile = $upload_dir . $newfilename;              //生成文件路径名加文件名
if(file_exists($_FILES['upfile']['tmp_name'])) {    //如果这个临时文件存在，表明上传成功
       move_uploaded_file($_FILES['upfile']['tmp_name'], $newfile);
       echo "客户端文件名：" . $_FILES['upfile']['name'] . "<br>";
       echo "文件类型：". $_FILES['upfile']['type']. " ";
       echo "大小：" . $_FILES['upfile']['size'] . "字节<br>";
       echo "服务器端临时文件名：" . $_FILES['upfile']['tmp_name'] . "<br>";
       echo "上传后的文件名：" . $newfile . "<br>";
       echo '文件上传成功 [ <a href="#" onclick="history.go(-1)">继续上传</a> ]
                <p>右边是上传的图片文件：
             <img src="images/'.$newfilename .'"></p>';}        //用 img 标记显示上传的图片
       else    echo "上传失败,错误类型:".$_FILES['upfile']['error'];
?>
```

图 5-20　5-24.php 的运行结果

5.5.4　同时上传多个文件

多个文件上传和单文件上传实现的方法是相似的，只需要在表单中多提供几个文件上传域，并指定 name 属性值为同一个数组即可。例如，在下面的程序中，用户可以选择 3 个本地文件一起上传给服务器，客户端页面代码（5-25.php）如下，显示效果如图 5-21 所示。

```
<h3 align="center">多文件上传功能演示</h3>
<p>请选择要上传的三张图片文件</p>
<form action="5-26.php" method="post" enctype="multipart/form-data">
 文件 1: <input type="file" name="upfile[]" /><br><br>
 文件 2: <input type="file" name="upfile[]" /><br><br>
 文件 3: <input type="file" name="upfile[]" /><br><br>
  <input type="submit" value=" 上 传 " />
</form>
```

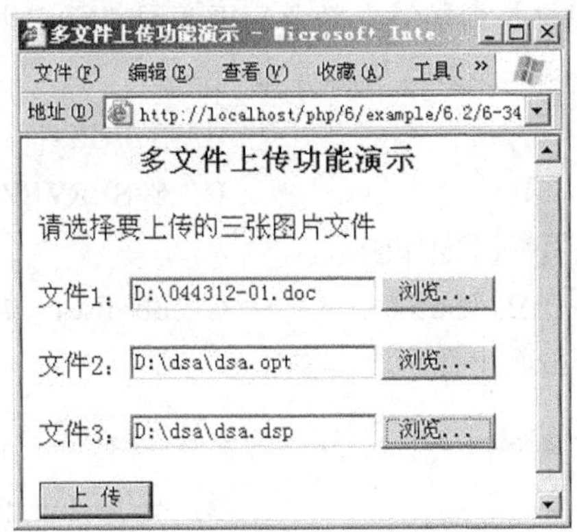

图 5-21　多文件上传程序界面

在上面的代码中，将 3 个文件上传域以数组的形式组织在一起，当表单提交给脚本文件 5-26.php 时，服务器端同样可以使用$_FILES 获取所有上传文件的信息，但$_FILES 已经由二维数组转变成了三维数组。例如，保存第一个文件的文件名的数组元素是$_FILES['upfile'] ['name'] [0]。

可以在 5-26.php 中输入如下代码，来输出$_FILES['upfile']数组的内容：

```
<? print_r($_FILES); ?>
```

选择了 3 个上传文件，单击"上传"按钮后，执行结果如下：

```
Array(
  [upfile] => Array     (
     [name] => Array    (      //$_FILES['upfile'] ['name']保存了所有上传文件的名称
        [0] => 1000E.TXT       //$_FILES['upfile'] ['name'] [0]第一个文件的名称
        [1] => 配置文件.txt   [2] => footernew2.jpg            )
     [type] => Array     (
        [0] => text/plain      //$_FILES['upfile'] ['type'] [0]第一个文件的类型
        [1] => text/plain     [2] => image/pjpeg          )
     [tmp_name] => Array (     //$_FILES['upfile'] ['tmp_name']所有上传文件的临时文件名
        [0] => C:\WINDOWS\TEMP\php1E5.tmp
        [1] => C:\WINDOWS\TEMP\php1E6.tmp
        [2] => C:\WINDOWS\TEMP\php1E7.tmp      )
      [error] => Array       (
```

```
      [0] => 0          [1] => 0       [2] => 0          )
    [size] => Array         (
      [0] => 7086       [1] => 28884      [2] => 41806          ) ))
```

接下来，根据$_FILES 获取的临时文件的文件名，同样可以用 move_uploaded_file()将临时文件移动到指定目录下，就实现了多文件的上传。

习题

1. 下列有关 GET 和 POST 方法传递信息的说法中，正确的是（　　）。
   A. GET 方法是通过 URL 参数发送 HTTP 请求，传递参数简单，且没有长度限制。
   B. POST 方法是通过表单传递信息，可以提交大量的信息。
   C. 使用 POST 方法传递信息会出现页面参数泄露在地址栏中的情况。
   D. 使用 URL 可以传递多个参数，参数之间需要用“?”连接。
2. 下列（　　）数组不可能用来获取表单元素的值。
   A. $_REQUEST[]　　B. $_POST[]
   C. $_GET[]　　D. $_SERVER[]
3. 下列函数（　　）不是缓冲区操作函数。
   A. ob_flush()　　B. flush()　　C. ob_flush_clean()　　D. ob_end_clean()
4. 下面程序段执行完毕，页面上显示内容是（　　）。

```
<?= htmlspecialchars("<a href='http://www.sohu.cn'>搜狐</a>") ?>
```

   A. 搜狐　　B. <a href='http://www.sohu.cn'>搜狐</a>
   C. 搜狐（超链接）　　D. 该句有错，无法正常输出
5. 关于 Session 和 Cookie 的区别，下列错误的是（　　）。
   A. 服务器会自动为用户建立 Cookie 对象
   B. 用户关闭浏览器，网站为该用户创建的 Session 对象将无法访问
   C. 用户新开一个浏览器窗口，网站为其创建一个新的 Session 对象
   D. 用户关闭计算机，其 Cookie 仍然存在
6. 如果要删除 Cookie，可以使用函数（　　）。
   A. clearcookie()　　B. setcookie()
   C. destroy()　　D. ob_end_flush()
7. 在 PHP 中要使用 Session，必须先调用下列（　　）函数。
   A. ob_start()　　B. session_id()　　C. session_start()　　D. setcookie
8. 有些语句要求只有在服务器还没有向浏览器输出任何信息前才能使用，下列语句中无此要求的是（　　）。
   A. setcookie('userName','');　　B. session_start();
   C. header("location:5-8.php ");　　D. session_unset();
9. 在网站页面之间传递值的方法有（　　）。（多选）
   A. Session 变量　　B. Cookie 变量
   C. 表单变量　　D. URL 变量

10. 如果超链接的地址是 http://ec.hynu.cn/instr.php?abc=3&bcd=test，要获取参数 bcd 的参数值应使用的命令是____________。

11. Session 对象默认情况下有效期是____________分钟。要提前结束一个 Session，可以用__________方法。要返回 Session 对象的 id，可以用__________函数。

12. 在 A 网页上创建了一个 Session 变量：$_SESSION["user"]="张三"，在 B 网页上要输出这个 Session 变量的值，应使用____________。

13. 假设用$_POST['username']能获取到信息，则能判断提交给该页的表单中含有________属性为 username 的表单元素。该表单 form 标记的 method 属性为__________。

14. 如果要修改一个 Cookie 变量的有效期，需使用__________函数。

15. 要获取上传文件的信息，需要使用__________数组，要将上传文件移动到指定位置，需要使用__________函数。

16. 在 PHP 中有哪些常用的超全局变量？简述它们的主要功能。

17. 在 form 标记中，method 和 action 属性的作用分别是什么？

18. 若要在 PHP 中快速获取一组复选框的值，应如何命名这些复选框？

19. 在 PHP 中，设置 URL 参数的方法有哪些？

20. 能否将多个不同的表单页提交给同一个表单处理页？

21. 编写一个简单计算器程序，在表单中添加两个文本框供用户输入数字，下拉框用来选择运算符，当单击“=”按钮后在网页上输出结果，如图 5-22 所示。要求：单击“=”按钮后用户在文本框中输入的数字仍然存在。

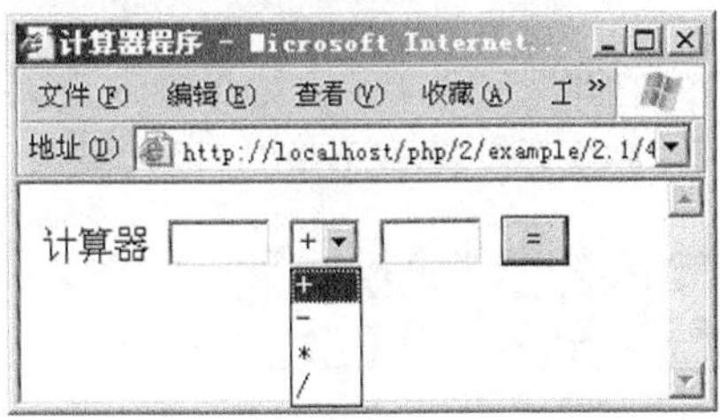

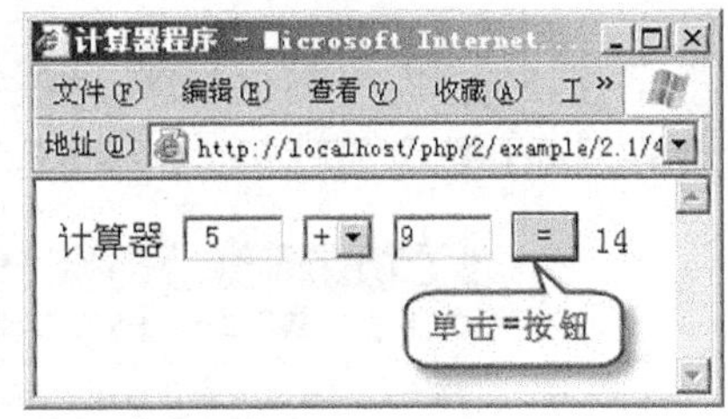

图 5-22 计算器程序效果图

22. 下面的表单会向服务器发送哪几个变量信息？编写服务器端程序获取发送来的所有变量信息并按以下格式输出：××您好，您住在××，您的密码是×××。

```
<form name="abc" method="post" action="g4.php">
  用户名:张三 <input type="radio" name="user"  value="张三">
  李四 <input type="radio" name="user"  value="李四">
  住址:   <select name="addr">
     <option value="长沙">长沙</option>
     <option value="衡阳">衡阳</option>
</select>
  <input type="hidden" name="pwd" id="hi" value="123">
     <input type="submit" value="登录">
</form>
```

23. 下面是一个获取表单提交信息的程序，名称为 rec.php，请写出一个能让它获取数据的表单代码。

```
<?    $name=$_POST["name"];    //获取各个表单元素的值
```

```
        $Sex=$_POST["Sex"];
        $hob=$_POST["hobby"];
        $car=$_POST["career"];
?>
```

24. 编写 PHP 程序产生一个随机数，并让用户在文本框输入数字来猜测该随机数（见图 5-23），用户有 5 次机会，根据用户的猜测结果给予相应提示（提示：将程序在猜测前产生的随机数保存在表单隐藏域中，这样用户每次猜测时该随机数都不会发生变化）。该程序的表单代码如下，请补充 PHP 代码。

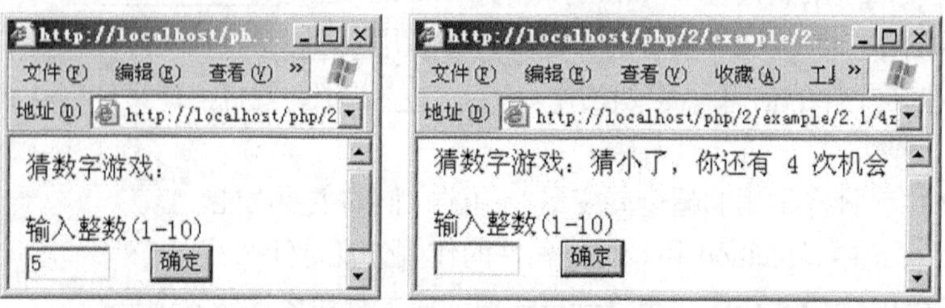

图 5-23　猜数字游戏程序效果图

```
<form method="post" action="">    输入整数(1-10)<br />
    <input type="text" name="SZ" size="6">
    <input name="rand" type="hidden" value="<?= $a ?>" />  <!--保存猜测前产生的随机数-->
    <input name="last" type="hidden" value="<?= $b ?>" />  <!--保存剩余机会次数-->
    <input type="submit" name="sub" value="确定">
</form>
```

25. 编写回答多项选择题的 PHP 程序。程序界面如图 5-24 所示。如果输入正确答案（PHP、ASP、JSP），则在网页上提示“正确”，如果少选了，则提示“回答不全”，否则提示“错误”。

图 5-24　回答多项选择题的程序界面

6

第 6 章　MySQL 数据库

MySQL 是一种比较流行的关系型数据库管理系统软件。与其他数据库管理系统（如 Oracle、DB2、SQL Server）相比，MySQL 具有体积小、速度快、功能齐全，并且完全免费等特点，因此一般中小型 PHP 网站的开发都选择 MySQL 作为网站数据库。

6.1 数据库的基本知识

所谓数据库就是按照一定数据模型组织、存储在一起的，能为多个用户共享的，与应用程序相对独立、相互关联的数据集合。

目前绝大多数数据库采用的数据模型都是关系数据模型，所谓“关系”，简单地说就是表。所以，数据库在逻辑上可以看成一些表格组成的集合。一个数据库通常包含 n 个表格（$n \geqslant 0$）。图 6-1 就是一张学生基本情况表。

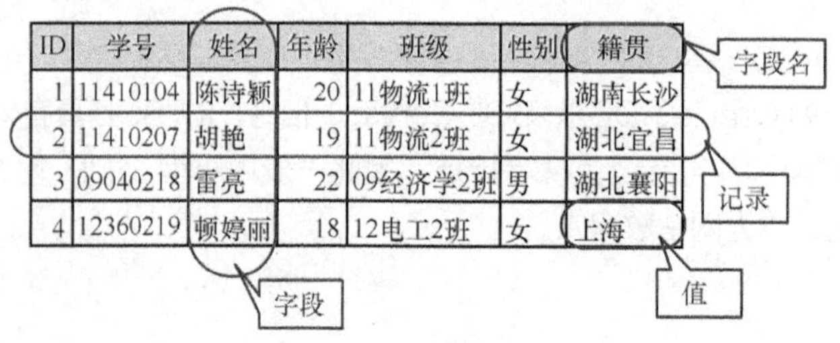

ID	学号	姓名	年龄	班级	性别	籍贯
1	11410104	陈诗颖	20	11物流1班	女	湖南长沙
2	11410207	胡艳	19	11物流2班	女	湖北宜昌
3	09040218	雷亮	22	09经济学2班	男	湖北襄阳
4	12360219	顿婷丽	18	12电工2班	女	上海

图 6-1 学生基本情况表

数据库中的一些基本术语如下。

字段：表中竖的一列叫作一个字段，图中有 7 个字段。字段分为字段名和字段值，“姓名”就是一个字段的字段名，“陈诗颖”是该字段的一个字段值。

记录：表中横的一行叫作一条记录，每条记录可描述一个具体的事物（称为实体）。图中选择了第 2 条记录，也就是“胡艳”的相关信息。

值：纵横交叉的地方叫作值，例如图中第 4 条记录的“籍贯”字段的值为“上海”。

域：值的取值范围称为域，例如性别的取值范围是{男,女}。

表：由横行竖列垂直相交而成。可以分为表头（字段名的集合）和表中数据两部分。表也可看成若干条记录组成的集合，因此在数据表中不允许有两条完全相同的记录。

数据库：用来组织和管理表，一个数据库一般有若干张表，这些表之间可以是相互关联的。数据库不仅提供了存储数据的表，而且还包括视图、索引、存储过程等高级功能。

视图：根据用户的需要，只显示表中部分字段或部分记录（单表查询），或者显示来自多个表中的字段或记录（多表查询）。视图返回给用户的查询结果从形式上看也是一张表，但这张表并没有存放在数据库中，而是在内存中通过关系运算得到的，因此是一张“虚表”。视图又称为查询，是普通用户能看到的数据库。

6.2 MySQL 数据库的使用

6.2.1 使用 phpMyAdmin 管理数据库

MySQL 是一个开源软件，没有提供图形操作界面，所有的操作都必须通过命令来执行。为此，人们开发了 phpMyAdmin，它提供了 MySQL 的图形操作界面。phpMyAdmin 的最大优势在于，它是一个 B/S 结构的软件，用户可将其上传到 Web 服务器的网站目录下，就能管理远程服务器上的 MySQL 数据库了。

1. 创建数据库

在图 1-16 中输入用户名和密码，即可进入 phpMyAdmin 的主界面（见图 6-2），在右侧窗口的“创建一个新的数据库”中可输入待创建的数据库名，如“guestbook”。单击“创建”按钮，就创建了一个名为 guestbook 的空数据库。

提示： 创建 guestbook 数据库后，MySQL 会自动在 D:\AppServ\MySQL\data 目录下创建 guestbook 子目录及相关文件（如 db.opt）。因此，一个 MySQL 数据库对应一个目录，如果要移动一个 MySQL 数据库到另一台机器，只需把该数据库对应的目录复制到另一台机器的\MySQL\data 目录下即可。

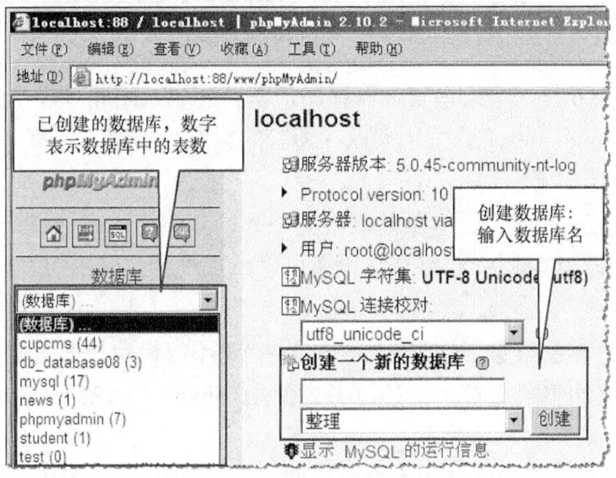

图 6-2　phpMyAdmin 的主界面

2. 新建表

创建数据库后，网页会转到图 6-3 所示的创建表的窗口。在该窗口中输入待创建表的名称，如 lyb，然后再在“Number of fields”后输入表中的字段数，单击“执行”按钮，即创建了一个名为 lyb 的表。此时网页会转到图 6-4 所示的表的设计视图，在这里需要输入每个字段的名称、类型、长度等信息，并定义主键和额外（如自动编号）等。

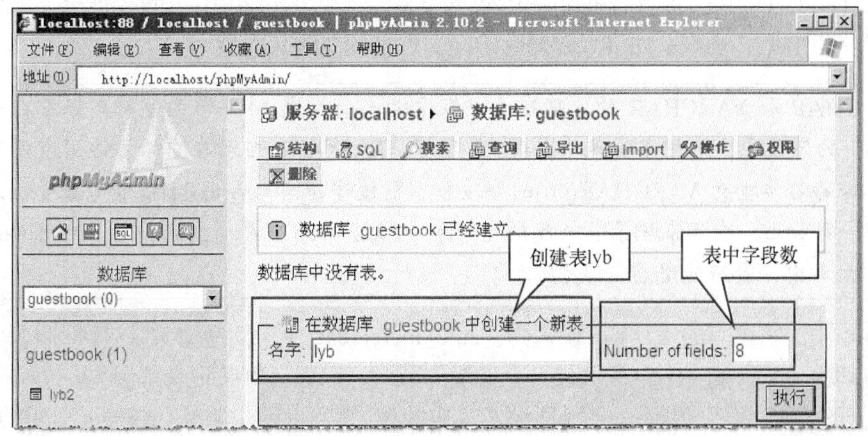

图 6-3　phpMyAdmin 创建表的窗口

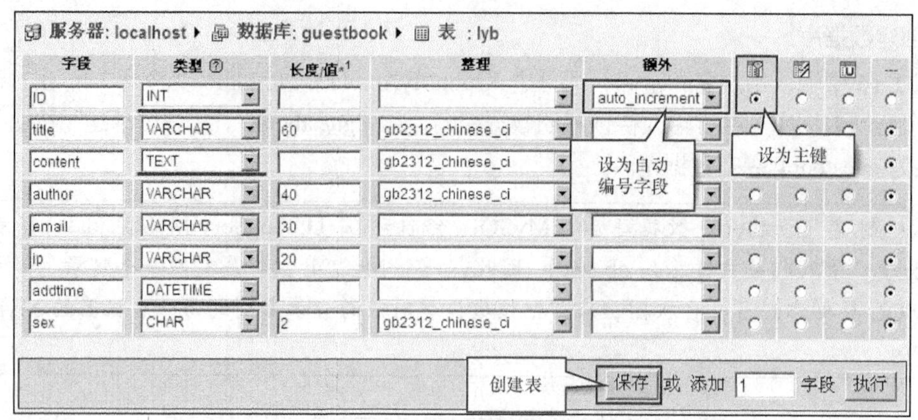

图 6-4　输入表中的字段

由于本节创建的表 lyb 是一个给留言板保存用户留言的表，因此该表中的字段（title、content、author、email、ip、addtime、sex）分别用来保存留言的标题、内容、留言者、留言者的 E-mail、留言者的 IP、留言时间、留言者性别。

图 6-4 中的一行对应一个字段，也就是表中的一列，其中字段名称建议用英文命名，这样方便以后使用 PHP 程序访问表中字段。对每个字段还可以添加注释。MySQL 中，字段的数据类型主要有以下几种。

（1）INT：用于存储标准的整数，该类型数据占 4 字节（不能设定长度），取值范围为−214783648～214783647。如果要存储的整数比较小，还可考虑使用 tinyint（−127～127）和 smallint 数据类型（−32768～32767）。

（2）VARCHAR：是一种可变长度的字符串类型，它可设定长度，其长度范围为 0～255 个字符，用于存储比较短的字符串。

（3）CHAR：是一种固定长度的字符串类型，这种字段占用的空间被固定为创建时所声明的长度。

（4）TEXT：用于存储比较长的字符串，或图像、声音等二进制数据。该类型不能指定长度。TEXT 和 BLOB 类型在分类和比较上存在区别。BLOB 类型区分大小写，而 TEXT 不区分大小写。比指定类型支持的最大范围大的值将被自动截短。

（5）BOOL：即布尔型数据，它只能取 True 和 False 两个值。

（6）DATETIME：用于保存日期/时间的数据类型，该类型不能指定长度。此外，如果只希望保存日期，可使用 DATE 类型；如果只要保存时间，可使用 TIME 类型。

提示：CHAR 和 VARCHAR 的区别在于，假设将一个长为 10 字节的字符串保存在一个类型为 CHAR（40）的字段中，则该字符串将占用 40 字节，MySQL 会自动在它的右边用空格字符补足。而如果将其保存在类型为 VARCHAR(40)的字段中，则该字符串只占用 11 字节（每个值只占用刚好够用的字节，再加上一个用来记录其长度的字节）。可见，要节省存储空间，可以使用 varchar 类型，而从速度方面考虑，最好使用 char 类型。

在图 6-4 中，将留言的 ID 字段设置为“auto_increment”（自动递增），这样每插入一条记录，系统都会自动为该记录的 ID 字段添加一个递增的数值，以保证每条记录都会有一个唯一的编号，在查找或显示留言时可以依据这个编号找到对应的留言。留言的内容（content 字段）必须采用“TEXT”数据类型，以保证它可以容纳很长的文本内容。

最后可以对表设置主键，所谓主键是指能唯一标识某条记录的字段。作为主键的字段必须能满足两个条件：①该字段中的值不能为空；②字段中的值不能有重复的，这样该字段才能唯一标识某条记录。

本例中 ID 是自动递增字段，自然不会有重复，也不会有空值，因此可将其作为主键。设置主键的方法是将该字段右侧表示“主键”的单选按钮选中即可。

3. 修改表的结构

创建了表以后，在图 6-3 的左侧窗口，数据库“guestbook”下面就会显示该数据库中已存在的表，如果要修改表的结构，可以在图 6-3 的左侧窗口中单击该表名，右侧窗口就会出现图 6-5 所示的数据表管理界面，在这里可对数据表的结构进行修改，例如，在表中添加字段、删除字段或编辑字段。

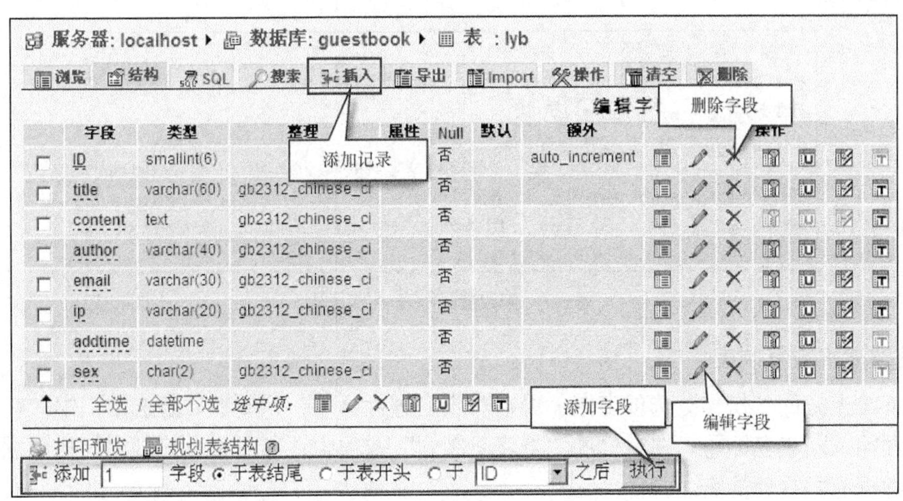

图 6-5　数据表的管理界面

4. 向表中添加记录

在图 6-5 的数据表管理界面中，单击上方的“插入”选项卡，就会出现图 6-6 所示的窗口，在这里可以向表中添加记录（即向表中插入一行），一次最多只能添加两条记录。

服务器: localhost ▸ 数据库: guestbook ▸ 表 : lyb

浏览 结构 SQL 搜索 插入 导出 Import 操作 清空 删除

自动编号字段不要输入值

字段	类型	函数	Null	值
ID	smallint(6)			
title	varchar(60)			祝大家天天开心
content	text			非常感谢大家长期以来的帮助
author	varchar(40)			唐三彩
email	varchar(30)			sanya@qq.com
ip	varchar(20)			59.51.24.37
addtime	datetime			2012-3-3 17:34:21
sex	char(2)			女

以新行插入 and then 后退到上一页

单击“执行”按钮将添加记录　执行　重置

图 6-6　向表中添加记录（插入一行）

说明：

① 在各字段输入值时必须符合字段数据类型及该字段格式的要求，否则无法输入。

② 不要输入自动编号字段的值，因为系统会自动添加，删除某一记录后自动编号字段（ID）的值也不会被新记录占用。

5. 修改或删除记录

如果要修改或删除一条记录，可以单击图 6-5 中的“浏览”选项卡，则页面下方将显示表中所有记录，如图 6-7 所示。在每条记录的左侧均有“编辑”和“删除”按钮，单击按钮即可对该条记录进行编辑或删除。

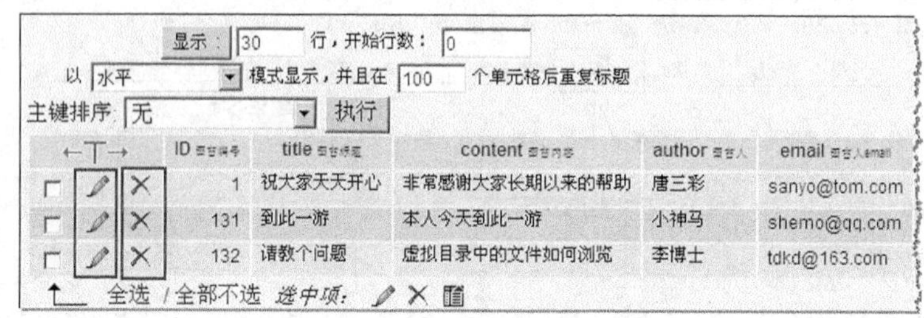

图 6-7　修改或删除表中的记录

6. 修改表名或复制表

在图 6-5 上方的“操作”选项卡中，可以对表名进行修改，只要在“表选项”中，在“将表改名为”后面输入新表名即可。在右侧的“将表复制到”选项中，还可将表复制到其他数据库中，或复制为本数据库中其他的表。

6.2.2 使用 phpMyAdmin 导出/导入数据

1. MySQL 数据库的迁移

有时为了把 PHP 程序迁移到另一台计算机上运行，或上传到服务器上，就需要将 PHP 程序访问的 MySQL 数据库也一起迁移。迁移 MySQL 数据库有以下两种方案。

（1）复制目录的方式：每个 MySQL 数据库对应一个目录，例如，数据库 lyb 对应 D:\AppServ\MySQL\data\lyb 目录，该目录下保存了数据库中的相关数据。如果要移动数据库 lyb 到另一台计算机，只需把该数据库对应的目录复制到另一台计算机的\MySQL\data 目录下即可（复制之前最好先停止 MySQL 服务器）。

（2）导出和导入 SQL 文件的方式：可以将一个数据库（或表）导出成一个 SQL 文件，该 SQL 文件中包含了很多条 SQL 命令，用来创建所有表的结构和插入数据。在另一台计算机上先创建一个空数据库，再将这个 SQL 文件导入空数据库中即可。

2. 使用 phpMyAdmin 导出和导入数据

（1）在 phpMyAdmin 中导出数据库的步骤是：在图 6-3 的左侧单击选择要导出的数据库（或表），然后单击图 6-3 上方的“导出”选项卡，出现“数据库的转存”界面（见图 6-8），选中“另存为文件”，单击“执行”按钮，就会生成并提示下载“*.sql”的文件。

（2）导入数据库的步骤是：首先创建一个空数据库（见图 6-2），然后单击图 6-3 上方的“Import”选项卡，就会出现导入 SQL 文件界面（见图 6-9），选择一个 SQL 文件，然后指定该文件的字符集（若不知道文件的字符集，可以用记事本打开该文件，然后选择菜单命令“文件”→“另存为”，在

“另存为”对话框下方的“编码”中，可以看到它的字符集），单击“执行”按钮，如果提示导入成功，就将数据导入了空数据库中。

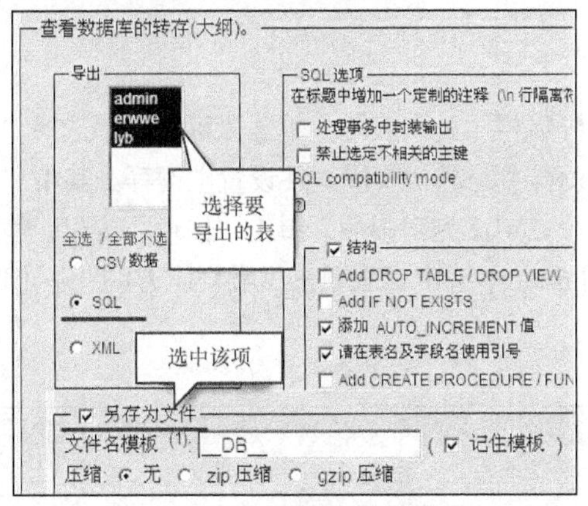

图 6-8　数据库的转存

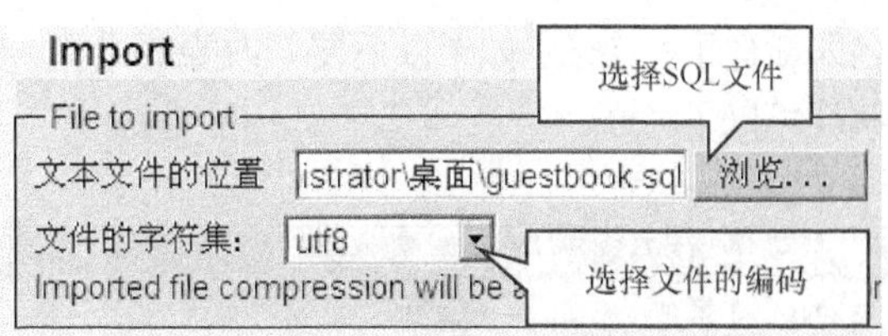

图 6-9　导入 sql 文件

6.2.3　使用 Navicat 管理数据库

Navicat for MySQL 是一个 C/S 结构的 MySQL 数据库管理系统，其功能比 phpMyAdmin 更加强大。Navicat for MySQL 的界面如图 6-10 所示，下面介绍它的使用方法。

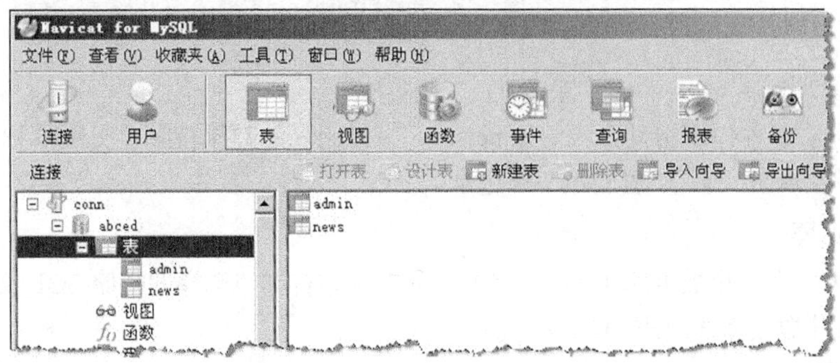

图 6-10　Navicat for MySQL 的界面

1. 连接 MySQL 服务器

Navicat 在使用前，必须先连接数据库服务器，单击图 6-10 工具栏中的“连接”按钮，将弹出“新建连接”对话框（见图 6-11），连接名可任取一个名字，输入正确的用户名和密码即可。连接成功后，在图 6-10 左侧的导航窗口中双击连接图标 conn 就可看到本机上所有的 MySQL 数据库。

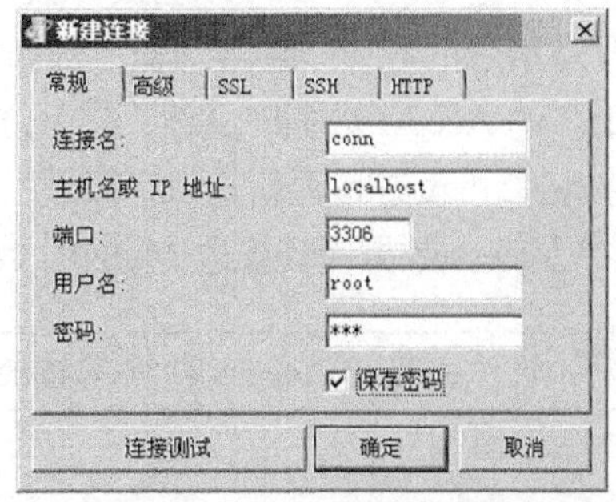

图 6-11　“新建连接”对话框

2. 新建数据库

在图 6-10 的“conn”或数据库图标上单击鼠标右键，选择右键菜单中的“新建数据库”，然后输入数据库名即新建了一个数据库。

3. 新建表

新建数据库后，接下来是新建表。在图 6-10 左侧导航栏中的“表”上单击鼠标右键，选择“新建表”，将弹出新建表窗口（见图 6-12），在这里可定义表中的每个字段，并设置主键等。其中“栏位”表示“字段”，单击“添加栏位”就可添加一个字段。定义完字段后，单击“保存”按钮，输入表名即新建了一个表。如果以后要修改表的结构，在图 6-10 中选中该表单击工具栏下方的“设计表”按钮就可以了。

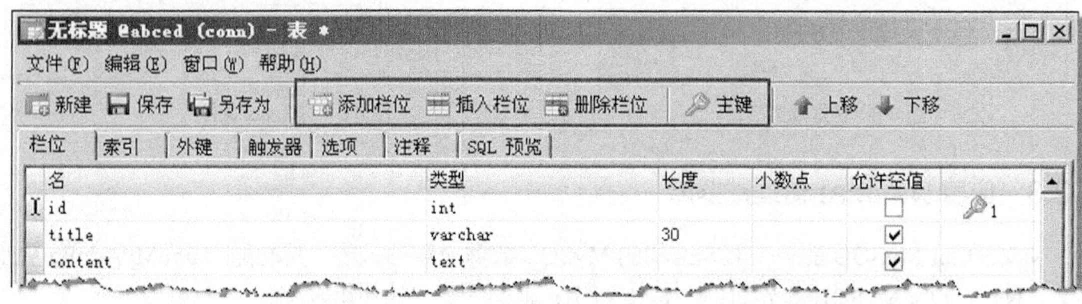

图 6-12 新建表窗口

4. 在表中添加记录

在图 6-10 的右侧窗口双击某个表（如 news），将弹出表的数据视图（见图 6-13）。单击“+”，可插入一条记录；单击“-”，可删除一条记录。

5. 导出数据库

在图 6-10 中，在某个数据库（如 abced）上单击鼠标右键，选择“转储 SQL 文件”，单击“保存”按钮，即可将数据库导出成 SQL 文件。

6. 导入数据库

首先新建一个空数据库，然后在图 6-10 左侧的数据库图标上单击鼠标右键，选择“运行 SQL 文件”，单击“…”，选择一个要导入的 SQL 文件，单击“开始”按钮，则开始执行该 SQL 文件中的代码，如果执行成功，就会将所有表及数据导入该数据库中。

7. 将 Access 数据库转换成 MySQL 数据库

首先新建一个数据库（如 lyb），然后在图 6-10 中双击展开数据库，在“表”上单击鼠标右键，选择“导入向导”，就会弹出图 6-14 所示的导入向导对话框，选择“MS Access 数据库”。在“下一步”中，选择一个扩展名为“.mdb”的 Access 数据库文件，在下方将出现该数据库中所有的表，选中要转换的表，单击“下一步”按钮，可设置是否新建目标表及目标表的名称，均保持默认即可，继续单击“下一步”按钮，即可将 Access 数据库转换成 MySQL 数据库。

提示：使用 Access2MySQL Pro 软件也可将 Access 数据库转换成 MySQL 数据库。

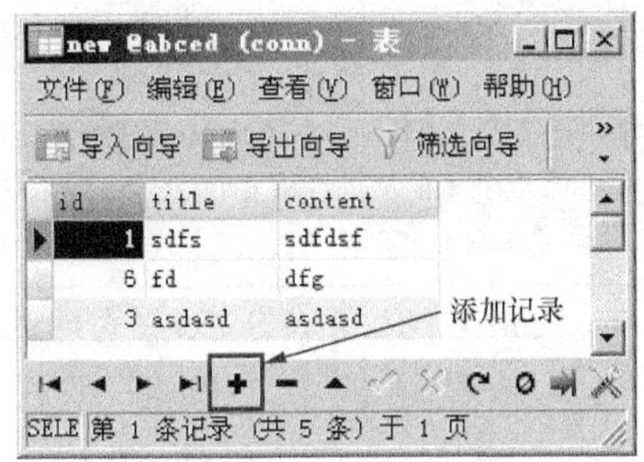

图 6-13　表的数据视图

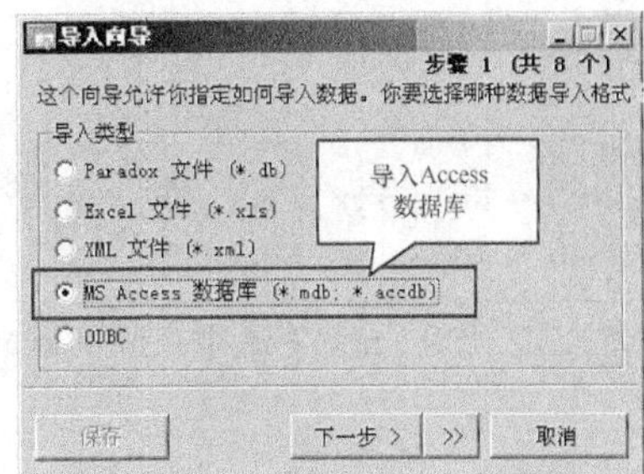

图 6-14　“导入向导”对话框

6.3　SQL 简介

结构化查询语言（Structured Query Language，SQL）是操作各种数据库的通用语言。在 PHP 中，无论访问哪种数据库，都需要使用 SQL。SQL 本身是比较庞大复杂的，但制作普通动态网站只需掌握一些最常用的 SQL 语句就够了。常用的 SQL 语句有以下 5 种。

（1）Select 语句——查询记录，基本形式为 Select…From…。

（2）Insert 语句——添加记录，基本形式为 Insert Into…Values…。

（3）Delete 语句——删除记录，基本形式为 Delete From…[Where] …。

（4）Update 语句——更新记录，基本形式为 Update…Set…。

（5）Create 语句——创建表或数据库，基本形式为 Create table（或 Database）…。

6.3.1　Select 语句

Select 语句用来实现对数据库的查询。简单地说，就是可以从数据库的相关表中查询符合特定条件的记录（行）或字段（列）。语法如下：

```
Select 字段列表 From 表 [Where 条件] [Order By 字段] [Group By 字段] [limit s, n]
```

说明：

① 字段列表：即要显示的字段，可以是表中一个或多个字段名，多个字段之间用逗号隔开。用“*”表示全部字段。

② 表：指要查询的数据表的名称，如果有多个表，则中间用逗号隔开。

③ Where 条件：查询只返回满足这些条件的记录。

④ Order By 字段：表示将查询得到的所有记录按某个字段进行排序。

⑤ Group By 字段：表示按字段对记录进行分组统计。

⑥ limit s, n：表示选取从第 s 条记录开始的 n 条记录，如果省略 s，则表示选取前 n 条记录。如选取前 6 条记录，就是 limit 6。

1. 常用的 Select 语句示例

（1）选取数据表中的全部数据（所有行和所有列）：

```
Select * From lyb
```

（2）选取指定字段的数据（即选取表中的某几列）：

```
Select author, title From lyb
```

（3）选取数据表中最前面几行或中间几行记录：

```
Select * From lyb limit 5          //选取前 5 条记录（limit n 等价于 limit 0, n）
Select * From lyb limit 0, 5       //选取前 5 条记录（记录行号从 0 开始）
Select * From lyb limit 5, 10      //选取第 6～15 条记录
```

说明：MySQL 使用 limit 关键字来限制返回的结果集。limit 只能放置在 Select 语句的最后位置，语法为：

```
limit [首行行号,] 记录条数
```

对于非 MySQL 数据库，要选取表中前 *n* 条记录，必须使用 Select top n 的语法。例如：

```
Select top 5 * From lyb       //选取前 5 条记录，非 MySQL 数据库的写法
```

（4）选取满足条件的记录：

```
Select * From lyb Where ID>5
Select * From lyb Where author='张三'
Select author, title From lyb Where ID Between 2 And 5     //如果条件是连续值
Select * From lyb Where ID in (1, 3, 5)            //如果条件是枚举值
```

由此可见，Select 子句用于从表中选择列（字段），Where 子句用来选择行（记录）。

说明：

（1）在 SQL 语句中用到常量时，字符串常量两边要加单引号（如'张三'），日期和时间两边要加 #，而数值常量可直接书写，不要加任何符号（如 5）。

（2）SQL 语言不区分大小写，但在 PHP 中书写 SQL 语句，字段名是区分大小写的。

2. 选取满足模糊条件的记录

有时经常需要按关键字进行模糊查询，例如：

```
Select * From lyb Where author like '%芬%'    //author 字段中有“芬”字的记录
Select * From lyb Where author like '张%'     //姓名以张开头的人
Select * From lyb Where author like '唐_'     //姓名以唐开头且为单名的人
```

其中，“%”表示与任何 0 个或多个字符匹配，“_”表示与任何单个字符匹配。需要注意的是，如果在 Access 中直接写查询语句，“%”需换成“*”，“_”需换成“?”。

3. 对查询结果进行排序

利用 Order By 子句可以将查询结果按照某种顺序排列出来。例如，下面的语句将按作者名的拼音字母的升序排列。

```
Select * From lyb Order By author ASC
```

下面的语句将把记录按 ID 字段的降序排列。

```
Select * From lyb Order By id DESC
```

如果要按多个字段排序，则字段间用逗号隔开。排序时，首先参考第 1 字段的值，当第 1 字段值相同时，再参考第 2 字段的值，以此类推。例如：

```
Select * From lyb Order By date DESC, author
```

说明：ASC 表示按升序排列，DESC 表示按降序排列。如果省略，默认值为 ASC。

4. 汇总查询

有时需要对全部或多条记录进行统计。例如，对一个学生成绩表来说，可能希望求某门课程所有学生的平均分。又如对学生信息表来说，可能需要求每个专业的学生人数。Select 语句中提供了 Count、Avg、Sum、Max 和 Min 共 5 个聚合函数，分别用来求记录总数、平均值、和、最大值和最小值。

例如，下面的语句将查询表中总共有多少条记录。

```
Select Count(*) From lyb
```

下面的语句将查询所有记录的 ID 值的平均值、总和及最大的 ID 号。

```
Select Avg(id),Sum(id),Max(id) From lyb
```

说明：

① 以上例子返回的查询结果都只有一条记录，即汇总值。

② Count (*)表示对所有记录计数。如果将*换成某个字段名，则只对该字段中非空值的记录计数。

③ 如果在以上例子中加上 Where 子句，将只返回符合条件的记录的汇总值。

聚合函数还可以与 group by 子句结合使用，以便实现分类统计。例如，要统计每个系的男生人数和女生人数的 Select 语句如下：

```
Select 系名, sex, count(*) From students Group By 系名, sex
```

注意：使用 Group By 子句时，Select 子句中只能含有 Group By 中出现过的字段名。

5. 多表查询

如果要查询的内容来自多个表，就需要对多个表进行连接后再进行查询。

例如，某购物网站的数据库中含有 2 个表：商品表（goods）和购物车表（cart）。商品表中包含了商品 id、商品名、商品图片、型号、单价、商品描述等字段。购物车表中包含了用户 id、商品 id、商品数量等字段。两个表的结构如下：

```
商品表: goods ( spID, Name, Picture, Type, Price, descrpt)
购物车表: cart ( UserID , spID , Number )
```

但一般的购物车网页中，往往还需要将商品的图片、名称、单价等信息显示出来，如图 6-15 所示，以便顾客能清楚地看到购物车中的各种商品。但购物车表中只保存了商品 id（spID），并没有保存商品的其他属性。为此，可以通过商品 id 字段（两个表中共有的字段），将购物车表和商品表连接起来，就能查询到商品名称、图片、单价、用户 id 和数量等存储在两个表中的信息了。Select 语句如下：

```
Select Name, Picture, Price, Number, Number*Price from goods, cart where goods.spID=
cart.spID and cart.userID= 'tangsix'
```

说明：

① 在多表查询中，如果若干个表中都有同一个字段名，则字段名必须写成“表名.字段名”，以指定该字段是某个表的，如 cart.spID 表示 cart 表的 spID 字段。

② 上述查询的 where 子句中的 goods.spID= cart.spID 表示将两个表通过 spID 进行连接，如果是多表查询，这样的连接条件一定不能省略。

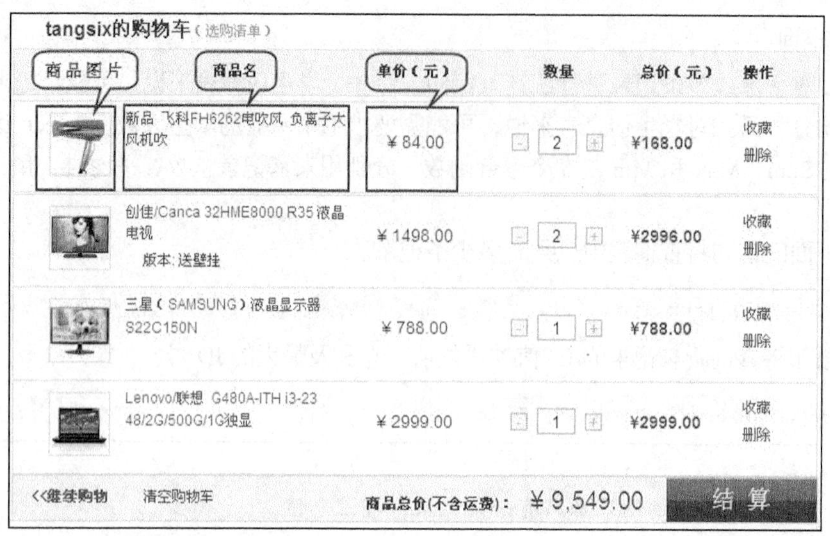

图 6-15 一个顾客购物车网页

6. 其他查询

（1）使用 Distinct 关键字可以去掉重复的记录，如：

```
Select Distinct author From lyb       //多条记录中有相同的作者名则只显示一条
```

（2）使用 As 关键字可以为字段名指定别名，如：

```
Select author As 作者, title As 标题 From lyb    //将字段名 author 显示为作者
```

6.3.2 添加、删除、更新记录的语句

1. Insert 语句

在动态网站程序中，经常需要向数据库中插入记录。例如，用户发表一条留言，就需要将这条留言作为一条新的记录插入表 lyb 中。使用 Insert 语句可以实现该功能，语法如下：

```
Insert Into 表 (字段 1, 字段 2, …) Values (字段 1 的值, 字段 2 的值, …)
```

说明：

① 利用 Insert 语句可以给表中部分或全部字段赋值。Values 括号中的字段值的顺序必须和前面括号中的字段一一对应。各字段之间、字段值之间用逗号隔开。

② 在插入记录时要注意字段的数据类型，若为字符串类型，则该字段值的两边要加单引号；若为日期/时间型也应在值两边加单引号，若为布尔型，则值应为 True 或 False；自动递增字段不需要插入值。

③ 可以只给部分字段赋值，但主键字段必须赋值，不能为空且不能重复。

下面是一些插入记录的例子：

```
Insert Into lyb (author ) Values('芬芬')
Insert Into lyb (author, title, `date`) Values ('芬芬','大家好！', '2015-12-12')
```

说明：由于 date 是 SQL 语言中的一个关键字，如果表中的字段名与 SQL 中的关键字相同时，就必须把该字段名写在反引号内，如`date`，否则 SQL 语句会出错。因此有时在执行 Insert 语句出现不明原因的错误时，不妨把所有字段名都写在反引号内。

2. Insert…Select…语句

有时可能需要将一个表中的数据复制到另一个表中。此时可以使用表复制语句：Insert…Select…。它的语法为：

```
Insert Into Table2(field1,field2,…) Select value1,value2,… from Table1
```

这样就可将表 1 中的数据复制到表 2 中，并且还可以改变复制表中的字段名称。但要求作为目标表的表 2 必须存在。

3. Delete 语句

使用 Delete 语句可以一次性删除表中的一条或多条记录。语法如下：

```
Delete From 表 [Where 条件]
```

说明：“Where 条件”与 Select 语句中的 Where 子句作用是一样的，都用来筛选记录。在 Delete 语句中，凡是符合条件的记录都会被删除，如果没有符合条件的记录则不删除，如果省略 Where 子句，则会将表中所有的记录全部删除。

下面是一些删除记录的例子：

```
Delete From lyb Where id =17
Delete From lyb Where author='芬芬'
Delete From lyb Where date<'2010-9-1'
```

提示：Delete 语句以删除一整条记录为单位，它不能删除记录中某个或多个字段的值，因此 Delete 与 From 之间没有*或字段名。如果要删除某些字段的值，可以用下面的 Update 语句将这些字段的值设置为空。

4. Update 语句

Update 语句用来修改表中符合条件的记录。语法如下：

```
Update 表 Set 字段 1=字段值 1，字段 2=字段值 2，… [Where 条件]
```

说明：Update 语句可以更新全部或部分记录。其中“Where”条件是用来指定更新数据的范围，其用法同 Delete 语句。凡是符合条件的记录都会被更新，如果省略条件，则将更新表中所有的记录。

下面是一些常见的例子：

```
Update lyb Set email='fengf@163.com' Where author='芬芬'
Update lyb Set title='此留言已被删除', content=Null Where id=16
```

修改记录时，也可以先删除再添加记录。不过，这样实际上是添加了一条记录，记录的自动递增值会改变，而有时是需要通过自动递增值来查找记录的，而且先删除再添加记录需要执行两条 SQL 语句，有时可能会发生第 1 条语句执行成功，第 2 条语句执行失败的情况，从而对数据产生破坏。

6.3.3 SQL 字符串中含有变量的书写方法

（1）在 PHP 中，如果要执行 SQL 语句，通常将 SQL 语句写在一个字符串中。例如，对于下面的 SQL 语句：

```
Select * From link Where name='搜狐'
```

如果要把它写成字符串的形式，则形式如下（因为字符串常量要写在引号中）：

```
$str="Select * From link Where name='搜狐'";
```

这样就能从 link 表中查询到网站名 name 是“搜狐”的记录信息。但实际查询时，查询条件（如此处的“搜狐”）通常是从表单中获取的，如$webName=$_POST['webname']。这样，查询条件就保存到字符串变量$webName 中了。

对于单引号字符串常量来说，由于字符串变量不能写在字符串常量中，必须用连接符（.）和字符串常量连接在一起，因此，上面的语句要改为：

```
$str="Select * From link Where name='". $webName ."'";
```

在这条语句等号右边的表达式中，实际包括如下 3 部分内容，即两个字符串常量和一个字符串变量，它们之间用连接符“.”连接在一起：

第 1 部分，字符串常量："Select * From link Where name='"。

第 2 部分，字符串变量：$webName。

第 3 部分，字符串常量："'"。

这几部分容易引起读者困惑的是，为什么第 1 部分和第 3 部分中既有单引号又有双引号呢？其实，两边的双引号就是表示中间的内容是一个字符串常量。其中的单引号（'）和别的字符（如 abcd）一样，只是这个字符串常量的内容而已。同样，对于第 3 部分来说，两边的双引号表示这是一个字符串常量，中间的单引号就是它的内容。

而 PHP 提供了双引号字符串，这种字符串中可包含变量，因此，上面的语句又可写为：

```
$str="Select * From link Where name=' $webName '"
```

（2）如果 SQL 语句中的常量是数值型，就不要用单引号（'）引起来。例如：

```
Select * From link Where ID=5
```

把它写成 SQL 字符串就是：

```
$str="Select * From link Where ID=5";
```

如果变量$linkid=5，则将语句中的数值 5 替换成数值变量$linkid 后的字符串如下：

```
$str="Select * From link Where ID=". $linkid;
```

可见它由两部分组成，即前面的"Select * From link Where ID="是字符串常量，后面的 linkid 是字符串变量，它们之间用连接符“.”连接起来。

（3）SQL 语句中含有多个变量的情况

在 SQL 语句（尤其是 Insert 语句）中，经常会碰到一条 SQL 语句中有多个变量的情况，对于下面的 Insert 语句：

```
Insert Into lyb (author, title) Values ('芬芬','大家好！')
```

把它写成 SQL 字符串就是：

```
$str="Insert Into lyb (author, title) Values ('芬芬','大家好！') ";
```

如果变量$user='芬芬'，$tit='大家好！'，则可将该 SQL 字符串改写为：

```
$str="Insert Into lyb (author, title) Values ('" . $user . "','". $tit . "')";
```

可见它由五部分组成，分别是字符串常量"Insert Into lyb (author, title) Values ('"、字符串变量$user、字符串常量"','"、字符串变量$tit 和字符串常量"')"通过 4 个“.”连接起来。

习题

1. MySQL 中使用 Select 语句查询时，要设置返回的行数可使用__________子句。

2. 作为主键的 ID 字段应在“额外”中设置为_______，新闻标题字段一般应设置为________类型，新闻内容字段应设置为__________类型。

3. __________语句可以向已存在的表中添加记录。

4. 在 MySQL 数据库中，varchar 和 char 两种数据类型有何区别?

5. 假设表 users 的结构如下，请写出“查询发帖数最多的 10 个人名字”的 SQL 语句。

```
users(id, username, posts, pass, email)
```

7 第 7 章　PHP 访问数据库

动态网站、Web 应用程序通常需要数据库的支持。将网站数据库化，就是使用数据库来管理整个网站。这样只需更新网站数据库的内容，网站页面内容就会自动更新。网站数据库化的好处如下。

（1）可以自动更新网页。采用数据库管理，只要更新数据库的数据，网页内容就会自动得到更新，过期的网页也可以自动不显示。

（2）加强搜索功能。将网站的内容存储在数据库中，可以利用数据库提供的强大搜索功能，从多个方面搜索网站内的信息。

（3）可以实现各种基于 Web 数据库的应用。用户只要使用浏览器，就可以通过网络，查询或存取位于 Web 服务器数据库中的数据，实现 Internet 上的各种应用功能，例如，个人博客、网上购物、网上订票、网上话费查询、银行余额查询、股市买卖交易、在线注册选课，以及网上择友等。

因此，很多人认为动态网站就是使用了数据库技术的网站，虽然这种说法不准确，但足以说明数据库在动态网站中的重要作用。

7.1　访问 MySQL 数据库

PHP 之所以最适合与 MySQL 数据库搭配使用，主要原因是 PHP 提供了很多操作 MySQL 数据库的内置函数，这些函数可方便地实现访问和操纵 MySQL 数据库的各种需要。PHP 访问 MySQL 数据库有 3 种方式：①使用 MySQL 内置函数；②使用 mysqli 扩展函数；③使用 PDO 数据接口层。

用 PHP 访问 MySQL 数据库的一般步骤如下（见图 7-1）。

（1）连接数据库服务器并选择数据库，这样 PHP 程序就与数据库建立了连接。

（2）创建结果集。即通过执行查询语句将数据表中符合条件的行读取到服务器内存中，此时内存中保存了查询得到的“虚表”，就称为结果集。这样，PHP 就获得了访问表中数据的能力。

（3）绑定数据到页面。即输出结果集中某条记录中一个或多个字段的值到页面上。PHP 通常是将一条记录存储到一个数组中，再通过输出字段对应的数组元素实现的。

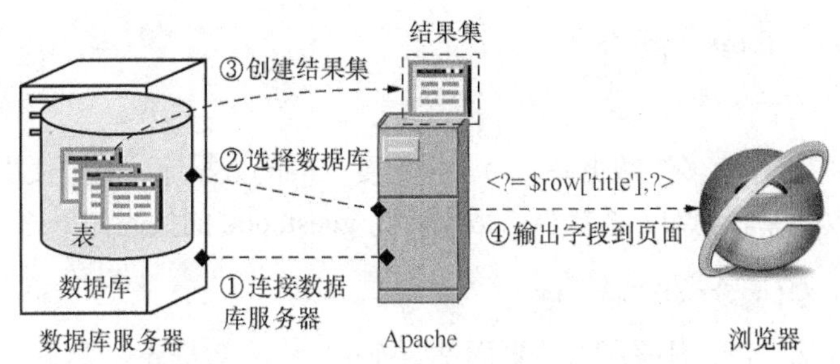

图 7-1　PHP 访问 MySQL 数据库的一般步骤

通过以上 3 步，网页上就可以显示数据库表中的数据了，如图 7-2 所示。

ID	title	content	author	email
2	祝大家开心	非常感谢大家的帮	胡积分	xta@tom
4	请教个问题	虚拟目录中的文件	唐三彩	renw@q
5	这是测试留言	学习ASP程序设计	王承芬	tang@1
6	第五条留言	在古巴比伦的大草	喻志	yuxh@s

MySQL数据库中的表

$row['title'];

文件(F)　编辑(E)　查看

地址(D)　http://localhost/p

祝大家开心

网页

图 7-2　使用浏览器显示数据库中的数据

PHP 访问 MySQL 数据库的具体步骤是：①建立与 MySQL 服务器的连接；②设置字符集；③选择要操作的数据库；④创建结果集；⑤将结果集中的记录读入数组中；⑥在网页上输出数组元素的值。

7.1.1　连接 MySQL 数据库

1. 连接 MySQL 服务器

进行 MySQL 数据库操作之前，首先要与 MySQL 服务器建立连接。PHP 中连接 MySQL 服务器的函数是 mysql_connect()。该函数语法如下：

```
resource mysql_connect(string hostname, string username, string password)
```

函数功能是：通过 PHP 程序连接 MySQL 数据库服务器，如果连接成功，则返回一个 MySQL 服务器连接标识（link_identifier），否则返回 false。例如：

```
$conn=mysql_connect("localhost","root","111");
```

表示连接主机名为 localhost 的数据库服务器，其用户名为 root，密码是 111。

提示：连接 MySQL 服务器的过程需要耗费大量的服务器资源，为了提高系统性能及资源利用率，如果在同一个脚本中多次连接同一个 MySQL 服务器，PHP 将不会创建多个 MySQL 服务器连接，而是使用同一个 MySQL 服务器连接。

2. 设置数据库字符集

PHP 与 MySQL 进行信息交互之前，为了防止中文乱码，必须用 mysql_query()方法将数据库字符集设置为与网页相同的字符集，例如，网页的字符集是 gb2312，就必须将数据库的字符集也设置为 gb2312。设置字符集的代码如下：

```
mysql_query("set names 'gb2312'");
```

3. 选择数据库

MySQL 服务器中可以有多个数据库，为了指定要访问的数据库，需要使用 mysql_select_db()方法设置当前操作的数据库。例如，选择当前数据库为 guestbook 的代码如下：

```
mysql_select_db("guestbook",$conn);
```

对于一个动态网站来说，几乎所有的页面都要连接同一个数据库。为此，可将连接数据库的代码单独写在一个文件中（该文件一般命名为 conn.php），在需要连接数据库的网页中使用 require 或 include 命令包含它即可。代码如下：

--------------------清单 7-1 conn.php--

```
<?
$conn=mysql_connect("localhost","root","111");        //连接数据库服务器
mysql_query("set names 'gb2312'");                    //设置字符集
mysql_select_db("guestbook",$conn);                   //选择数据库
?>
```

7.1.2 创建结果集并输出记录

连接了数据库以后，PHP 程序只是和指定的数据库建立了连接，但数据库中通常有多个表，数据库中的数据都是存储在表中的。为了在页面上显示数据，必须读取指定的表（全部或部分数据）到内存中来，这称为创建结果集（result）。结果集可以看成内存中的一个虚表，由若干行或若干列组成。结果集带有一个记录指针，在刚打开结果集时，指针指向结果集中第 1 条记录（若结果集不为空），如图 7-3 所示。

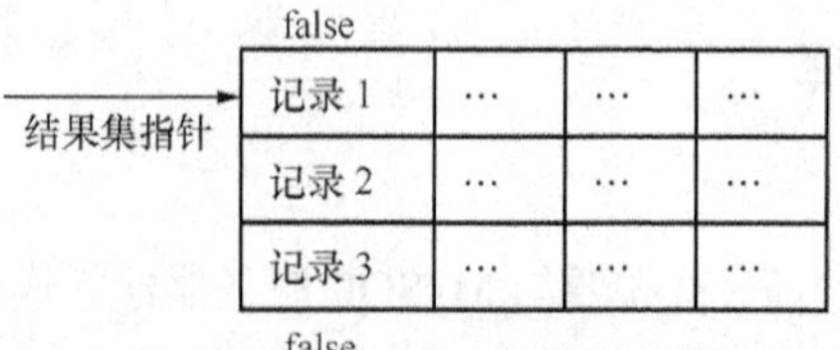

图 7-3 结果集示意图

使用 mysql_query()方法可以向 MySQL 服务器发送一条 Select 语句，此时该函数将返回一个结果集（result）。代码如下：

```
$result=mysql_query("Select * from lyb",$conn);          //创建结果集
```

1. 在页面上输出整条记录

结果集相当于内存中的一个表。可以使用 mysql_fetch_assoc()等函数读取结果集中的一行到数组中。mysql_fetch_assoc()函数的参数是一个结果集，返回值是一个数组，该数组中保存了结果集指针当前指向的行。如果结果集指针没有指向行，则返回 false。

然后就可以输出数组元素到网页中，网页上可显示数据表中的一条记录。代码如下：

```
$row=mysql_fetch_assoc($result);          //取出结果集中当前指针指向的行并保存到数组
echo $row['title'].' '.$row['author'].' '. $row['email'];     //输出数组元素
```

输出结果为：

```
祝大家开心 唐三彩 sanyo@tom.com
```

其中，$row=mysql_fetch_assoc($result)的作用是将结果集指针当前指向的记录保存到数组$row中，然后将结果集指针下移一条记录，如图 7-4 所示。

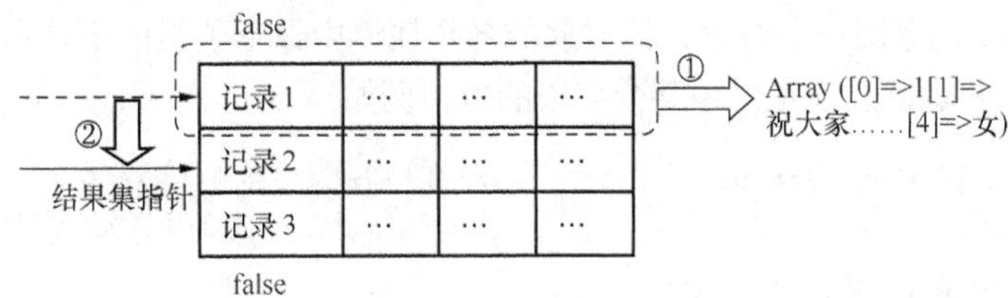

图 7-4　mysql_fetch_*函数的功能

实际上，PHP 提供了 4 个形如 mysql_fetch_*()的函数，都可以读取结果集中的当前记录到数组中，并将结果集指针移动到下一条记录。这 4 个函数具体如下。

① mysql_fetch_row()：将当前记录保存到一个索引数组中。

② mysql_fetch_assoc()：将当前记录保存到一个关联数组中。

③ mysql_fetch_array()：将当前记录保存到一个含有索引和关联的混合数组中。

④ mysql_fetch_object()：将当前记录保存到一个对象中。

前 3 个函数的区别仅在于保存记录的数组不同。例如，假设已创建了一个结果集$result，则可以分别用这 3 个函数读取结果集中当前记录到数组中，再打印出数组。示例如下。

（1）输出 mysql_fetch_row()保存记录的数组

```
$row=mysql_fetch_row($result);
print_r($row);
```

输出结果为：

```
Array ( [0] => 1 [1] => 祝大家开心 [2] => 非常感谢大家的帮助 [3] => 唐三彩 [4] => sanyo@tom.com [5] =>
59.51.24.37 [6] => 2012-03-20 00:00:00 [7] => 女 )
```

（2）输出 mysql_fetch_ assoc()保存记录的数组

```
$row=mysql_fetch_assoc($result);
print_r($row);
```

输出结果为：

```
Array ( [ID] => 1 [title] => 祝大家开心 [content] => 非常感谢大家的帮助 [author] => 唐三彩 [email] => sanyo@tom.com [ip] => 59.51.24.37 [date] => 2012-03-20 00:00:00 [sex] => 女 )
```

（3）输出 mysql_fetch_ array()保存记录的数组

```
$row=mysql_fetch_array($result);
print_r($row);
```

输出结果为：

```
Array ( [0] => 1 [ID] => 1 [1] => 祝大家开心 [title] => 祝大家开心 [2] => 非常感谢大家的帮助[content] => 非常感谢大家的帮助 [3] => 唐三彩 [author] => 唐三彩 [4] => sanyo@tom.com [email] => sanyo@tom.com [5] => 59.51.24.37 [ip] => 59.51.24.37 [6] => 2012-03-20 00:00:00 [date] => 2012-03-20 00:00:00 [7] => 女 [sex] => 女 )
```

可见，mysql_fetch_row()返回的数组索引是数字，mysql_fetch_ assoc()的数组索引是字符串（表的字段名），而 mysql_fetch_array()的数组内容实际上是上面两个函数数组的合集，它同时保存了两种数组元素。

由于在实际开发中一般不知道要输出字段的序号，但知道字段的字段名，因此 mysql_fetch_assoc()比 mysql_fetch_row()更常用。而 mysql_fetch_array()由于生成的数组元素太多，占用内存资源，建议少用。

（4）输出 mysql_fetch_object()保存的记录

mysql_fetch_object()返回一个对象，该对象的各个属性中保存了当前记录中各个字段的值。通过"对象->字段名"可返回当前记录中某个字段的值。例如：

```
$row=mysql_fetch_object($result);          //将当前记录保存到对象$row 中
echo $row->title;                          //输出 title 字段的值，如"祝大家开心"
```

2. 在页面上输出单个字段

创建了结果集后，使用 mysql_result()函数可以返回结果集指针当前指向记录的某个字段值。该函数语法为：mysql_result(result, row, field)，其中，result 为一个结果集资源，row 用来指定行号（行号从 0 开始），field 是字段名或字段序号。例如：

```
echo mysql_result($result,1,'author');        //输出"小神马"
```

就可以输出结果集中第 2 条记录的 author 字段的值。输出之后，mysql_result()函数也会将结果集指针移动到下一条记录。

3. 通过循环输出所有记录

如果要输出结果集中的所有记录，可以将 mysql_fetch_assoc()放在循环语句中执行，这样第 1 次循环时将取出第 1 条记录到数组中，然后结果集指针下移一条记录。第 2 次循环时将取出指针指向的第 2 条记录，结果集指针又下移一条记录。如此循环，直到结果集指针指向了结果集的末尾（最后一条记录之后）才停止循环。但是这样只能输出每条记录的内容（每个字段值）。如果要以表格的形式输出结果集，则必须用 HTML 标记定义表格，再将结果集中的字段值输出到每个单元格<td>中。

下面是一个将表 lyb 中数据显示在页面上的完整程序，其运行结果如图 7-5 所示。

--------------------清单 7-2.php 显示数据库中的记录-----------------

```
<?            /*连接数据库*/
$conn=mysql_connect("localhost","root","111");              //连接数据库服务器
mysql_query("set names 'gb2312'");                          //设置字符集
mysql_select_db("guestbook",$conn);                         //选择数据库
$result=mysql_query("Select * from lyb",$conn);             //创建结果集
```

```
?>
<!------------------------在页面上显示数据库中的记录-------------------->
<table border="1" width="95%">
  <tr bgcolor="#e0e0e0">
    <th>标题</th> <th width="100">内容</th> <th width="60">作者</th>
    <th>email</th> <th width="80">来自</th></tr>
   <?     //循环输出记录到页面上
    while($row=mysql_fetch_assoc($result)){   ?>
  <tr><td ><?= $row['title']?></td> <td><?= $row['content']?></td>
    <td><?= $row['author']?></td> <td><?= $row['email']?></td>
    <td><?= $row['ip']?></td></tr>
  <? } ?>
</table>
```

标题	内容	作者	email	来自
祝大家开心	非常感谢大家的帮助	唐三彩	sanyo@tom.com	59.51.24.37
请教个问题	虚拟目录中的文件如何预览	唐三彩	renw@qq.com	127.0.0.1
这是测试留言	学习ASP程序设计的过程真是其乐无穷	王承芬	tang@163.COM	192.168.0.1
第五条留言	在古巴比伦的大草原上	喻志	yuxh@sohu.com	127.0.0.1

图 7-5　程序 7-2.php 的运行结果

说明：

① 本程序分为 3 部分：第 1 部分是连接数据库服务器和选择数据库；第 2 部分是利用 mysql_query()方法创建结果集；第 3 部分是用 while 循环读取结果集中的所有记录。

② 刚打开结果集时，指针指向第 1 条记录，执行 mysql_fetch_assoc($result)方法会先将这条记录赋给数组$row，然后使指针移到下 1 条记录，这样第 2 次循环时将输出第 2 条记录。当指针移动到最后一条记录之后时，该方法将返回 false，这样$row 的值也变成 false，循环将不再继续。

想一想：

```
<? while($row=mysql_fetch_assoc($result)){  ?>
```

能否改为：

```
<? while(mysql_fetch_assoc($result)){ $row=mysql_fetch_assoc($result);    ?>
```

③ 由于每次循环显示一条记录，而每条记录显示在一行中，因此 while 循环的循环体是一对<tr>…</tr>标记。

④ 字段名是区分大小写的。假如将$row['title']写成$row['Title']，则该字段值无法输出。

提示：从该程序可以看出，PHP 程序无法用一条语句将结果集（整个表）按原样输出，而只能利用循环将结果集中记录一条一条地输出。

4. 输出指定的 *n* 条记录

如果不想输出所有记录，只想输出结果集中的前 *n* 条记录，那么至少有两种方法，第 1 种是使用 for 循环，限定循环次数为 *n*；第 2 种方法是修改 SQL 语句为 Select * from lyb limit n，这样结果集中就只有 *n* 条记录。推荐用第 2 种方法，因为第 1 种方法虽然只在页面上输出 *n* 条记录，但实际上已经把所有的记录都读取到了结果集中，占用了内存。

5. **返回记录总数** mysql_num_rows()

该函数可以返回结果集中的记录总数，其参数是一个结果集资源。例如：

```
<p>共有<?= mysql_num_rows($result) ?>条记录</p>
```

6. mysql_db_query()**函数**

mysql_db_query()函数可以同时选择数据库和创建结果集。它相当于把 mysql_select_db 和 mysql_query 两个函数的功能集成到了一起。例如：

```
mysql_select_db("guestbook",$conn);                       //选择数据库
$result=mysql_query("Select * from lyb",$conn);           //创建结果集
```

可以用 mysql_db_query()改写为：

```
$result=mysql_db_query('guestbook',"Select * from lyb",$conn);
```

7. **释放结果集** mysql_free_result()

结果集包含的记录会占用服务器内存，虽然在程序代码执行结束后会自动释放结果集占用的内存，但建议在适当时候可以使用 mysql_free_result()释放内存，例如：

```
mysql_free_result($result);
```

8. **关闭数据库连接** mysql_close()

使用 mysql_close()函数可以关闭使用 mysql_connect()函数建立的连接。例如：

```
mysql_close($conn);
```

7.1.3 使用 mysql_query()增、删、改记录

除了将数据表中的数据显示在页面上以外，有时还希望通过网页对数据库执行添加、删除或修改操作。例如，在网页上发表留言就是向数据表中添加一条记录。

1. **利用 Insert 语句添加记录**

利用 SQL 语言的 Insert 语句可以执行添加记录操作，而使用 mysql_query 方法实际上可以执行任何 SQL 语句，因此利用该方法执行一条 Insert 语句，就可以向数据表中添加一条记录。示例代码如下：

--------------------清单 7-3.php 添加记录---------------

```
<?   require('conn.php');
mysql_query( "Insert Into lyb ( title, content, author, email,`date`) Values ('大家好', 'PHP 学习园地', '小浣熊', 'sdf@sd.com','2012-3-3')") or die('执行失败');
echo '新增记录的 id 是'.mysql_insert_id();        //可选，输出新记录的 id
?>
```

说明：

① 本程序分为两部分，第 1 部分是连接数据库，由于连接数据库的代码已写在 conn.php 文件中，因此在这里直接利用 require 函数调用该文件。第 2 部分是利用 mysql_query 方法添加记录。

② mysql_query 只有在执行查询语句时才会返回结果集，在添加记录时不会返回结果集，因此在 mysql_query 前不必写“$result=”，如果写了，则$result 的值为 false。

③ 用 Insert 语句一次只能添加一条记录，如果要添加多条，可以逐条添加或用循环语句。
④ mysql_insert_id()函数可以返回上一步 Insert 查询中新增记录的自动递增字段的值。
⑤ die(msg)函数的功能是输出一条消息 msg，并退出当前脚本，等价于 exit()函数。

2. 利用 Delete 语句删除记录

当管理员希望删除某些留言时，就需要在数据库中删除记录，可以利用 mysql_query 方法执行一条 Delete 语句来删除记录。下面是一个例子。

--------------------清单 7-4.php 删除表中的记录----------------

```
<?   require('conn.php');
mysql_query( " Delete from lyb Where ID in(158,162,163,169)") or die('执行失败');
?>
本次操作共有<?= mysql_affected_rows() ?>条记录被删除!
```

mysql_affected_rows()可返回此次操作所影响的记录行数。如果这次有 4 条记录被删除，那么影响的行数就是 4，该函数将返回 4。

提示：使用 mysql_query 方法执行 Insert、Delete、Update 语句，都可以用 mysql_affected_rows()函数返回受影响的记录行数，但如果执行 Delete 语句时没有指定 Where 子句（此时所有记录都将被删除），则 mysql_affected_rows()会返回 0，而不是实际被删除的记录数。

3. 利用 Update 语句更新记录

当需要修改某条留言时，就需要用 mysql_query 方法执行 Update 语句更新记录。例如：

--------------------清单 7-5.php 更新表中的记录----------------

```
<?   require('conn.php');
mysql_query("Update lyb Set email='rong@163.com', author='蓉蓉' Where ID>133 and ID<143")
or die('执行失败');
?>
```

这样将修改符合条件的记录。Update 语句常用来记录新闻页面的单击次数，假设单击次数记录在 hits 字段中，只要在显示某条新闻的页面的适当位置加入如下这条语句就可以了。

```
mysql_query("Update news Set hits=hits+1 Where id= '".$_GET['id']."'");
```

这样每打开一次这个新闻页面，都会执行这条 SQL 语句，使单击次数（hits 字段）加 1。

7.2　添加、删除、修改记录的综合实例

下面是一个综合实例，它能够对数据表中的数据进行添加、删除和修改操作。该程序包括数据记录管理主界面，添加记录模块、删除记录模块和修改记录模块。

7.2.1　管理记录主页面的设计

下面对 7-2.php 稍作修改，使其在显示记录的基础上增加添加、删除和修改记录的链接，分别链接到添加、删除和修改记录的 PHP 文件上。将这个网页作为管理留言的首页，命名为 7-6.php，程序代码如下，运行效果如图 7-6 所示。

-------------------清单 7-6.php 管理记录的主页面-----------------

```
<?   require('conn.php');          //连接数据库
$result=mysql_query("Select * from lyb",$conn);          //创建结果集
?>
<a href="addform.php">添加记录</a>
<table border="1" width="95%">
  <tr bgcolor="#e0e0e0">
     <th>标题</th><th>内容</th><th>作者</th><th>email</th>
     <th>来自</th><th>删除</th><th>更新</th> </tr>
  <? while($row=mysql_fetch_assoc($result)){          //显示结果集中记录
?>
  <tr><td ><?= $row['ID'] ?></td> <td><?= $row['content'] ?></td>
     <td><?= $row['author'] ?></td> <td><?= $row['email'] ?></td>
     <td><?= $row['ip']?></td>
      <td><a href="delete.php?id=<?= $row['ID'] ?>">删除</a></td>
      <td><a href="editform.php?id=<?= $row['ID'] ?>">更新</a></td>
</tr>
  <? } ?>
</table>
```

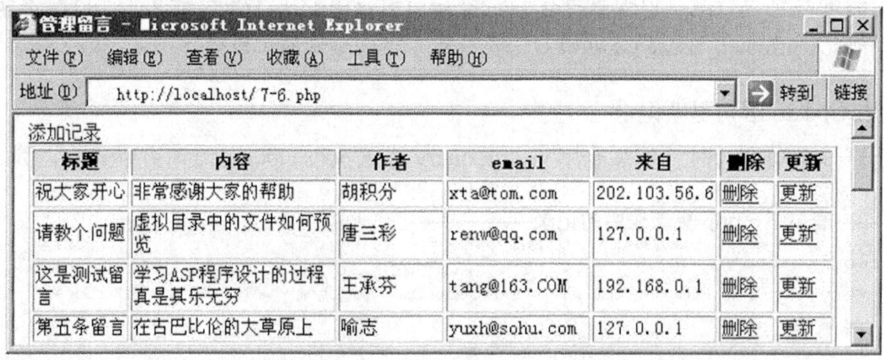

图 7-6 程序 7-6.php 的运行效果

说明：

① 请注意代码中的“删除”超链接。

```
<a href="delete.php?id=<?= $row['ID'] ?>">删除</a>
```

其中，<?= $row['ID'] ?>会输出这条记录 ID 字段的值，而每条记录的 ID 字段值都不相同，因此，所有记录后的“删除”超链接虽然都是链接到同一页面（delete.php），但带的 id 参数值不同，这样就可以将这条记录的 id 参数值传递给 delete.php。

例如，这条记录的 ID 字段值为 4，则这个超链接实际为：

```
<a href="delete.php?id=4">删除</a>
```

在 delete.php 中，就可以用$_GET[]获取这个 id 值。再根据该 id 值，删除对应的记录。对于更新记录的超链接也是同样的道理。

② 在有些程序中，删除和更新不是使用超链接，而是使用表单中的按钮，如果要使用按钮，只要将：

```
<a href="editform.php?id=<?= $row['ID'] ?>">更新</a>
```

替换成：

```
<form action="editform.php?id=<?= $row['ID'] ?>" method="post">
       <input type="submit" value="更新">
</form>
```

该表单的作用仅仅是利用 action 属性传递 URL 参数，表单并没有向处理页提交任何内容。（注意：method 属性不能省略，想一想，把 method 属性设置为 get 还可以吗？）

③ 如果希望用户在单击“删除”链接后弹出一个确认框询问用户是否确定删除，可以将 7-6.php 中“删除”超链接的代码修改为：

```
<a href="delete.php?id=<?= $row['ID'] ?>" onclick="return confirm('确认要删除吗? ')">删除</a>
```

这样，由于 onclick 事件中的代码会先于 href 属性执行，因此当用户单击超链接时，将先弹出确认框（见图 7-7），如果单击确认框上的“取消”按钮，confirm()函数将返回 false，本次单击超链接的行为将失效，就不会再链接到 delete.php 进行删除了。

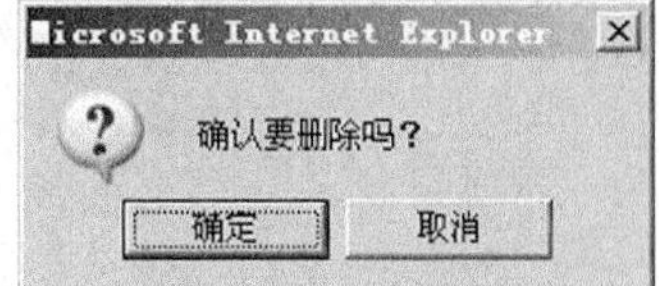

图 7-7 删除确认框

7.2.2 添加记录的实现

当用户单击图 7-6 中的“添加记录”时，就会转到 addform.php。该网页是个纯静态网页，它含有一个表单，用户可在表单中输入留言内容。其代码如下，运行效果如图 7-8 所示。

--------------------清单 7-7 addform.php 添加记录的界面----------------

```
<h2 align="center">请您在下面填写留言</h2>
<form method="post" action="insert.php">
  <table width="400" border="1" align="center" cellpadding="2">
    <tr><td width="125">留言标题：</td>
       <td width="275"><input type="text" name="title"> *</td></tr>
    <tr><td>留言人：</td>
       <td><input type="text" name="author"> *</td> </tr>
    <tr><td>联系方式：</td>
       <td><input type="text" name="email"> *</td></tr>
    <tr><td>留言内容：</td>
       <td><textarea name="content" cols="30" rows="2"></textarea></td></tr>
    <tr><td> </td><td><input type="submit" value="提 交"></td></tr>
</table></form>
```

图 7-8 添加留言 addform.php 的主界面

当用户单击“提交”按钮后，就会将表单中的数据提交给 insert.php，该程序首先用$_POST 获取表单中的数据，然后用 mysql_query 方法执行 Insert 语句，将用户输入的数据作为一条记录插入 lyb 表中。代码如下，执行过程如图 7-9 所示，这样用户的留言就添加到了数据表中。

--------------------清单 7-8 insert.php 添加记录的主程序----------------

```
<? //ob_start();
require('conn.php');
$title=$_POST["title"];          //获取表单元素的值
$author=$_POST["author"];
$email=$_POST["email"];
$content=$_POST["content"];
$ip=$_SERVER['REMOTE_ADDR'];          //获得客户端 IP 地址
$sql="Insert into lyb(title,author,email,content,ip,`date`) values('$title','$author',
'$email', '$content','$ip','date(Y-m-d h:i:s) ')";
//echo $sql;          输出 SQL 语句，用于调试，可删除
mysql_query( $sql) or die('执行失败');
header("Location:7-6.php");          //插入成功后，自动转到首页
 ?>
```

说明：

① 该程序中的 Insert 语句较长，因此将其放在一个变量（$sql）中。这样做的好处是，如果 SQL 语句有错误，则可以先输出该 SQL 语句，便于调试。

② 对于记录中自动递增字段的值（如 ID 字段），系统会自动生成，切记不要用 Insert 语句插入自动递增字段的值，否则易引起错误。

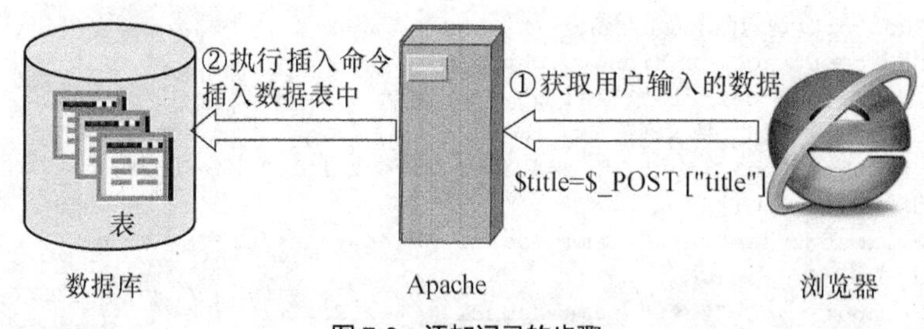

图 7-9 添加记录的步骤

7.2.3 删除记录的实现

当用户在图 7-6 中单击“删除”超链接时，就会执行 delete.php 程序，该程序先获取从超链接传递过来的记录 id 参数，然后用 Delete 语句删除 id 对应的记录，过程如图 7-10 所示。

--------------------清单 7-9 delete.php 删除记录的主程序----------------

```
<?   require('conn.php');
$id=intval($_GET['id']);                    //获取 7-6.php 传来的 id 参数并转换为整型
$sql="Delete from lyb where ID=$id";
if(mysql_query($sql) && mysql_affected_rows()==1)    //执行 SQL 语句并判断执行是否成功
     echo "<script>alert('删除成功！');location.href='7-6.php'</script>";
else
     echo "<script>alert('删除失败！');location.href='7-6.php'</script>";
?>
```

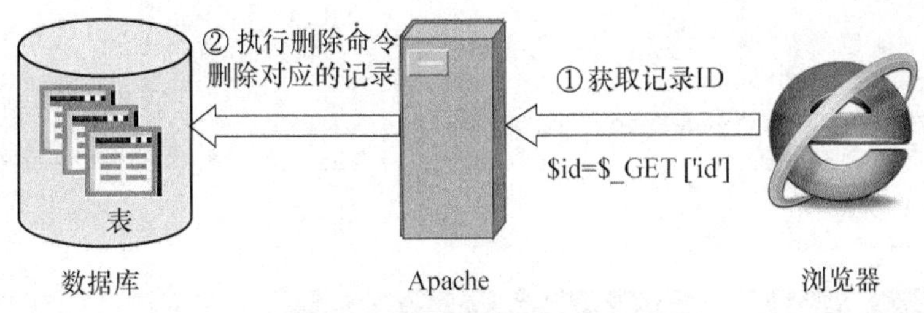

图 7-10　删除记录的步骤

说明：

① 在第 2 行中使用了 intval 函数将获取到的 id 参数强制转换为整型，虽然在一般情况下不转换也可以，但这样做的好处是可以防止非法用户在浏览器地址栏中手工输入一些非数值型的 id 参数（如 "id='"）破坏系统。

② 如果 mysql_query 函数执行了一条合法的 SQL 语句（无论是否有记录被删除），那么该函数将返回 true，否则返回 false。因此 mysql_query 返回 true 并不表示一定有记录被删除。为此程序采用 mysql_affected_rows()判断是否有记录被删除。

7.2.4　同时删除多条记录的实现

在有些电子邮件系统中，允许用户选中多封邮件后将它们一并删除，这就是同时删除多条记录的例子。可以对图 7-6 中的 7-6.php 进行修改，将每条记录后的"删除"超链接换成一个多选框，再在最后一行添加一个"删除"按钮，代码如下，运行结果如图 7-11 所示。

---------------------清单 7-10 delall.php 同时删除多条记录的程序-----------------

```
<?    require('conn.php');
if ($_GET["del"]==1){                              //如果用户按了"删除"按钮
        $selectid=$_POST["selected"];             //获取所有选中多选框的值，保存到数组中
    if( count($selectid)>0){                       //防止 selectid 值为空时执行 SQL 语句出错
        $sel=implode(',',$selectid);              //将各个数组元素用","连接起来
        mysql_query( "delete From lyb where ID in ($sel)") or die('执行失败');
        header("Location:delall.php");           //删除完毕，刷新页面
    }
    else echo '没有被选中的记录';
}
$result=mysql_query("Select * from lyb",$conn);          //创建结果集
  ?>
<form method="post" action="?del=1"> <!--表单提交给自身-->
<table border="1" width="95%">
  <tr bgcolor="#e0e0e0">
      <th>标题</th><th>内容</th><th>作者</th><th>email</th>
      <th>来自</th><th>删除</th><th>更新</th> </tr>
 <? while($row=mysql_fetch_assoc($result)){
?>
  <tr> <td><?= $row['title']?></td> <td><?= $row['content']?></td>
     <td><?= $row['author']?></td> <td><?= $row['email']?></td>
     <td><?= $row['ip']?></td>
    <td align="center">
<input type="checkbox" name="selected[]" value="<?= $row['ID']?>"></td> <!--复选框-->
    <td><a href="editform.php?id=<?= $row['ID']?>">更新</a></td></tr>
```

```
    <? } ?>
  <tr bgcolor="#E0E0E0">
      <td></td><td></td><td></td><td></td><td></td>
      <td align="center"><input type="submit" value="删 除"></td> <!--删除按钮-->
      <td></td></tr>
  </table></form>
```

标题	内容	作者	email	来自	删除	更新
祝大家开心	非常感谢大家的帮助	胡积分	xta@tom.com	202.103.56.6	☐	更新
请教个问题	虚拟目录中的文件如何预览	唐三彩	renw@qq.com	127.0.0.1	☑	更新
这是测试留言	学习ASP程序设计的过程真是其乐无穷	王承芬	tang@163.COM	192.168.0.1	☑	更新
第五条留言	在古巴比伦的大草原上	喻志	yuxh@sohu.com	127.0.0.1	☐	更新
					删 除	

图 7-11 delall.php 的运行结果

说明：

① 每条记录后的多选框的 name 属性值是静态的“selected[]”，因此循环以后所有记录多选框的 name 属性值都是 selected[]，而多选框的 value 属性值是动态数据<?= $row['ID']?>，则循环后每条记录多选框的 value 属性值都是其 id 字段值。如果有多个多选框的 name 属性值相同，那么提交的数据就是 selected[]=2&selected[]=3& selected[]=5 的形式。因此，在该程序中，如果用户选中多条记录（例如，选中 2，3，5 条记录），则$_POST["selected"]是一个数组：Array([0]=>2 [1]=>3 [2]=>5)，用 implode 函数将该数组中的元素用逗号连接起来，就得到字符串$sel=2, 3, 5。那么最终执行的 SQL 语句就是 delete from lyb where id in ("2, 3, 5")。这是一条正确的 SQL 语句，因此会删除第 2，3，5 条记录。

② 本程序将表单界面和删除记录的程序写在了同一个文件中，方法是通过 action 属性将表单提交给自身而不是其他文件，但增加了一个查询字符串，处理程序据此判断是否提交了表单。

7.2.5 修改记录的实现

修改记录的过程分为以下两个阶段。

（1）第 1 阶段是提供一个显示待修改记录的表单，该表单显示待修改记录各个字段的值，以供用户修改记录中的信息。显示待修改记录的程序 editform.php 代码如下，其程序流程如图 7-12 所示。运行结果如图 7-13 所示。

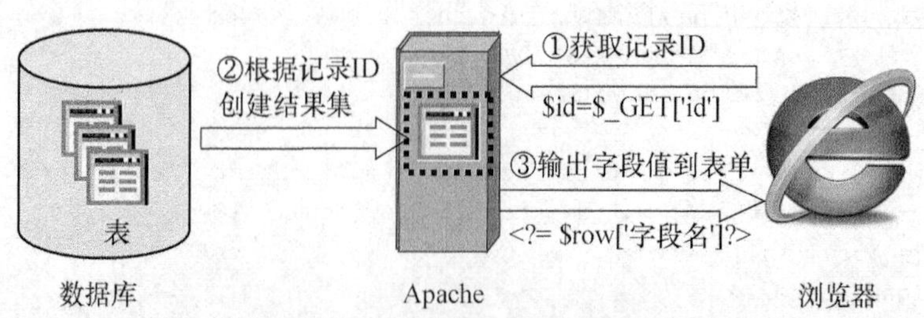

图 7-12 修改记录的过程（第 1 阶段）

--------------------清单 7-11 editform.php 显示待修改记录的程序----------------

```
<?    require('conn.php');
$id=intval($_GET['id']);        //将获取的 id 强制转换为整型
$sql="Select * from lyb where ID=$id";       //获取待更新的记录
$result=mysql_query($sql,$conn);
$row=mysql_fetch_assoc($result);        //将待更新记录各字段的值存入数组中
 ?>
 <h2 align="center">更新留言</h2>
<form method="post" action="edit.php?id=<?= $row['ID'] ?>">
  <table width="400" border="1" align="center" cellpadding="2">
    <tr> <td width="125">留言标题：</td>
       <td width="275"><input type="text" name="title" value="<?= $row['title'] ?>"> *</td>
    </tr>
    <tr><td>留言人：</td>
       <td><input type="text" name="author" value="<?= $row['author'] ?>"> *</td></tr>
    <tr><td>联系方式：</td>
       <td><input type="text" name="email" value="<?= $row['email'] ?>"> *</td></tr>
    <tr><td>留言内容：</td>
       <td><textarea name="content" cols="30" rows="2"><?= $row['content'] ?></textarea>
</td></tr>
    <tr><td> </td> <td><input type="submit" value="确 定"></td></tr>
  </table></form>
```

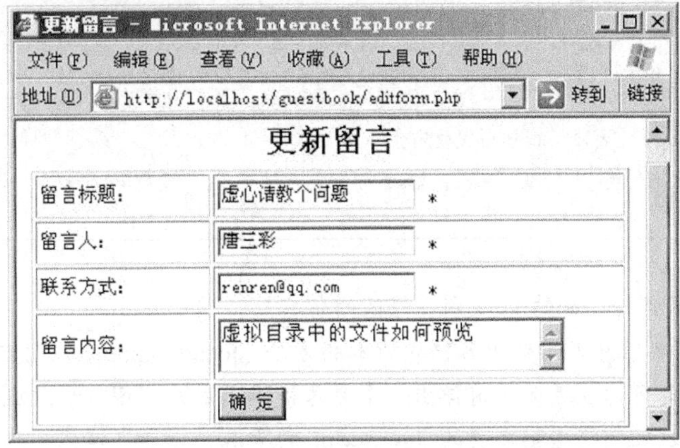

图 7-13　程序 editform.php 的运行结果

说明：

① 该程序界面和 addform.php 的界面很相似，区别是表单中显示了一条记录的信息。它首先根据首页传过来的 id 值，执行查询找到这条记录，然后将其显示在表单中，由于只有一条记录，所以不需要用到循环语句。

② 注意将动态数据显示在表单中的方法。对于单行文本框，它在初始时会显示 value 属性中的值，因此只要给其 value 属性赋值就可以了，如 value="<?= $row['title'] ?>"；对于多行文本域，它在初始时会显示标记中的内容，因此将动态数据写在标记中即可。

③ 表单传递 id 给表单处理程序有两种方法：一是使用上述代码中的查询字符串方式（action="edit.php?id=<?= $row['ID'];?>"），二是使用表单隐藏域传递，例如，在 editform.php 的表单中添加一个隐藏域：

```
<input type="hidden" name="id" value="<?= $row['ID'];?>" />
```

（2）修改记录的第 2 阶段：当用户单击“确定”按钮提交表单后，浏览器将与服务器进行第 2 次通信。修改记录处理程序 edit.php 首先获取从<form>标记中传递过来的 id 值，并获取表单中填写的数据，根据 id 值和表单数据修改该 id 对应的记录，其过程如图 7-14 所示。

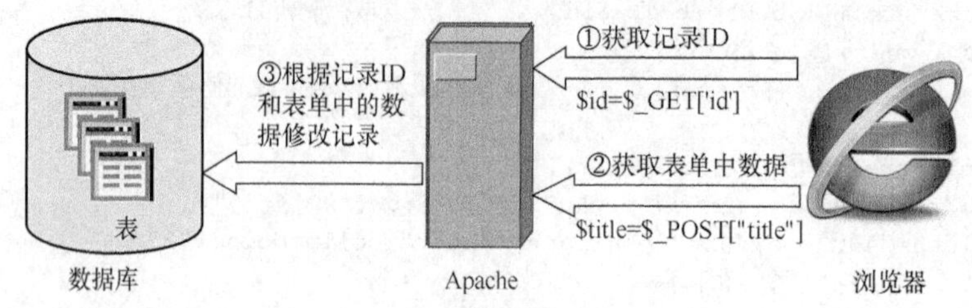

图 7-14　修改记录的过程（第 2 阶段）

修改记录的执行程序（edit.php）的代码如下：

--------------------清单 7-12 edit.php 修改记录的执行程序-----------------

```
<?    require('conn.php');
$id=intval($_GET['id']);                //获取记录 id
$title=$_POST["title"];                 //获取表单中数据
$author=$_POST["author"];
$email=$_POST["email"];
$content=$_POST["content"];
$ip=$_SERVER['REMOTE_ADDR'];            //获取客户端 IP
$sql="Update lyb Set title='$title',author='$author',email='$email',content='$content' 
Where ID=$id";
mysql_query( $sql) or die('执行失败');
echo "<script>alert('留言修改成功! ');location.href='7-6.php';</script>";
 ?>
```

说明：

① Update 语句根据传过来的 id 找到要修改的留言。

② 更新完成后，本程序采用输出客户端脚本的方法（location.href）转向首页，用来替代 header 语句，这样做的好处是可以在返回之前弹出一个警告框提示用户“留言修改成功”，而 header 方法则无法在转向之前输出任何警告框之类的 JavaScript 的脚本，读者可以想一想为什么。因此前面几个程序的 header 语句都可以换成这句，以增加弹出警告框提示用户的功能。

7.2.6　查询记录的实现

动态网站的一个明显优势是能够让用户在网站内快速搜索到符合条件的内容，如搜索某种商品、某条新闻等。如果网站中所有的记录都存放在同一个表中，则只要借助 Select 语句的模糊查询功能，就能方便地按照条件查询到相关记录。

查询记录程序的流程如下：首先提供一个文本框供用户输入要查询的关键字，然后将用户提交的关键字作为条件用 Select 语句进行查询，最后将查询的结果（返回的结果集）显示在网页中。下面在程序 7-2.php 的基础上添加查询功能，首先在该文件的<table>标记前加入如下表单代码，修改后的页面（7-7.php）如图 7-15 所示。

```
<form method="get" action="7-8.php">
 <div style="border:1px solid gray; background:#eee;padding:4px;">
```

```
查找留言：请输入关键字 <input name="keyword" type="text">
  <select name="sel">
    <option value="title">文章标题</option>
    <option value="content">文章内容</option>
  </select>
  <input type="submit" value="查询">
</div></form>
```

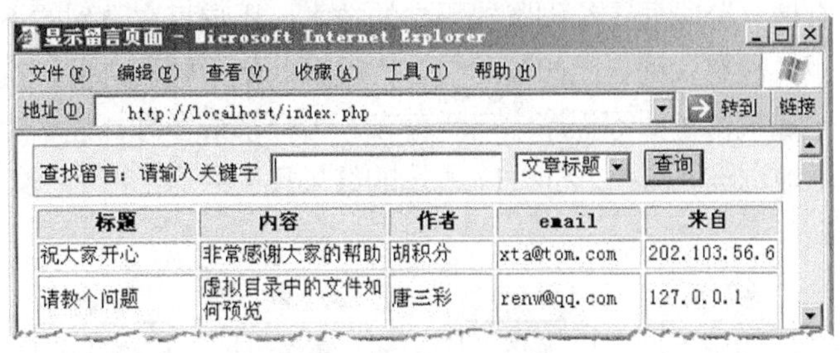

图 7-15　查询记录的界面

处理查询的程序 7-8.php 的代码如下：

```
<h3 align="center">查询结果</h3>
<?    require('conn.php');
$keyword=trim($_GET['keyword']);                              //获取输入的关键字
$sel=$_GET['sel'];                                            //获取选择的查询方式
$sql="select * from lyb";
if ($keyword <> "")
      $sql=$sql ." where $sel like '%$keyword%'";    //构造查询语句
$rs=mysql_query( $sql) or die('执行失败');
if (mysql_num_rows($rs)>0) {
      echo "<p>关键字为“ $keyword ”，共找到".mysql_num_rows($rs)." 条留言</p>"; ?>
<table border="1">
  <tr bgcolor="#e0e0e0">
     <th>标题</th> <th width="100">内容</th> <th width="60">作者</th>
     <th>email</th> <th width="80">来自</th></tr>
  <? while($row=mysql_fetch_assoc($rs)){
?>
  <tr><td ><?= $row['title'] ?></td> <td><?= $row['content'] ?></td>
     <td><?= $row['author'] ?></td> <td><?= $row['email'] ?></td>
     <td><?= $row['ip'] ?></td></tr>
  <? }}
else   echo "没有搜索到任何留言";    ?>
</table>
```

在图 7-15 的查询框中输入“大家”，则该程序的运行结果如图 7-16 所示。

查询结果 - Microsoft Internet Explorer

文件(F) 编辑(E) 查看(V) 收藏(A) 工具(T) 帮助(H)

地址(D) http://localhost/search.php?keyword=%B4%F3%BC%D2&sel=tit　转到　链接

查询结果

关键字为“大家”，共为您找到3条留言

标题	内容	作者	email	来自
祝大家开心	非常感谢大家的帮助	胡积分	xta@tom.com	202.103.56.6
大家好！	雪花纷飞	芬芬	fengf@163.com	59.51.2.2
大家好呀	下雪了	芬芬	fengf@163.com	34.44.4.4

图 7-16　7-8.php 的运行结果

说明：该程序可根据“标题”或“内容”进行查询，只要在下拉框中进行选择，就会将文本框中的内容发送给服务器，作为 title 字段或 content 字段，以构造相应的查询语句。

7.3 分页显示数据

分页是一种将所有信息分段显示给浏览器用户的技术。用户每次看到的不是全部信息，而是其中一部分信息，如果用户没有找到自己想要的内容，就可以使用翻页链接切换可见内容。分页显示功能在新闻列表页、论坛或留言板等程序中广泛存在。当记录很多时，程序能自动将结果集分页显示，用户可以一页一页地浏览。例如，图 7-17 所示的结果集中共有 14 条记录，每页最多显示 4 条，这样就分成了 4 页。

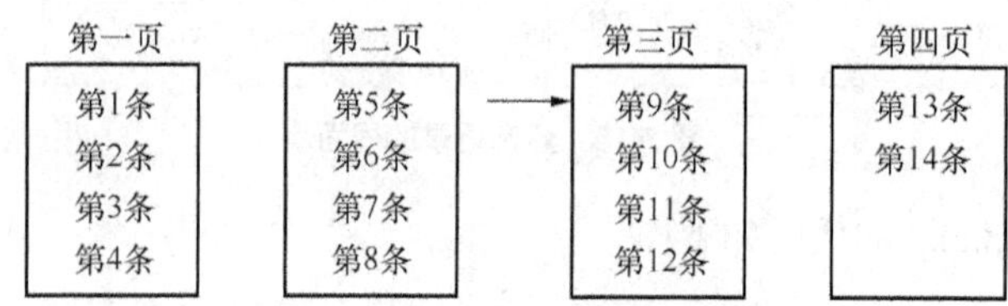

图 7-17　分页显示记录示意图

在 B/S 程序中，分页技术可以分别在数据库服务器、Web 服务器或浏览器中实现。如果通过创建结果集的方式来分页，就是在数据库服务器上实现的分页；如果通过 PHP 循环语句读取结果集中某页范围的记录，就是在 Web 服务器上实现的分页；如果通过客户端 JavaScript 脚本只显示某页记录对应的 HTML 元素，就是在浏览器中实现的分页。

7.3.1 分页程序的基本实现

分页程序实现的步骤如下。

① 设置每页显示的记录数→② 获取记录总数→③ 计算总共有多少页→④ 取得要显示第几页的记录→⑤ 通过超链接传递页码。

1. 设置每页显示的记录数

假定使用变量$PageSize 保存每页显示的记录数，它的值由用户根据需要自行设置。例如，设置每页显示 4 条记录，可以使用下面的语句：

```
$PageSize=4;
```

2. 获取结果集中的记录总数

获取结果集中记录总数有两种方法。第 1 种方法是通过 mysql_num_rows()函数返回记录总数，并将其保存在$RecordCount 变量中。代码如下：

```
$RecordCount=mysql_num_rows($result);
```

第 2 种方法是通过 select 语句中的 count()函数实现。代码如下：

```
$result=mysql_query("Select count(*) from lyb",$conn);        //统计记录数量的结果集
$row=mysql_fetch_row($result);
$RecordCount=$row[0];
```

3. 计算总页数

可以通过$RecordCount 和$PageSize 两个变量的值计算得到总页面数$PageCount，方法如下：

```
$PageCount =ceil($RecordCount/$PageSize);
```

说明： ceil(x)函数用来返回大于或等于 x 并且最接近 x 的整数。如果结果集中的记录总数$RecordCount 是$PageSize 的整数倍，则$PageCount 等于$RecordCount 除以$PageSize 的结果，否则，$PageCount 等于$RecordCount 除以$ PageSize 的结果取整后加 1。

4. 显示第 n 页的记录

虽然使用$PageSize 可以控制每页显示的记录数，但是要显示哪页的记录呢？这可以在 Select 语句中使用 limit 子句限定显示记录的范围，方法如下：

```
Select * from 表名 limit 起始位置，显示记录数量
```

例如，用$Page 保存当前页码，要获取第$Page 页显示的记录，SQL 语句如下：

```
Select * from 表名 limit ($Page-1) * $PageSize, $PageSize
```

这样，只要给$Page 赋一个值 *n*，就能显示第 *n* 页的记录了。代码如下：

```
<? require('conn.php');
$Page=3;                                                    //显示第 3 页的记录
$PageSize=4;
$result=mysql_query("Select * from lyb",$conn);             //创建获取记录总数的结果集
$RecordCount=mysql_num_rows($result);
$PageCount =ceil($RecordCount/$PageSize);
$result=mysql_query("Select * from lyb limit ". ($Page-1)*$PageSize." , ".$PageSize, $conn);
 ?>
<table border="1" width="95%"><tr bgcolor="#e0e0e0">
 <th>标题</th><th>内容</th><th>作者</th><th>email</th><th>来自</th></tr>
  <? while($row=mysql_fetch_assoc($result)){     ?>
  <tr><td ><?= $row['ID'] ?></td> <td><?= $row['content'] ?></td>
     <td><?= $row['author'] ?></td> <td><?= $row['email'] ?></td>
     <td><?= $row['ip'] ?></td></tr>
  <? }
  mysql_free_result($result);  ?></table>
```

说明： limit 子句中的记录序号从 0 开始，第 1 条记录的序号为 0。因此($Page-1)*$PageSize 就表示前 *n*−1 页的所有记录再加 1，正好是第 *n* 页的第 1 条记录。

5. 通过超链接转到要显示的分页

可以通过超链接传递参数的方法通知脚本程序要显示的页码。假定分页显示记录的页面是 7-9.php，传递参数的链接如下：

```
http://localhost/php/7-9.php?page=2
```

参数 page 用来指定当前的页码。在 7-9.php 中，可以通过下面的语句读取参数 page：

```
if(isset($_GET['page']))          //如果获取到的页码不为空
        $Page=$_GET['page'];
else
        $Page=1;
```

这样，$Page 就保存了 URL 中的页码。但普通用户不会知道在 URL 上输入类似?page=2 之类的参数来访问分页。为此，可以定义几个分页链接，供用户单击。

"第一页"链接的代码如下：

```
echo " <a href='?page=1'>第一页</a> " ;     //转到当前页的第一页
```

"上一页"链接的代码如下：

```
echo " <a href='?page=" . ($Page-1) . "'>上一页</a> ";
```

"下一页"链接的代码如下：

```
echo " <a href='?page=" . ($Page+1) . "'>下一页</a> ";
```

"末页"链接的代码如下：

```
echo  " <a href='?page=" . $PageCount . "'>末页</a> ";
```

比较完美的分页程序中，还需要根据当前页对翻页链接进行判断控制。如果当前页码是 1，则取消"第一页"和"上一页"的链接；如果当前页是最后一页，则取消"下一页"和"末页"的链接。

下面是一个分页显示程序的完整代码，它的运行效果如图 7-18 所示。

--------------------**清单 7-13.php 分页显示记录程序 1**-----------------

```
<?    require('conn.php');
if(isset($_GET['page']) && (int)$_GET['page']>0)          //获取页码并检查是否非法
       $Page=$_GET['page'];
else   $Page=1;                                            //如果获取不到页码则显示第 1 页
//设置每页显示记录数
$PageSize=4;
$result=mysql_query("Select count(ID) from lyb",$conn);  //创建统计记录总数的结果集
$row=mysql_fetch_row($result);
$RecordCount=$row[0];     //获取记录总数
//计算总共有多少页
$PageCount =ceil($RecordCount/$PageSize);
//将某一页的记录放入结果集
$result=mysql_query("Select * from lyb limit ". ($Page-1)*$PageSize." , ".$PageSize, $conn);
//显示记录       ?>
<h3 align="center">分页显示记录</h3>
<table border="1" width="95%">
  <tr bgcolor="#e0e0e0">
    <th>标题</th><th>内容</th><th>作者</th><th>email</th><th>来自</th> </tr>
  <? while($row=mysql_fetch_assoc($result)){  ?>
  <tr><td ><?= $row['title'] ?></td> <td><?= $row['content'] ?></td>
     <td><?= $row['author'] ?></td> <td><?= $row['email'] ?></td>
     <td><?= $row['ip'] ?></td></tr>
  <? }
  mysql_free_result($result);  ?>
</table>
 <p><?   // 显示分页链接的代码
if($Page== 1)                 //如果是第 1 页，则不显示第 1 页的链接
      echo  "第一页  上一页 ";
else echo " <a href='?page=1'>第一页</a> <a href='?page=". ($Page-1)."'>上一页</a> ";
for($i=1;$i<= $PageCount;$i++)    {           //设置数字页码的链接
      if ($i==$Page) echo "$i  ";           //如果是某页，则不显示某页的链接
```

```
        else echo " <a href='?page=$i'>$i</a> ";}
if($Page== $PageCount)                          //设置“下一页”链接
        echo  " 下一页  末页 ";
else echo " <a href='?page=" . ($Page+1) . "'>下一页</a>
 <a href='?page=" . $PageCount . "'>末页</a> ";
echo "   共".$RecordCount. "条记录 ";      //共多少条记录
echo " $Page / $PageCount 页";             //当前页的位置
?></p>
```

图 7-18　分页显示记录示例

6. 通过移动结果集指针进行分页（在 Web 服务器实现分页）

分页程序其实还有别的写法。例如，要实现只显示第 *n* 页的记录，除了使用 limit 子句创建仅含有一页记录的结果集外，还可以创建包含所有记录的结果集，并将结果集的指针指向第 *n* 页的第 1 条记录，然后用 for 循环循环输出$PageSize 条记录。代码如下：

--------------------清单 7-14.php 分页显示记录程序 2-----------------

```
<? require('conn.php');
if(isset($_GET['page']) && (int)$_GET['page']>0)          //获取页码
        $Page=$_GET['page'];
else    $Page=1;
//设置每页显示记录数
$PageSize=4;
$result=mysql_query("Select ID from lyb",$conn);          //创建结果集
$RecordCount=mysql_num_rows($result);                      //获取记录总数
mysql_free_result($result);
 //计算有多少页
 $PageCount =ceil($RecordCount/$PageSize);
    //将所有记录放入结果集
$result=mysql_query("Select * from lyb", $conn);
 //显示记录        ?>
<table border="1" width="95%"><tr bgcolor="#e0e0e0">
     <th>标题</th><th>内容</th><th>作者</th><th>email</th><th>来自</th> </tr>
  <?          //将指针指向第$Page 页第 1 条记录
  mysql_data_seek($result,($Page-1)*$PageSize);
  for($i=0;$i<$PageSize;$i++){
        $row=mysql_fetch_assoc($result);
        if($row){          //如果记录不为空，用来处理末页的情况
 ?>
  <tr><td ><?= $row['ID'] ?></td> <td><?= $row['content'] ?></td>
```

```
        <td><?= $row['author'] ?></td> <td><?= $row['email'] ?></td>
        <td><?= $row['ip'] ?></td></tr>
    <? } }
    mysql_free_result($result);   ?>
  </table>
   <p><?   …        //此处为显示分页链接的代码，与 7-13.php 相同，故省略
  ?></p>
```

其中，mysql_data_seek(result, row)函数的功能是将结果集 result 的指针移动到指定的行数 row（行数从 0 开始）。

这种方法创建的结果集中包含了所有记录，也就是说包含了所有页的记录。从效率上说，如果结果集中记录很多的话，该方法创建的结果集将占用很多的服务器内存，因此效率较低。但如果结果集中记录比较少，则这种方法不必每显示一个分页就执行一个不同的查询，因此效率反而高些。

7.3.2 对查询结果进行分页

7.3.1 节中只是最基本的分页程序。假设要对图 7-16 中搜索留言得到的结果进行分页，则上述分页程序只能正确显示第 1 页，当用户转到其他页后又会显示所有的记录，而不是查询得到的记录。这是因为单击分页链接后没有将用户输入的查询关键字传递给其他页。

为此，可以在获取了用户输入的关键字后，一方面将它传递给 SQL 语句进行查询，另一方面将其保存在分页链接的 URL 参数（或表单隐藏域）中。具体来说，可以给分页链接增加一个 URL 参数，将该 URL 参数的值设置为查询关键字以传递给其他页。关键代码如下：

```
<%  $keyword=trim($_GET['keyword']);        //获取查询关键字
if ($keyword <> "")
      $sql=$sql ." where title like '%$keyword%'";
……
for($i=1;$i<= $PageCount;$i++)    {         // 设置每页的链接
       if ($i==$Page) echo "$i  ";
      else                                  //在此处添加 URL 参数 keyword，用来保存关键字
      echo " <a href='?page=$i&keyword=$keyword'>$i</a> ";}
?>
```

这样，单击分页链接时，都会将关键字重新传给 SQL 语句，因此单击分页链接后转到的新分页仍然是查询结果。它的完整代码如下，运行结果如图 7-19 所示。

```
<?   require('conn.php');
if(isset($_GET['page']) && (int)$_GET['page']>0)     //获取页码
       $Page=$_GET['page'];
else   $Page=1;
$PageSize=4;                                          //设置每页显示记录数
$keyword=trim($_GET['keyword']);                      //获取查询关键字
$sql="select * from lyb";
if ($keyword <> "")
      $sql=$sql ." where title like '%$keyword%'";
$result=mysql_query($sql,$conn);                      //根据有无查询关键字创建结果集
$RecordCount=mysql_num_rows($result);                 //获得记录总数
$PageCount =ceil($RecordCount/$PageSize);             //获得总页数
?>
<form method="get" action="">
 <div style="border:1px solid gray; background:#eee;padding:4px;">
```

```
查找留言：请输入关键字<input name="keyword" type="text" value="<?= $keyword?>">
  <input type="submit" value="查询">
</div></form>
<table border="1" width="95%">
  <tr bgcolor="#e0e0e0"><th>标题</th>……（省略显示表头的代码）</tr>
<?
mysql_data_seek($result,($Page-1)*$PageSize);        //将指针指向第$Page 页第 1 条记录
for($i=0;$i<$PageSize;$i++){
      $row=mysql_fetch_assoc($result);
      if($row){        ?>
         <tr><td ><?= $row['title'] ?></td> <td><?= $row['content'] ?></td>
         <td><?= $row['author'] ?></td> <td><?= $row['email'] ?></td>
         <td><?= $row['ip'] ?></td></tr>
  <? }} ?>
</table>
<p><?   // 显示分页链接
   if($Page== 1)   echo  "第一页 上一页 ";
else  echo  " <a href='?page=1&keyword=$keyword'>第一页</a>
 <a href='?page=" . ($Page-1) . "&keyword=$keyword'>上一页</a> ";
for($i=1;$i<= $PageCount;$i++)    {              //设置数字页码的链接
      if ($i==$Page) echo "$i  ";
      else echo " <a href='?page=$i&keyword=$keyword'>$i</a> ";}
if($Page== $PageCount)   echo  " 下一页  末页 ";
else echo  " <a href='?page=" . ($Page+1) . "&keyword=$keyword'>下一页</a>
 <a href='?page=" . $PageCount . "&keyword=$keyword'>末页</a> ";
echo "   共".$RecordCount. "条记录 ";    //共多少条记录
echo " $Page / $PageCount 页";           //当前页的位置
?></p>
```

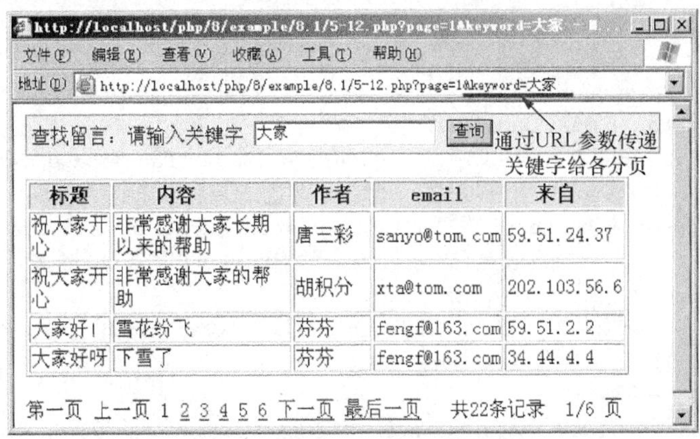

图 7-19　对查询结果进行分页的效果

7.3.3　将分页程序写成函数

由于网站中很多页面都要使用分页功能，因此将分页程序写成函数，在需要的时候调用函数能大大减少编程的工作量。

1. 分页函数的设计和实现

设计函数首先要确定函数的输入和输出，对于分页函数来说，输入的参数有：①记录总数

$RecordCount；②每页显示的记录数$PageSize；③当前显示哪一页$Page；④当前页的 url；⑤查询关键字$keyword。只要在程序中设置好这 5 个参数（如没有查询关键字，可不设置$keyword），就可以调用分页函数了。该分页函数没有返回值，其功能主要是输出分页链接。下面是分页函数 page()的代码。

--------------------清单 7-15.php 分页函数----------------

```
<?
function page($RecordCount,$PageSize,$Page,$url,$keyword){
     $PageCount =ceil($RecordCount/$PageSize);                    //计算总页数
     $page_previous = ($Page<=1)?1:$Page-1;                       //计算上一页的页数
     $page_next = ($Page>=$PageCount)?$PageCount:$Page+1;     //计算下一页的页数
     $page_start = ($Page-5>0)?$Page-5:0;                         //只显示本页前 5 页的页码链接
     //只显示后 5 页的页码链接
     $page_end = ($page_start+10<$PageCount)?$page_start+10:$PageCount;
     //若超过 10 页，只显示本页前后 5 页的页码链接
     $page_start = $page_end-10;
     if($page_start<0) $page_start = 0;                          //若当前页不合法，更正
     $parse_url = parse_url($url);                               //判断$url 中是否存在查询字符串
     if(empty($parse_url["query"]))
          $url = $url.'?';                                      //若不存在，在$url 后添加?
     else   $url = $url.'&';                                    //若存在，在$url 后添加&
     if(empty($keyword)){
          if($Page== 1)       $navigator =  "[首页] [上一页] ";
     else $navigator =   " <a href='?page=1'>[首页]</a> <a href=".$url."Page= $page_previous>
[上一页]</a>  ";
    for($i=$page_start;$i<$page_end;$i++){                     //输出页码链接
            $j = $i+1;
             if ($j==$Page) $navigator = $navigator. "$j  ";
     else $navigator = $navigator. "<a href='".$url."Page=$j'>$j</a>  ";
     }
    if($Page== $PageCount)                                   // 设置“下一页”链接
         $navigator = $navigator. " [下一页] [末页]";
     else $navigator = $navigator.  " <a href=".$url."Page=$page_next>[下一页]</a>
<a href=".$url."Page=$PageCount>[末页]</a> ";
         $navigator.= "   共".$RecordCount. "条记录  $Page / $PageCount 页";
    }else{              //如果设置了查询关键词，则将查询关键词加到 URL 链接中
         $keyword = $_GET["keyword"];
    $navigator = "<a href=".$url."keyword=$keyword&Page=$page_previous>上一页</a>  ";
         for($i=$page_start;$i<$page_end;$i++){
              $j = $i+1;
         $navigator = $navigator."<a href='".$url."keyword=$keyword&Page=$j'>$j</a>  ";
         }
    $navigator =$navigator."<a href=".$url."keyword=$keyword&Page=$page_next>下一页</a> ";
    $navigator.= "   共".$RecordCount. "条记录  $Page / $PageCount 页";
    }
    echo $navigator;                                          //输出分页链接
}   ?>
```

2. 调用分页函数实现分页的实例

下面程序改写 7.3.1 节中的 7-14.php，通过调用分页函数来实现分页。代码如下：

```
<?    require('conn.php');
require('7-15.php');                                        //调用分页函数所在文件
if(isset($_GET['Page']) && (int)$_GET['Page']>0)            //获取页码
          $Page=$_GET['Page'];
else    $Page=1;
$PageSize=4;                                                //设置每页显示记录数
$result=mysql_query("Select ID from lyb",$conn);            //创建结果集
$RecordCount=mysql_num_rows($result);                       //获取记录总数
   //删除了原来程序中计算$PageCount 的代码
$result=mysql_query("Select * from lyb", $conn);
   //显示记录        ?>
<table border="1" width="95%"><tr bgcolor="#e0e0e0">
     <th>标题</th><th>内容</th><th>作者</th><th>email</th>
     <th>来自</th> </tr>
  <?        //将指针指向第$Page 页第 1 条记录
  mysql_data_seek($result,($Page-1)*$PageSize);
  for($i=0;$i<$PageSize;$i++){
          $row=mysql_fetch_assoc($result);
     if($row){          //如果记录不为空，用来处理末页的情况
 ?>
  <tr><td ><?= $row['ID'];?></td> <td><?= $row['content'];?></td>
     <td><?= $row['author'];?></td> <td><?= $row['email'];?></td>
     <td><?= $row['ip'];?></td></tr>
  <? } }
  mysql_free_result($result);   ?>
</table>
<?   $url = $_SERVER["PHP_SELF"];                          //获得当前页的 URL
page($RecordCount,$PageSize,$Page,$url,$keyword);      //调用分页函数
?>
```

可见，分页函数只是完成了分页程序设计中第③步“计算总共有多少页”和第⑤步“编写超链接传递页码”的功能，其他步骤仍然需要在程序中进行设置。

7.3.4 可设置每页显示记录数的分页程序

在有些分页程序中，还具有让用户选择每页显示多少条记录的功能，如图 7-20 所示。对于记录数非常多的网页，这种功能对用户来说更友好。

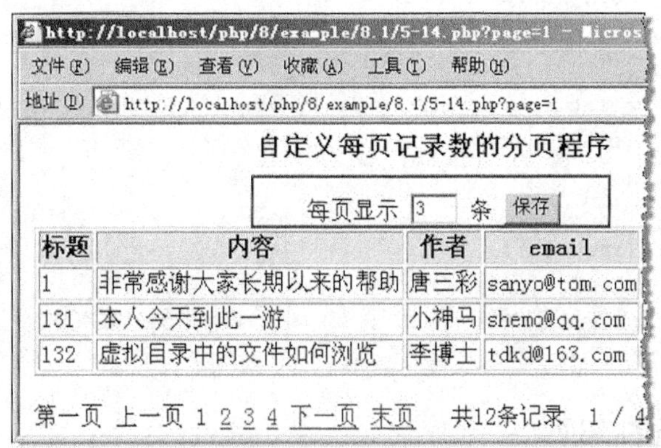

图 7-20 可设置每页显示多少条记录的分页程序

要实现该功能，首先在网页中添加一个表单，表单的文本框中可输入每页显示的记录数。如果用户提交了表单，就把用户设置的每页记录数赋给$PageSize 变量，这样分页程序就会根据新的$PageSize 值重新分页。但转到其他页后，由于获取不到用户设置的记录数，$PageSize 的值又会恢复成默认值。为此，应该把用户设置的记录数保存起来，可以采用 7.3.2 节的方法将该值保存到 URL 参数中，也可以将该值保存到一个 Session 变量中，这样，其他分页都能获取用户设置的记录数。本例采用第 2 种方法，代码如下，运行效果如图 7-20 所示。

--------------------清单 7-16.php ----------------

```
<? session_start();
require('conn.php');
if(isset($_GET['page']) && (int)$_GET['page']>0)            //获取页码
       $Page=$_GET['page'];
else   $Page=1;
//设置每页显示记录数，并将记录数保存到 Session 变量中
if(isset($_GET['pagesize'])){        //如果用户设置了每页记录数
       $PageSize=$_GET['pagesize'];    //将用户设置的值赋给$PageSize
       $_SESSION["pagezize"]=$_GET['pagesize'];        //将该值保存到 Session 变量中
}
if($_SESSION["pagezize"]<>"")        //如果 SESSION 值不为空
      $PageSize=$_SESSION["pagezize"];
else
      $PageSize=4;     //第一次打开网页时默认每页显示 4 条
$result=mysql_query("Select * from lyb",$conn);        //创建结果集
$RecordCount=mysql_num_rows($result);
$PageCount =ceil($RecordCount/$PageSize);     //计算有多少页
 //显示记录       ?>
<h3 align="center">自定义每页记录数的分页程序</h3>
<form style="margin:0 auto; text-align:center;" method="get" action="">每页显示 <input
type="text" name="pagesize" size="3" value="<?= $PageSize?>"> 条 <input type="submit" value=
"保存"> </form>
<table border="1" width="95%">
  <tr bgcolor="#e0e0e0">
    <th>标题</th><th>内容</th><th>作者</th><th>email</th><th>来自</th> </tr>
  <?
  mysql_data_seek($result,($Page-1)*$PageSize);     //将指针指到某页的第 1 条记录
  for($i=0;$i<$PageSize;$i++){
       $row=mysql_fetch_assoc($result);
           if($row){     ?>
  <tr><td ><?= $row['ID'];?></td> <td><?= $row['content'];?></td>
     <td><?= $row['author'];?></td> <td><?= $row['email'];?></td>
     <td><?= $row['ip'];?></td>
</tr>
  <? } }
  mysql_free_result($result);  ?>
</table>
<p><?  …      //此处为显示分页链接的代码，与 7-13.php 相同，故省略
?></p>
```

7.3.5 数据库操作类的实现

在实际的软件开发项目中，一般采用面向对象的思想将各个功能模块封装成类，这样可使程序

的逻辑结构更清晰，并可提高代码的重用性。可以把操作数据库的相关函数都放在一个类中，在调用函数时，用“对象名->函数名(参数)”来调用。

1. 数据库操作类的定义

下面定义了一个 MySQL 数据库操作类，类名为 Mysql，代码（dbclass.php）如下。

```
class Mysql{
private $conn;            //成员变量，保存数据库连接的返回值
function __construct($hostname,$username,$password,$dbname,$charset='utf8'){
    $conn = @mysql_connect($hostname,$username,$password);
    if(!$conn){
        echo '连接失败，请联系管理员';
        exit;    }
    $this-&gt;conn = $conn;
    $res = mysql_select_db($dbname);
    if(!$res){
    echo '连接失败，请联系管理员';
    exit;    }
    mysql_set_charset($charset);
}
function __destruct(){            //析构函数
    mysql_close();
}
function getAll($sql){          //获取所有记录，返回到一个二维数组中
    $result = mysql_query($sql,$this->conn);
    $data = array();
    if($result && mysql_num_rows($result)>0){
        while($row = mysql_fetch_assoc($result)){
            $data[] = $row;   }
    }
    return $data;
}
function getOne($sql){      //获取单条记录，返回到一个一维数组中
    $result = mysql_query($sql,$this->conn);
    $data = array();
    if($result && mysql_num_rows($result)>0){
        $data = mysql_fetch_assoc($result);
    }
    return $data;
}
function insert($table,$data){      //插入记录，记录的各字段值保存在数组$data 中
    $str = '';
    $str .="INSERT INTO `$table` ";
    $str .="(`".implode("`,`",array_keys($data))."`) ";
    $str .=" VALUES ";
    $str .= "('".implode("','",$data)."')";
    $res = mysql_query($str,$this->conn);
    if($res && mysql_affected_rows()>0){
            return mysql_insert_id();
    }else    return false;
}
function update($table,$data,$where){         //更新记录
```

```
        $sql = 'UPDATE '.$table.' SET ';
        foreach($data as $key => $value){
              $sql .= "`{$key}`='{$value}',";
        }
        $sql = rtrim($sql,',');
        $sql .= " WHERE $where";
        $res = mysql_query($sql,$this->conn);
        if($res && mysql_affected_rows()){
             return mysql_affected_rows();
        }else
              return false;
   }
   function del($table,$where){                //删除记录
        $sql = "DELETE FROM `{$table}` WHERE {$where}";
        $res = mysql_query($sql,$this->conn);
        if($res && mysql_affected_rows()){
             return mysql_affected_rows();
        }else    return false;
   }
```

2. 数据库操作类的使用举例

下面是使用数据库操作类实现显示所有记录的程序（usecls.php），即实现和 7-6.php 同样的功能，其运行效果如图 7-6 所示。代码如下：

```
<?   include 'dbclass.php';          //连接数据库
//设置传入参数
$hostname='localhost';   $username='root';   $password='111';
$dbname='guestbook';   $charset = 'gb2312';
//实例化对象
$db = new Mysql($hostname,$username,$password,$dbname);
$sql = "Select * from lyb order by id desc";
?>
<table border="1" width="95%">
  <tr bgcolor="#e0e0e0">
     <th>标题</th><th>内容</th><th>作者</th><th>email</th>
     <th>来自</th><th>删除</th><th>更新</th> </tr>
  <?
    $rows = $db->getAll($sql);         //获取多条数据
    foreach($rows as $row){    ?>
  <tr><td ><?= $row['ID'] ?></td> <td><?= $row['content'] ?></td>
     <td><?= $row['author'] ?></td> <td><?= $row['email'] ?></td>
     <td><?= $row['ip']?></td>
      <td><a href="delete.php?id=<?= $row['ID'] ?>">删除</a></td>
      <td><a href="editform.php?id=<?= $row['ID'] ?>">更新</a></td>
</tr>
  <?  } ?>
</table>
```

提示：本例使用 getAll($sql)函数获取数据表中的所有数据，并将数据存放在一个二维数组中，因此使用该函数显示所有数据，必须用循环遍历一遍二维数组。尽管这样多使用了一次循环，但为了保证函数功能的独立性，不建议将 HTML 代码嵌入 getAll()函数中。

7.4　mysqli 扩展函数的使用

mysql_*_*函数是 PHP 访问 MySQL 数据库最传统的方法，但它缺少面向对象编程的接口，并存在以下缺点：不支持非阻塞连续获取；不支持异步查询；不支持参数化查询；不支持存储过程；不支持同时执行多个 SQL 语句。因此，PHP 5.5 已经放弃了对 mysql_*_*函数的支持，在 PHP 7 中，已经彻底无法使用 mysql_*_*函数。

目前推荐使用 mysqli 扩展函数和 PDO 函数两种方法访问数据库。

本节介绍 mysqli 扩展函数。mysqli 被封装到一个类中，它是一种面向对象的技术，其中 i 表示改进（improvement），其执行速度更快。大多数 mysqli 函数的函数名与 mysql 函数名类似，只不过将函数名的前缀由“mysql”改成了“mysqli”。

要在 PHP 中使用 mysqli 函数，需要在 php.ini 中进行配置。找到下面的配置项：

```
;extension=php_mysqli.dll
```

去掉前面的注释符（;），保存更改，重启 Apache 服务，就可以使用 mysqli 函数了。

7.4.1　连接 MySQL 数据库

在 mysqli 中，提供了两种方法创建到数据库的连接。

1. 使用 mysqli_connect()函数

mysqli_connect()函数用来连接 MySQL 数据库，语法如下：

```
mysqli 对象名= mysqli_connect(数据库服务器, 用户名, 密码, 数据库名)
```

例如，要访问本机上的 MySQL 数据库 guestbook，用户名为 root，密码为 111。代码如下：

```
$conn =mysqli_connect('localhost','root','111','guestbook');
```

可见，mysqli_connect()函数比 mysql_connect()多了一个参数，使它在连接数据库服务器的同时还能选择数据库。

2. 声明 mysqli 对象

可以使用声明 mysqli 对象的方法来创建连接对象，方法如下：

```
$conn=new mysqli('localhost','root','111','guestbook');
```

如果在创建 mysqli 对象时没有向构造方法传入参数，则需要多写几行代码，包括调用 connect()函数连接数据库服务器，使用 select_db 方法选择数据库。代码如下：

```
$conn=new mysqli();
$conn->connect('localhost','root','111');
$conn->select_db('guestbook');
```

说明：

① new mysqli()表示新建一个 mysqli 类的实例，类的实例即对象，赋给变量$conn。

② 由于$conn 是一个对象，调用对象的方法可以使用“对象名->方法名”的形式。

③ mysqli 扩展模块包括 mysqli、mysqli_result 和 mysqli_stmt 3 个类。$conn 就是一个 mysqli 对象，它属于 mysqli 类。mysqli 类常见的成员方法如表 7-1 所示。

表 7-1　　mysqli 类中的成员方法

方法名	功能
connect()	打开一个新的连接到 MySQL 数据库服务器
select_db()	选择当前数据库
set_charset()	设置客户端的默认字符集
close()	关闭先前打开的连接
query()	执行 SQL 语句，并返回结果集（对于 Select 语句）或不返回
multi_query()	同时执行多个查询语句
store_result()	在执行多查询语句时，获取当前结果集
next_result()	在执行多查询语句时，获取当前结果集的下一个结果集
more_results()	从多查询语句中检查是否有任何更多的查询结果集

使用这些成员方法可以对数据库进行查询、创建结果集等操作。

7.4.2 执行 SQL 语句创建结果集

mysqli_query()函数或 mysqli 对象的 query()函数都可用来执行 SQL 语句，如果执行的是 Select 语句，则会返回一个结果集，如果执行的是 Insert、Delete 等非查询语句，则不会返回结果集。

（1）mysqli_query()的语法

```
结果集= mysqli_query(连接对象, SQL 语句)
```

注意，mysqli_query()两个参数的顺序与 mysql_query()函数的参数顺序相反。例如：

```
$result=mysqli_query($conn,'Select * from lyb');
```

（2）mysqli 对象的 query()函数的基本语法和示例

```
对象名->query(SQL 语句)
$result=$conn->query('Select * from lyb');
```

结果集中的所有数据默认是都发送到客户端的，如果希望把结果集暂存在 MySQL 服务器上，在有需要时才一条条地读取记录过来，就需要在调用 query 方法时，使用它的第 2 个参数，并提供一个 MYSQLI_USE_RESULT 值。例如：

```
$result=$conn->query('select * from lyb', MYSQLI_USE_RESULT);
```

在结果集比较大或不适合一次全部取回到客户端时，使用这个参数比较有用。

（3）执行非查询语句

如果执行的是非查询语句，则不会返回结果集，因此不要将函数的返回值赋给$result。例如：

```
$conn->query('Delete from lyb where ID=3');
```

7.4.3 从结果集中获取数据

结果集实际上是 mysqli_result 类的一个对象，可以使用 mysqli_result 类中的一些方法获取结果集中的数据。如果要获取结果集中的当前记录并存储到数组，可使用如下代码：

```
$row=$result->fetch_assoc();
```

这样就将指针指向的当前记录保存到数组$row 中，并使结果集指针指向下一条记录。

下面是一个获取结果集中所有数据，并输出到表格中的例子，运行效果如图 7-5 所示。

--------------------清单 7-17.php ----------------

```
<?   $conn=new mysqli();
 $conn->connect('localhost','root','111');
 $conn->select_db('guestbook');          //连接数据库
 $conn->query('set names gb2312');          //设置字符集
 $result=$conn->query('select * from lyb');          //创建结果集
?>
<table border="1" width="95%">
 <tr bgcolor="#e0e0e0">
      <th>标题</th> <th width="100">内容</th> <th width="60">作者</th>
      <th>email</th></tr>
  <?    $result->data_seek(5);          //从第 6 条记录开始读，可去掉
while($row=$result->fetch_assoc()){          //循环读取结果集中的记录
?>
  <tr><td ><?= $row['title'] ?></td> <td><?= $row['content'] ?></td>
     <td><?= $row['author'] ?></td> <td><?= $row['email'] ?></td> </tr>
  <? } ?>
</table>
<p>记录总数 <?= $result->num_rows ?></p>
```

上例中 num_rows 是 mysqli_result 类中的一个成员属性，用来返回结果集中的记录总数。而 fetch_assoc()是 mysqli_result 类中的一个成员方法，mysqli_result 类中常用方法如表 7-2 所示。

表 7-2　　mysqli_result 类中的成员方法

方法名	功能
fetch_row()	以索引数组的形式返回结果集中当前指向的记录
fetch_assoc()	以关联数组的形式返回结果集中当前指向的记录
fetch_array()	以索引数组和关联数组的形式返回结果集中当前指向的记录
fetch_object()	以对象的形式返回结果集中当前指向的记录
data_seek(n)	将结果集指针指向第 *n* 条记录
fetch_field()	从结果集中获得某一字段的信息
fetch_fields()	从结果集中获得全部字段的信息
field_seek()	设置结果集中字段的偏移位置
close()	关闭结果集

提示： 如果要判断结果集不为空，只能使用 if($result->num_rows>0)判断，而不能使用 if($result)来判断，因为$conn->query()只有在执行查询出错时才会返回 false。如果执行查询正确，即使查询结果只有 0 条记录，也会返回一个成员为 0 的对象。

7.4.4　同时执行多条 SQL 语句

有时可能需要同时执行多条 SQL 语句，例如，要在页面上创建两个结果集，并且这两个结果集的代码是嵌套的。

例如，图 7-21 中修改新闻记录的界面中有一个下拉框，该下拉框列出了新闻所属的各种类别供用户选择，而各种类别存储在字段 class 中，显然填充下拉框需要创建一个查询所有 class 字段值的结果集（该结果集中有多条记录）；而显示待修改记录各个字段是根据该记录的 id 创建一个结果集，该结果集中只有 1 条记录。因此，这里面存在两个不同的结果集，一个结果集用来显示待修改的记录，另一个结果集用来显示下拉框中的新闻所属类别。

为了同时创建两个结果集，可以使用 multi_query()函数同时执行多条 SQL 语句。如果执行的是 Select 语句，就可以使用 store_result()方法将当前结果集取回到客户端，而用 next_result()方法可转到下一个结果集。实现图 7-21 所示功能的程序如下。

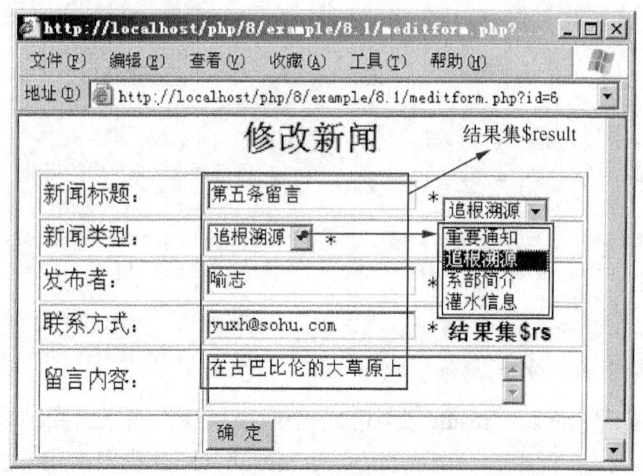

图 7-21 带有下拉框的修改记录界面需同时创建两个结果集

--------------------清单 7-18.php ----------------

```
<?  $conn=new mysqli();
    $conn->connect('localhost','root','111');
    $conn->select_db('lyb');
    $conn->query('set names gb2312');
    $id=intval($_GET['id']);               //将获取的 id 强制转换为整型
    //执行 2 条 SQL 语句，2 条 SQL 语句之间用“;”隔开
$conn->multi_query("Select * from lyb where ID=$id ;select distinct class from lyb");
$result=$conn->store_result();             //获取第 1 个结果集
$row=$result->fetch_assoc();           ?>
 <h2 align="center">更新留言</h2>
<form method="post" action="edit.php?id=<?= $row['ID'] ?>">
  <table width="400" border="1" align="center" cellpadding="2">
     <tr> <td width="125">留言标题: </td><td width="275">
     <input type="text" name="title" value="<?= $row['title'] ?>"> *</td></tr>
     <tr> <td width="125">留言类型: </td><td>
<select name="clas">
<?  $conn->next_result();                  //转到下一个结果集
    $rs=$conn->store_result();             //获取第 2 个结果集
while($row2=$rs->fetch_assoc()){           //将 class 字段填充到下拉框中    ?>
    <option  value="<?= $row2["class"] ?>" <? if($row2["class"]==$row['class']) echo " 
selected"; ?>><?= $row2["class"] ?></option>
      <? } ?>
```

```
</select>  *</td></tr>
      <tr><td>留言人：</td>
         <td><input type="text" name="author" value="<?= $row['author'];?>"> *</td></tr>
      <tr><td>联系方式：</td>
         <td><input type="text" name="email" value="<?= $row['email'];?>"> *</td></tr>
      <tr><td>留言内容：</td><td><textarea name="content" cols="30" rows="2">
      <?= $row['content'];?></textarea></td></tr>
       <tr><td> </td> <td><input type="submit" value="确 定"></td></tr>
</table></form>
```

提示：multi_query()函数会返回一个布尔值，如果执行第 1 条 SQL 语句成功就返回 True，否则返回 False。因此，multi_query()函数返回 True 只能说明第 1 条 SQL 语句执行成功，而无法判断第 2 条及以后的语句是否在执行时发生了错误。

7.5 新闻网站综合实例

在本节中，将把图 7-22 所示的一个静态网页转化为动态网站，也就是向静态网页中绑定数据。由于制作一个完整的动态网站要经过数据库设计、制作前台页面、制作后台管理程序等步骤，工作量相当大。因此在实际中，一般是借用别人的数据库和后台管理程序，用于添加、删除和修改网站中的新闻内容，这样的后台管理系统称为内容管理系统（Content Management Systems，CMS）或新闻管理系统。开发人员只制作前台页面（主要包括首页、栏目首页和内页 3 个页面），然后在这些页面中绑定动态数据（即显示数据库中的有关数据）。

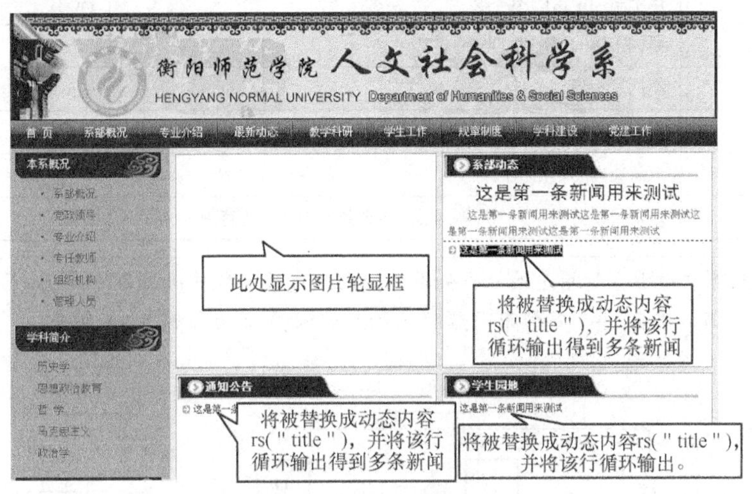

图 7-22 新闻网站的静态首页

7.5.1 为网站引用后台程序和数据库

这里以“风诺新闻系统”为例，介绍在制作网站时如何利用它的数据库和后台程序。首先在百度上搜索“风诺新闻系统”，下载后将其所有文件解压到一个目录内，如 E:\Web，设置 E:\Web 为该新闻系统的网站主目录（该目录下有 admin 目录和 data 目录），如图 7-23 所示。

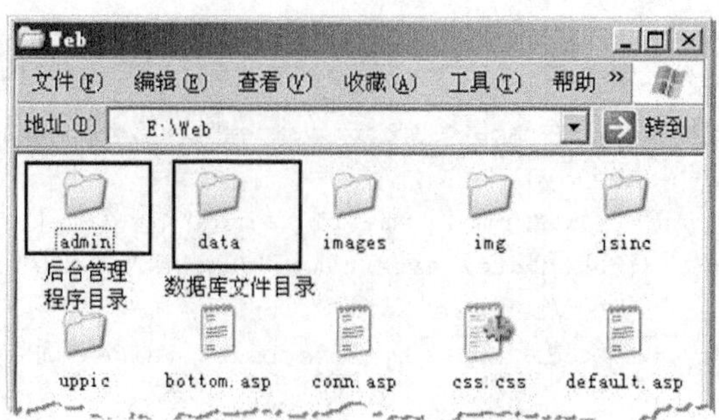

图 7-23　风诺新闻系统网站主目录下的内容

该网站的数据库文件为 data 子目录下的 funonews.mdb。这里使用 Navicat for MySQL 软件将该 Access 数据库转换为 MySQL 数据库（具体转换方法见 6.2.3 节），数据库名为 test。

下面打开数据库 test，可发现该数据库中共有 4 个表，分别是 Admin、Bigclass、News 和 SmallClass，其中 News 表存放了网站中的全部新闻，News 表中字段及含义如表 7-3 所示。

表 7-3　News 表中的字段及含义

字段名	字段含义	数据类型
ID	新闻的编号	int，自动递增，主键
title	新闻标题	varchar
content	新闻内容	text
BigClassName	新闻所属的大类名	varchar
SmallClassName	新闻所属的小类名（可不指定）	varchar
imagenum	该条新闻中含的图片数	int
firstImageName	新闻中第一张图片的文件名	varchar
user	新闻发布者	varchar
infotime	新闻的发布日期	datetime
hits	该条新闻的单击次数	int
ok	是否将该新闻作为图片新闻显示（该新闻中必须含有图片）	tinyint

说明：新闻系统中的所有新闻是按栏目分类的。因此每条新闻中必须有一个 BigClassName 字段，以标注该新闻属于哪个栏目。一个新闻网站的结构及其对应页面如图 7-24 所示。

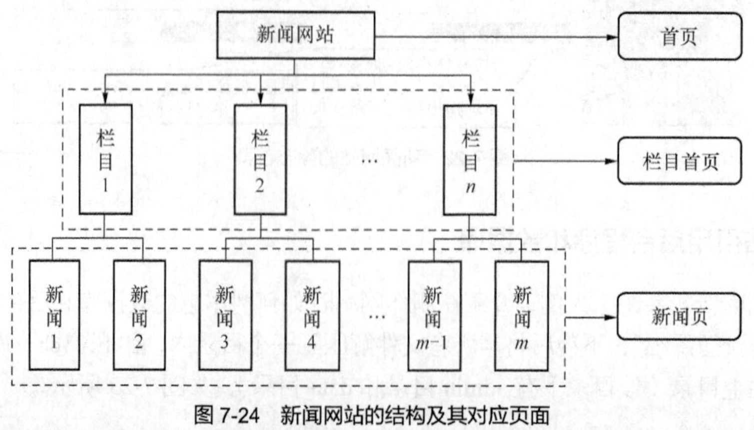

图 7-24　新闻网站的结构及其对应页面

网站目录下的其他文件是用该 CMS 制作的一个示例网站，其中 default.php 为该网站的首页，otype.php 为该网站的栏目首页，funonews.php 为该网站的内页。css.css 为该网站的样式表文件。top.php、bottom.php 和 left.php 为该网站各页面调用的头部、尾部和左侧文件。可以将这些文件都删除，只保留 admin 子目录（后台管理系统所在目录）。

接下来，进入风诺新闻系统的后台创建网站的栏目，并在每个栏目中添加几条新闻。后台登录的网址是 http://localhost/admin/adminlogin.php，使用默认用户名“funo”和密码“funo”即可登录图 7-25 所示的新闻后台管理界面。

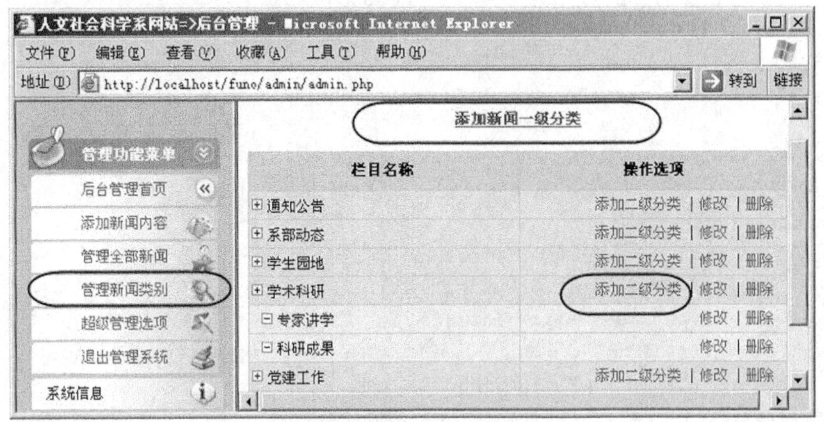

图 7-25　网站后台管理界面

在这里，首先选择“管理新闻类别”创建网站应具有的栏目，如“通知公告”“系部动态”“学生园地”等，还可以在这些栏目下再选择“添加二级分类”来创建小栏目。将网站栏目创建好之后，就可以选择左侧的“添加新闻内容”为每个栏目添加几条测试新闻，只要在添加新闻时将这些新闻的“新闻类别”选择为不同的栏目即可。这样，这些新闻就保存到了 News 表中。

7.5.2　在首页显示数据表中的新闻

为了在网页上显示数据库中的新闻，必须先要连接数据库，本系统采用 mysqli 函数连接数据库，将连接数据库的代码写在 conn.php 中，以供其他页面调用。代码如下：

```
<?   $conn=new mysqli();
$conn->connect('localhost','root','111');
$conn->select_db('test');
$conn->query('set names gb2312');       ?>
```

在首页的各个栏目中显示这个栏目的新闻是通过显示结果集中记录实现的。例如，要显示“通知公告”栏目中的最新 6 条新闻，可以执行下面的查询来创建结果集。

```
$result=$conn->query("select * from news where Bigclassname='通知公告' order by ID desc limit 6");
```

接下来就可以循环输出该结果集中的 6 条新闻到页面。而要显示“学生工作”栏目的新闻，就必须执行一个不同的查询，因此需要一个新的结果集来实现。为了得到一个新结果集，有两种方法。一种方法是创建一个新的结果集对象，如$result2；另一种方法是将原来的结果集关闭，再用原来的结果集对象$result 打开一个新结果集。例如：

```
<?   $result->close();    //关闭语句也可省略，mysqli 函数会自动关闭
$result=$conn->query("select  * from news where Bigclassname='学生工作' order by ID desc limit 6");          ?>
```

使用第 2 种方法，内存中只需保存一个结果集对象，更节约资源，因此推荐使用。在首页显示新闻的过程是：①为第 1 个栏目创建结果集，然后循环输出结果集中记录到该栏目框中；②为第 2 个栏目创建结果集，再循环输出记录到第 2 个栏目框，如此循环。因此，首页上有几个栏目就创建几个结果集，代码如下，运行结果如图 7-26 所示。

```
    <div id="main">
    <div id="pic">
         <? require('conn.php');
         include('flasha.php');        // flasha.php 用来载入图片轮显框，具体代码见 7.5.3 节
        ?></div>
    <div id="xbdt">
    <h2 class="lanmu"><a href="otype.php?owen1=近期工作"></a>系部动态</h2>
    <?
    $result=$conn->query("select  * from news where bigclassname in('规章制度','学生工作',
'德育园地','科研成果','近期工作','图片新闻') order by ID desc limit 7 ");
    $row=$result->fetch_assoc();                ?>
    <!-- 将最新的一条新闻以 h3 标题的形式突出显示在系部动态栏目上方-->
    <h3 align="center"><?=Trimtit($row['title'],12)?></h3>
    <p><a href="ONEWS.php?id=<?=$row['ID']?>">
    <?=Trimtit(strip_tags($row['content']),40) ?></a> [<?= noyear($row['infotime'])?>)]</p>
    <ul>      <?      //显示系部动态栏目框中的 6 条新闻
     for($i=0;$i<6;$i++) {
            $row=$result->fetch_assoc();?>
    <li class="xinwen"><b style="float:right;"><?= noyear($row['infotime'])?></b>
    <a href="onews.php?id=<?=$row['ID']?>"><?=Trimtit($row['title'],20)?></a></li>
     <? }
         $result->close();
         $result=$conn->query("select  * from news where Bigclassname='近期工作' order by ID
desc limit 6");          //为通知公告栏目创建结果集   ?>
    </ul></div>
    <div id="tzgg">
    <h2 class="lanmu"><a href="otype.php?owen1=近期工作"></a>通知公告</h2>
    <ul><?
     for($i=0;$i<6;$i++) {
         $row=$result->fetch_assoc();   ?>
    <li class="xinwen"><b style="float:right;"><?= noyear($row['infotime'])?></b>
    <a href="onews.php?id=<?=$row['ID']?>"><?=trimtit($row['title'],20)?></a></li>
     <? }
         $result->close();
         $result=$conn->query("select  * from news where Bigclassname='学生工作' order by ID
desc limit 6");          //为学生工作栏目创建结果集        ?>
    </ul></div>
    <div id="xsyd">
    <h2 class="lanmu"><a href="otype.php?owen1=学生工作"></a>学生工作</h2>
    <ul><?
     for($i=0;$i<6;$i++) {
     $row=$result->fetch_assoc();?>
    <li class="xinwen"><b style="float:right;"><?= noyear($row['infotime'])?></b>
    <a href="onews.php?id=<?=$row['ID']?>"><?=trimtit($row['title'],20)?></a></li>
     <? }
         $result->close();
```

```
        $result=$conn->query("select * from NEWS where firstImageName<>'' order by ID
DESC limit 7");              //为图片滚动栏目创建结果集          ?>
    </ul></div>
```

图 7-26　新闻版块最终效果图

将图 7-26 与图 7-22 相比，可看出图 7-22 中显示静态文字的地方被替换成输出动态数据，这称为绑定数据到页面。由于每条新闻位于一个<li>标记内，因此循环输出新闻的循环体是<li>…</li>。

上述代码中还调用了 3 个函数，即裁剪字符串长度的 Trimtit()函数（见 4.2.2 节例 4.5），去除 HTML 标记的 PHP 内置函数 strip_tags()。去除日期前年份的函数 noyear(str)代码如下：

```
    <?  function noyear($str) {
            return substr($str,5,5);
     }   ?>
```

为了使本网站中所有网页都能调用这些函数，应将这些函数代码写在 conn.php 文件中。

上述代码调用的 CSS 代码如下，主要是设置 4 个栏目框浮动和设置标题栏背景图片。

```
    <style type="text/css">
    #pic,#xbdt,#tzgg,#xsyd {        /* 4 个栏目框*/
          border:1px solid #CC6600;       background:white;
          width:335px;
          padding:2px 6px 10px;       margin:4px;
          float:left;         /*使 4 个栏目框都浮动*/}
    #main {
          background:#e8eadd;       padding:4px;}
    #main .lanmu {
          background:url(images/title-bg3.jpg) no-repeat 2px 2px;   /*设置栏目标题背景图案*/
          padding:8px 0px 0px 40px;
          font-size:14px;   color:white;
          margin:0;      height:32px;   }
    #main .lanmu a {
          background:url(images/more2.gif) no-repeat;     /*设置超链接的背景为“more”图标*/
```

```
        float:right;                                /*设置“more”图标右浮动*/
        width:37px;    height:13px;
        margin-right:4px;    }
    #main #xbdt h3 {
        font: 24px "黑体";    color:#900;           /*设置首条新闻的标题样式*/
        margin:0px 4px 4px;    }
    #main #xbdt p {
        margin:4px;
        font: 13px/1.6 "宋体";    color:#06C;     text-indent:2em;
        border-bottom: 1px dashed #900;          /*设置首条新闻与下面新闻的虚线*/}
    #main .xinwen {
        height:24px;       line-height:24px;
        background:url(images/article_common.gif) no-repeat 6px 4px; /*新闻前的小图标*/
        font-size:12px;
        padding:0 6px 0 22px;}
    .xinwen b {    float: right;    /*每条新闻的日期显示在右侧*/    }
    ul{    margin:0;       padding:0;    list-style:none;    }
    a {    color: #333;    text-decoration: none;    }
    a:hover {    color: #900;    }
    </style>
```

7.5.3 制作动态图片轮显效果

1. pixviewer.swf 文件的原理

在图 7-26 中，第 1 个栏目框中图片轮显效果是通过包含一个 flasha.php 的文件实现的。该文件需要调用一个 pixviewer.swf 的文件，pixviewer.swf 是个特殊的 Flash 文件，用来实现图片轮显框。它可以接受两组参数，第 1 组参数包括 pics、links 和 texts，用于设置轮显图片的 URL 地址、图片的链接地址及图片下的说明文字。例如：

```
var pics="uppic/1.gif | uppic/2.gif | uppic/3.gif | uppic/4.gif | uppic/5.gif"
var links="onews.php?id=88 | onews.php?id=87 | onews.php?id=86 | onews.php?id=8 | onews.php?id=7"
var texts="爱我雁城、爱我师院 | 国培计划 | 青春舞动 | 长春花志愿者协会 | 朝花夕拾，似水流年"
```

这 3 个参数的值都是字符串，其中 pics 参数指定了欲载入图片的 URL，这里使用了相对 URL，共设置了 5 个图片文件的路径（最多可设置 6 个）。各图片路径之间必须用“|”隔开（最后一幅图片后不能有“|”）。links 参数定义了单击图片时的链接地址，texts 参数保存了每张图片下的说明文字，其格式要求和 pics 参数相同。上述代码载入了 5 幅图片轮显并定义了它们的链接地址和说明文字。

2. 轮显动态图片的方法

上述将 5 张图片 URL 地址直接写在 pics 变量中的做法只能固定地显示这 5 张图片。而在新闻网站中，通常要能自动显示最新的 5 条新闻中的图片。为此，必须能从 News 表中读取最新的 5 条具有图片的新闻记录，将记录的相关字段值填充到这 3 个参数中去。因为 News 表中的 firstImageName 字段保存了新闻中第 1 张图片的文件名，而这些新闻中的图片都保存在 uppic 目录中，因此可以采用如下语句为 pics 添加每幅图片的 URL 路径。

```
$pics.="uppic/".$row['firstImageName']."|";
```

而本新闻系统中所有的新闻都是链接到同一页面 onews.php，只是所带的参数为该条新闻的 id 字段。因此设置 links 参数的语句如下：

```
$links.="onews.php?id=".$row['ID']."|";
```

texts 参数只要装载每条新闻的标题即可，但要把标题长度限制在 16 个字符以内。

```
    $texts.=Trimtit($row['title'],16)."|";
```

下面是从数据库中读取 5 条具有图片的记录，并设置 pics、links、texts 参数，实现轮显动态图片的代码（flasha.php）：

```
<script>
   var pics="",links="",texts="";
<?       //用 Select 语句查询 5 条最新的新闻且新闻中图片不为空
$sql="select * from news where firstImageName<>'' and ok=true order by ID desc limit 5";
$result=$conn->query($sql);
while($row=$result->fetch_assoc()){
     $pics.="uppic/".$row['firstImageName']."|";
      $links.="onews.php?id=".$row['ID']."|";
      $texts.=Trimtit($row['title'],16)."|";
}
      $pics=substr($pics,0,-1);     //去除最后一条记录后的"|"
      $links=substr($links,0,-1);
      $texts=substr($texts,0,-1);    ?>
   var pics="<?= $pics ?>";
   var links="<?= $links ?>";
   var texts="<?= $texts ?>";
……
</script>
```

说明：创建结果集时选择了图片不为空且允许作为图片新闻显示的 5 条记录。在输出记录时，记录之间必须添加分隔符"|"，但最后一条记录之后不能有分隔符"|"。为此，通过 substr 函数将最后一条记录后的"|"去除。

3. 设置图片轮显框的大小

第 2 组参数用来定义该图片轮显框及其说明文字的大小。它有 4 个参数，包括：

```
var focus_width=336        //定义图片轮显框的宽
var focus_height=224       //定义图片轮显框的高
var text_height=14         //定义下面文字区域的高
var swf_height = focus_height+text_height       //定义整个 Flash 的高
```

只要修改这些参数，就能使图片轮显框改变成任意大小显示。

4. 其他设置

下面还有一些代码，用来插入 Pixviewer.swf 这个 Flash 文件到网页中，并对其设置参数的代码。这段代码不需要做多少修改，只要保证引用 Pixviewer.swf 文件的 URL 路径正确，还可以设定文字部分的背景颜色。找到第 2 个 document.write，粗体字即为设置的地方。

```
document.write('<param name="allowScriptAccess" value="sameDomain"><param name="movie"
value="images/pixviewer.swf"><param name="quality" value="high"><param name="bgcolor"
value="#ffffff">');
```

该图片轮显框默认会有 1 像素灰色的边框，如果要去掉边框，可以找到第 4 个 document.write，做如下修改就可以了。

```
document.write('<param name="FlashVars" value="pics='+pics+'&links='+links+'&texts=
'+texts+'&borderwidth='+(focus_width+2)+'&borderheight='+(focus_height+2)+'&textheight=
'+text_height+'">');
```

7.5.4 制作显示新闻详细页面

新闻详细页面实际上就是显示一条记录的页面，它首先获取前一页面传过来的记录 id，找到 id 对应的新闻后，将要显示的字段用不同的样式输出到页面的对应位置上，如图 7-27 所示。例如，title 字段以 24px 红色字体显示在页面上方，而 content 字段以正常字体显示在页面中央。

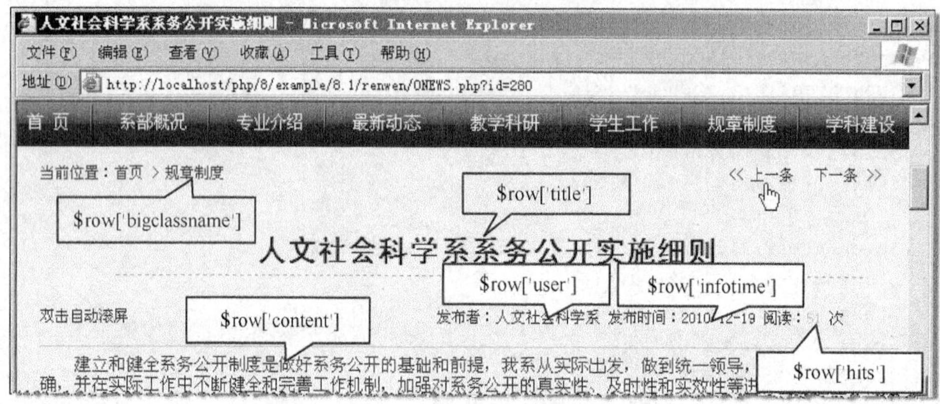

图 7-27 显示新闻详细页面

1. 显示新闻的制作

新闻详细页面首先应使用$_GET['id']获取其他页超链接中传过来的 id 参数，再根据该 id 构造 Select 语句找到这条新闻，然后将新闻中的各个字段存入数组$row 中。代码如下：

```
<? require('conn.php');
$id=intval($_GET['id']);
$sql="select * from news where id=$id";
$result=$conn->query($sql);        //根据记录 id 创建结果集
if($result->num_rows>0){
 $row=$result->fetch_assoc();   …}    ?>
```

接下来，就可以将该条记录的各个字段输出到页面的相应位置，主要代码如下：

```
<title><?= $row['title'] ?></title>     <!--将 title 字段显示在页面标题中-->
…<h1><?= $row['title'] ?></h1>
当前位置：<a href="index.php">首页</a> &gt; <a href="otype.php?owen1=<?= $row
['bigclassname'] ?>"><?= $row['bigclassname'] ?>
发 布 者 ： <?= $row['user'] ?> 发 布 时 间 ： <?= notime($row['infotime'])?> 阅 读 ：
<font color="#ffcc00"><?= $row['hits'] ?></font> 次
<div style='font-size:7.5pt'>
<hr width="700" size="1" color="cccc99">
<?= $row['content'] ?></div>
```

显示结果集后，必须将结果集与数据库连接关闭，否则可能会影响网站内其他页面的打开速度，关闭结果集与数据库连接的代码如下：

```
<?    $result->close();
      $conn->close();      ?>
```

2. “上一条”“下一条”新闻链接的制作

在显示新闻页面中，“上一条”链接可以链接到该新闻所属栏目中的上一条新闻，“下一条”链接则转到同栏目中的下一条新闻，如图 7-27 所示。虽然这种功能对于新闻网站来说并不是十分必要，但对于博客类网站来说是不可或缺的，因为通常用户都是通过单击“下一条”链接来一条条查看博客主人的日志。

制作的思路如下：“上一条”链接是要找到本栏目中上一条新闻的 id 值。这不能通过将本条新闻的 id 值减 1 实现，因为这样得到的 id 值对应的新闻可能是其他栏目的新闻，甚至可能是已经被删除的新闻（删除记录后其 id 值不会被新添加的记录所占用）。应该通过一个查询语句，找到在同一栏目（bigclassname）中所有 id 值比该新闻的 id 值小的记录，再对这些记录进行逆序排列，取其中 id 值最大的一条，也就是逆序排列后结果集中的第 1 条记录。

因此，首先要通过 id 找到该条记录对应的大类名（bigclassname），将其保存到变量$bcn 中，然后关闭结果集，再新开一个查询上一条新闻 id 和 title 的结果集。代码如下：

```
    <? require('conn.php');
    $id=intval($_GET['id']);
    $sql="select bigclassname from news where ID=$id ";       //根据记录 id 找到大类名
    $result=$conn->query($sql);
    $row=$result->fetch_row();
    $bcn=$row[0];
                //找到该大类中与该记录相邻的上一条记录
    $sql="select ID,title from news where ID <$id and Bigclassname='$bcn' order by ID
desc limit 1"; $result=$conn->query($sql);
    if($result->num_rows==0)        //如果结果集为空
        $pret=0;                    //令$pret 为 0，表示上一条记录没有了
    else {
        $row=$result->fetch_assoc();
        $pret=$row['ID'];
        $pretit=$row['title'];    }
     $sql="select ID,title from news where ID >$id and Bigclassname='$bcn' order by ID limit 1";
     $result=$conn->query($sql);
    if($result->num_rows==0)
        $nextt=0;                  //令$nextt 为 0，表示下一条记录没有了
     else {
        $row=$result->fetch_assoc();
        $nextt=$row['ID'];
        $nexttit=$row['title'];    }
    ?>
```

接下来，在页面上输出“上一条”“下一条”及“当前位置”的链接，代码如下：

```
    <?  if($nextt<>0){         //如果有下一条记录        ?>
        <a title="<?= $nexttit ?>" style="float:right;padding-right:16px;" href="onews.
php?id=<?= $nextt ?>">下一条 &gt;&gt;</a>
    <? }
        if($pret<>0) {         //如果有上一条记录        ?>
        <a title="<?= $pretit ?>" style="float:right;padding-right:16px;" href="onews.
php?id=<?= $pret ?>">&lt;&lt; 上一条 </a>
    <? } ?>
        当前位置：<a href="index.php">首页</a> &gt;
        <a href="otype.php?owen1=<?= $bcn ?>"><?= $bcn ?></a>
```

3. 记录新闻的单击次数

只要将下面的语句放在页面的适当位置，用户每打开一次该页面，就会使 hits 值加 1。

```
<?  $sql="update news set hits=hits+1 where id=$id";
$conn->query($sql);     ?>
```

7.5.5 制作栏目首页

栏目首页用来只显示一个栏目中的新闻，如图 7-28 所示。当用户单击导航条上的某个导航项或栏目框上的“more”图标时，都将链接到栏目首页，并将栏目名以 URL 参数的形式传递给该页。因此，栏目首页首先要获取栏目名。

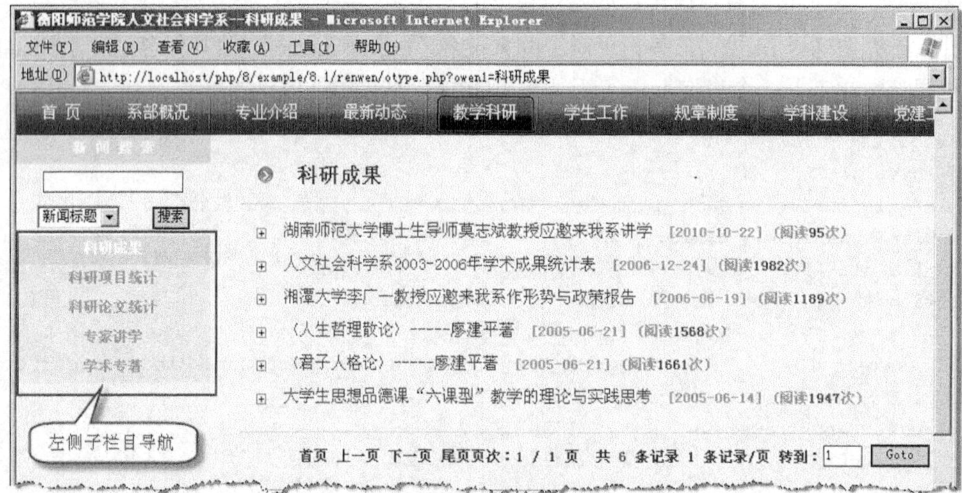

图 7-28 栏目首页

在网页左侧根据栏目名显示子栏目列表的代码如下：

```
<?    $owen1=$_GET["owen1"];        //获取首页传来的一级栏目名
      $owen2=$_GET["owen2"];        //获取首页传来的子栏目名
  //根据一级栏目名显示下面的子栏目名
$result=$conn->query("Select * From SmallClass Where BigClassName='$owen1'");
if ($result->num_rows>0){
 while($row=$result->fetch_assoc()){      ?>
     <tr bgColor=#EFEFEF>           <!---一行显示一个子栏目名-->
     <td height="25" align="center" bgcolor="#EFEAD8" >
<a  href="otype.php?owen1=<?=$owen1 ?>&owen2=<?= $row["SmallClassName"] ?>">
<b><?= $row["SmallClassName"] ?></b></a></td> </tr>
<?   }}    ?>
```

在网页右侧根据栏目名执行查询得到该栏目新闻记录的列表并显示。代码如下：

```
<?    if($owen1<>"" && $owen2 <>"")        //如果获取的一级栏目和子栏目名都非空
    $sql="select * from news where BigClassName='$owen1' and SmallClassName='$owen2' order
by ID desc";
    else if ($owen1<>"")    //如果获取的一级栏目名不为空，则根据一级栏目名查询
    $sql="select * from news where BigClassName='$owen1' order by ID desc";
    $result=$conn->query($sql);
    $RecordCount=$result->num_rows;     ?>
```

接下来就是循环输出该结果集所有记录的标题和日期等字段到页面上。

由于每个栏目的记录可能有很多，因此图 7-28 中的栏目首页还应具有分页功能，分页功能的实现请读者仿照 7.3.1 节中介绍的方法实现。

7.5.6　FCKeditor 的使用

编辑新闻时，如果用表单中的多行文本域，则只能在其中输入纯文本，如果要对这些文本进行网页排版则很不方便。为此，人们开发了在线编辑器软件，这些在线编辑器就像 Dreamweaver 的设计视图，可以对新闻中的文字和图片进行可视化排版，使新闻以美观、适合阅读的版式显示出来。

FCKeditor 是目前流行的“所见即所得”的在线编辑器，它具有功能强大、体积小巧、跨浏览器、支持多种 Web 编程语言等特点。本节以 FCKeditor 2.6.8 版本为例，结合新闻发布系统介绍 FCKeditor 的使用方法。

在百度上搜索“FCKeditor”下载，将下载的压缩文件 FCKeditor 解压到新闻发布系统的根目录下即可，FCKeditor 的目录结构如图 7-29 所示。

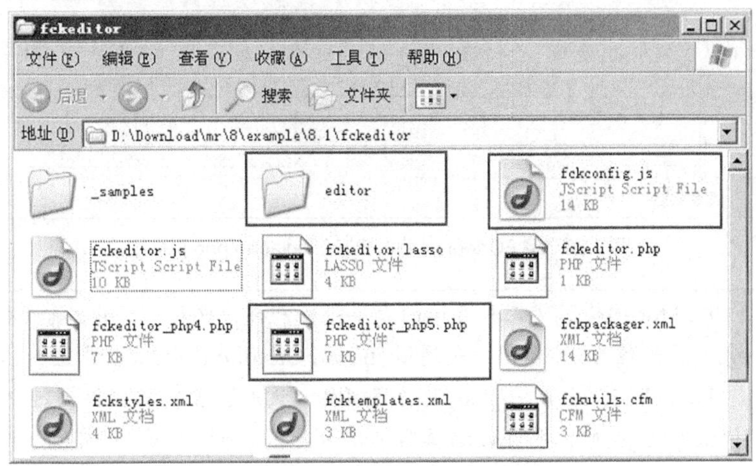

图 7-29　FCKeditor 的目录结构

fckeditor 文件夹下比较重要的目录和文件有：①editor 目录定义了编辑器的 CSS 样式表、皮肤文件、图片，以及文件上传程序等文件；②_samples 目录提供了 FCKeditor 的示例程序；③fckeditor_php5.php 是 PHP 程序实例化 FCKeditor 的类文件；④fckconfig.js 是 FCKeditor 工具栏集合的配置文件，这两个文件对于配置和使用该编辑器具有至关重要的作用。

1. **调用 FCKeditor 编辑器**

fckeditor_php5.php 代码中定义了一个 FCKeditor 类，调用 FCKeditor 编辑器必须先用该类创建一个实例化对象。而创建 FCKeditor 类的实例必须先载入 FCKeditor 类文件。例如：

```
<?  include("fckeditor/fckeditor_php5.php") ;     //载入 FCKeditor 类文件
    $oFCKeditor = new FCKeditor('content') ;  //创建 FCKeditor 类的实例
?>
```

接下来，设置 FCKeditor 实例的根目录及 FCKeditor 实例其他成员属性的值，最后用 Create()方法创建编辑器，以 7.2.5 节中新闻编辑页面 editform.php 为例，将该程序中的代码片段：

```
<textarea name="content" cols="30" rows="2"><?= $row['content'];?></textarea>
```

替换为：

```
<?  include("fckeditor/fckeditor_php5.php") ;        //载入 FCKeditor 类文件
    $oFCKeditor = new FCKeditor('content') ;         //创建 FCKeditor 类的实例
    $oFCKeditor->BasePath = 'fckeditor/';            //设置 FCKeditor 目录地址为当前目录下的
//fckeditor 目录，这样 FCKeditor 才能找到它的相关资源文件
    $oFCKeditor->Width='95%';                        //设置显示宽度
    $oFCKeditor->Height='400px';                     //设置显示高度
    $oFCKeditor->Value=$row['content'];              //设置编辑器的值，将显示在编辑器中
    $oFCKeditor->Create() ;                          //创建编辑器
?>
```

通过更新链接进入 editform.php 页面的运行结果如图 7-30 所示。

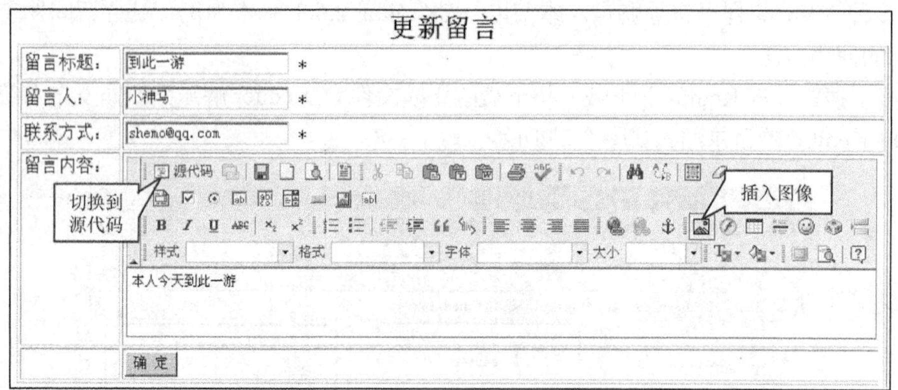

图 7-30　将 FCKeditor 编辑器嵌入 editform.php 页面中

说明：一个 FCKeditor 编辑器实例和普通的表单控件一样，也具有 name 属性和 value 属性，上例中编辑器的 name 属性值为 content，是通过 new FCKeditor('content')设置的，value 属性值为$row['content']，是通过$oFCKeditor->Value 属性设置的。因此，要获取该编辑器中的内容，可以用$content=$_POST["content"]获取，要在该编辑器中显示内容，可以通过"$oFCKeditor->Value='要显示的内容';"语句实现。

对于 7.2.2 节中新闻添加页面 addform.php，也可以使用上述方法将多行文本域替换成 FCKeditor 编辑器，只是因为新闻添加页面中的新闻内容为空，因此不需要设置$oFCKeditor->Value 属性的值。

2. 配置 FCKeditor 编辑器的文件上传功能

FCKeditor 编辑器内置了文件管理功能，使用户能够上传图像或文件，它的文件管理程序放在"editor/filemanager/"目录下。FCKeditor 提供了文件浏览和文件快速上传功能，"文件浏览"为用户提供了 3 种功能：浏览服务器上已存在的多媒体文件，在编辑器中浏览多媒体文件，以及上传本地文件到服务器。"文件快速上传"为用户提供了快速上传本地文件至服务器的功能，是"文件浏览"功能的子集。

为了能够使用文件快速上传功能，需要进行一些配置。打开 fckeditor\editor\filemanager\connectors\php 目录中的 config 文件，找到如下两行代码：

```
$Config['Enabled'] = true ;         //将 false 改为 true，表示允许上传
$Config['UserFilesPath'] ='upfiles/' ;        //定义上传目录
```

再打开 fckeditor 根目录下的 fckeditor.js，确保以下两行的值为 php：

```
var _FileBrowserLanguage    = 'php' ;
var _QuickUploadLanguage    = 'php' ;
```

至此，Apache 服务器已能正常上传文件，但对于 IIS 服务器，还需要设置上传目录的绝对路径，找到如下代码修改为：

```
$Config['UserFilesAbsolutePath'] = 'D:\\AppServ\\www\\upfiles' ;
```

3. 配置对上传文件进行重命名

如果要上传的文件的文件名中存在中文字符，则会出现乱码问题，导致引用的文件 URL 不对，解决这个问题的办法是将所有上传文件重命名，方法如下。

找到 editor\filemanager\connectors\php 目录下的 io.php 文件，将函数名为 SanitizeFolderName 的函数代码修改如下：

```
function SanitizeFileName( $sNewFileName )    {
        $arr = explode('.',$sNewFileName);
        $ext = array_pop($arr);    //第一个数组元素保存了. 前的文件名。
        $filename = date('Ymd_His_').rand(1000,9999).'.'.$ext;
        return $filename ;
}
```

SanitizeFolderName 函数的功能是将上传文件重命名，新的文件名按照日期时间随机数的格式命名，既可防止修改后的文件名重名，又可防止新的文件名中出现中文字符。

4. 解决文件上传功能的安全性问题

文件上传可能给网站带来巨大的安全隐患，假设网站攻击者猜测到文件上传程序的路径，则可以直接访问该程序，以上传文件。为此，需要判断上传文件者是否是登录成功的用户，这可以通过 Session 变量判断。假如网站采用$_SESSION['admin']验证管理员是否已经登录，则只需打开 config.php 文件。将配置上传的代码修改为：

```
$Config['Enabled'] = isset($_SESSION['admin']);
```

这样，当用户未登录时，isset 函数将返回 false。

5. 为 FCKeditor 瘦身

FCKeditor 目录下包含有许多示例代码、文档等资源，这些文件不但没有任何意义，反而可能被网站攻击者利用起来进行攻击。下面介绍如何删除这些文件。

（1）删除所有以“_”开头的文件夹。

（2）删除根目录下的其他文件和目录，只保留 fckconfig.js、fckeditor.js、fckeditor_php5.php、fckpackager.xml、fckstyles.xml、fcktemplates.xml 和 editor 目录。

（3）editor\filemanager\connectors 目录下存放了 FCKeditor 所支持的 Web 编程语言，可以只保留 php 目录。

（4）editor\lang 目录下存放的是多语言配置文件，若只使用英文和简体中文，可删除其他的语言配置文件。

（5）editor\skins 目录下存放了皮肤文件，FCKeditor 默认提供了 3 种皮肤：default、Office 2003 和 silver，用户可根据喜好删除多余的皮肤文件。

6. FCKeditor 其他的一些设置

fckconfig.js 为程序员提供了配置 FCKeditor 的简单接口，用 DW 打开 fckconfig.js 可进行如下配置。

（1）设置语言为简体中文

```
FCKConfig.AutoDetectLanguage    = false ;           //关闭浏览器自动检测语言
```

```
FCKConfig.DefaultLanguage    = 'zh-cn' ;          //设置语言为简体中文
```

（2）修改皮肤为 Office 2003 样式的皮肤

```
FCKConfig.SkinPath = FCKConfig.BasePath + 'skins/office2003/' ;
```

（3）设置回车键模式

```
FCKConfig.EnterMode = 'br' ;          //Enter 键对应 br 标记，可设置为 p | div | br
FCKConfig.ShiftEnterMode = 'p' ;      //Shift+Enter 组合键对应 p 标记
```

7.6 数据库接口层 PDO

PHP 提供了操作各种数据库的内置函数，通过这些内置函数 PHP 可直接访问数据库。例如，使用 mysql 或 mysqli 函数库能够直接访问 MySQL 数据库，使用 mssql 函数库能直接访问 SQL Server 数据库。而如果要访问 Oracle 数据库，就需要使用 ora 函数（或 oci 数据抽象层）。可见，应用每种数据库时都需要学习特定的函数库，这是比较麻烦的。更重要的是，如果要将 PHP 程序移植到其他数据库上，就需要修改大量的程序代码，使移植难以实现。

为了解决这个问题，需要一种"数据库访问接口层"。通过这个接口层可以访问各种数据库，而 PHP 程序只要与接口层打交道，发送统一的指令给这个通用接口，再由接口层将指令传输给任意类型的数据库，如图 7-31 所示。

PDO（PHP Data Object，PHP 数据对象）是为 PHP 访问数据库定义的一个轻量级的、一致性的数据库接口。它提供了一个数据库访问抽象层，作用是统一各种数据库的访问接口，使程序能够轻松地在不同数据库之间进行切换，数据库间的移植变得容易实现。这样，无论使用什么数据库，都可以通过一致的函数执行查询和获取数据。

提示： PDO 是 PHP 5 新加入的一个重大功能，并且 PHP 6 默认使用 PDO 来操作数据库，可见 PDO 是 PHP 在数据库处理方面的主要发展方向。

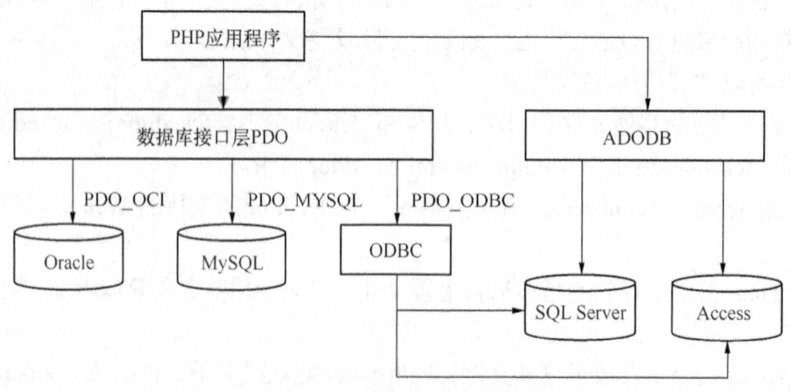

图 7-31 数据库访问接口层

常见的数据库接口层除了 PDO，还有 ADO（ActiveX Data Object，ActiveX 数据对象）。ADO 是微软公司推出的、一般用来访问微软公司的数据库，如 SQL Server 或 Access。而 PDO 一般用来让 PHP 访问非微软公司的数据库，如果一定要用 PDO 访问微软公司的数据库，那么可以使用它提供的 PDO_ODBC 驱动连接 ODBC，再通过 ODBC 访问微软公司的数据库。

7.6.1　PDO 的安装

安装 PHP 5.1 以上版本会默认安装 PDO，但使用之前，仍需要进行一些相关的配置。打开 PHP 的配置文件 php.ini，在 Dynamic Extensions 一节中找到：

```
;extension=php_pdo.dll
```

将前面的“;”（注释符）去掉，就打开了 PDO 所有驱动程序共享的扩展。接下来，还需要激活一种或多种 PDO 驱动程序，添加下面的一行或多行即可。

```
extension=php_pdo_mysql.dll          //如果要使用 MySQL，添加此行
extension=php_pdo_mssql.dll          //如果要使用 SQL Server，添加此行
extension=php_pdo_oci.dll            //如果要使用 Oracle，添加此行
extension=php_pdo_odbc.dll           //如果要使用 ODBC 驱动程序，添加此行
```

保存修改后的 php.ini 文件，然后重启 Apache 服务器，即完成了 PDO 的安装。这时可以查看 phpinfo()函数（echo phpinfo();），如果看到图 7-32 所示的结果，表示 PDO 已经可以使用了。

PDO

PDO support	enabled
PDO drivers	mysql

pdo_mysql

PDO Driver for MySQL, client librayr version	5.0.37

图 7-32　查看 phpinfo()函数输出结果检查 PDO 的安装

7.6.2　创建 PDO 对象连接数据库

在使用 PDO 与数据库交互之前，必须先创建一个 PDO 对象。创建 PDO 对象有多种方法，其中最简单的一种方法如下：

```
对象名=new PDO(string DSN, string username, string password, [array driver_options] );
```

说明：

① 第 1 个必选参数是数据源名（Data Source Name，DSN），用来指定一个要连接的数据库和连接使用的驱动程序。其语法格式为：

```
驱动程序名：参数名=参数值；参数名=参数值
```

例如，连接 MySQL 数据库和连接 Oracle 数据库的 DSN 格式分别如下：

```
mysql:host=localhost;dbname=testdb
oci:dbname=//localhost:1521/mydb
```

② 第 2 个参数和第 3 个参数分别用于指定连接数据库的用户名和密码，是可选参数。

③ 第 4 个参数 driver_options 必须是一个数组，用来指定连接所需的所有额外选项，传递附加的调优参数到 PDO 底层驱动程序。

下面是一个创建 PDO 对象并连接 MySQL 数据库 guestbook 的代码（conn.php）：

----------清单 7-19 conn.php 使用 PDO 对象连接数据库-----------------

```
<?    $dsn="mysql:host=localhost;dbname=guestbook";
```

```
    $db=new PDO($dsn,'root','111');          //连接数据库
    $db->query('set names gb2312');          //设置字符集
?>
```

提示：上述创建的连接数据库代码默认不是长连接，如果需要数据库长连接，需要用到第 4 个参数：array(PDO::ATTR_PERSISTENT => true)，即：

```
$db=new PDO($dsn,'root','111', array(PDO::ATTR_PERSISTENT => true));
```

当 PDO 对象创建成功后，与数据库的连接已经建立，就可以使用该对象了。PDO 对象中常用的成员方法如表 7-4 所示。

表 7-4　　PDO 类中常用的成员方法

方法名	描述
query()	执行一条有结果集返回的 SQL 语句，并返回一个结果集 PDOStatement 对象
exec()	执行一条 SQL 语句，并返回所影响的记录数
lastInsertId()	获取最近一条插入表中记录的自增 id 值
prepare()	负责准备要执行的 SQL 语句，用于执行存储过程等

调用 PDO 对象的方法可以使用“对象名->方法名”的形式。使用 PDO 对象的 query()方法执行 Select 语句后会得到一个结果集对象 PDOStatement，该对象的常用方法如表 7-5 所示。

表 7-5　　PDOStatement 类中常用的成员方法

方法名	描述
fetch()	以数组或对象的形式返回当前指针指向的记录，并将结果集指针移至下一行，当到达结果集末尾时返回 false
fetchAll()	返回结果集中所有的行，并赋给返回的二维数组，指针将指向结果集末尾
fetchColumn()	返回结果集中下一行某个列的值
setFetchMode()	设置 fetch()或 fetchAll()方法返回结果的模式，如关联数组、索引数组、混合数组、对象等
rowCount()	返回结果集中的记录总数，仅对 query()和 prepare()方法有效
columnCount()	在结果集中返回列的总数
bindColumn()	将一个列和一个指定的变量名绑定（必须设置 fetch 方法为 FETCH_BOTH）

7.6.3　使用 query()方法执行查询

PDO 访问数据库和 mysql 函数访问数据库的步骤基本上是一致的，即①连接数据库；②设置字符集；③创建结果集；④读取一条记录到数组；⑤将数组元素显示在页面上。

使用 query()方法可以执行一条 select 查询语句，并返回一个结果集。例如：

```
$result=$db->query('select * from news limit 20');
```

也可使用 query()方法设置字符集，但必须在创建结果集之前使用。例如：

```
$db->query('set names gb2312');
```

例 7.1　使用 query()执行查询的示例程序。

该程序将以表格的形式显示结果集中所有记录到页面上，运行结果如图 7-5 所示。

```
<?    $dsn="mysql:host=localhost;dbname=guestbook";
 $db=new PDO($dsn,'root','111');          //连接数据库
```

```
 $db->query('set names gb2312');                            //设置字符集
 $result=$db->query('select * from lyb');                   //执行查询创建结果集
 $result->setFetchMode(PDO::FETCH_ASSOC);
 //print_r($row=$result->fetch());
?>
<table border="1" width="95%">
  <tr bgcolor="#e0e0e0">
     <th>标题</th><th>内容</th> <th>作者</th><th>email</th><th>来自</th></tr>
  <? while($row=$result->fetch()){                         //读取一条记录到数组$row 中
?>
  <tr><td ><?= $row['title'];?></td> <td><?= $row['content'];?></td>
     <td><?= $row['author'];?></td> <td><?= $row['email'];?></td>
     <td><?= $row['ip'];?></td></tr>
  <? } ?>
</table><p>共有 <?= $result->rowCount()?>行</p>
```

说明：

（1）创建了结果集$result 后，可以用$result->fetch()方法读取当前记录到数组中，该数组默认是混合数组，如果希望 fetch()方法只返回关联数组，有如下两种方法。

① 在创建了结果集后用$result->setFetchMode(PDO::FETCH_ASSOC)方法进行设置。

② 给 fetch()方法添加参数，如$row=$result->fetch(PDO::FETCH_ASSOC)或$row= $result->fetch(1)。在 fetch()参数的可选值中，0 代表混合数组，默认值；1 或 2 代表关联数组，3 代表索引数组。本例中采用的是第①种方法。

（2）$result->rowCount()方法可以返回结果集中的记录总数。

（3）可以使用 print_r 方法打印$result->fetch(2)返回的数组，如果去掉本例中 print_r 语句前的注释符，就会输出：

```
Array ( [ID] => 1 [title] => 祝大家开心 [content] => 非常感谢大家长期以来的帮助 [author] =>
唐三彩 [email] => sanyo@tom.com [ip] => 59.51.24.37 )
```

（4）在 PDO 中使用 query()方法创建的结果集$result 是对象类型，var_dump($result)会得到：

```
object(PDOStatement)#2 (1) { ["queryString"]=> string(17) "select * from lyb" }
```

而以前用 mysql_query()创建的结果集$result 是资源类型，两种结果集的数据类型是不同的。

7.6.4 使用 fetchAll()方法返回所有行

fetchAll()方法将返回一个二维数组，该二维数组中包含了结果集中的所有行，并将结果集指针移动到结果集末尾。示例代码如下，运行效果如图 7-5 所示。

```
<?  require('conn.php');                              // conn.php 见 7.6.2 节清单 7-19
    $result=$db->query('select * from lyb');          //执行查询创建结果集
    $result->setFetchMode(PDO::FETCH_ASSOC);
?>
    <table border="1" width="95%">
       <tr bgcolor="#e0e0e0">
          <th>标题</th><th>内容</th> <th>作者</th><th>email</th><th>来自</th></tr>
  <? while($rows=$result->fetchAll()){               //读取所有记录到二维数组$rows 中
             foreach( $rows as $row ) {               //将每条记录放到数组$row 中
?>
```

```
    <tr><td ><?= $row['title'];?></td> <td><?= $row['content'];?></td>
       <td><?= $row['author'];?></td> <td><?= $row['email'];?></td>
       <td><?= $row['ip'];?></td></tr>
    <? } }?>
</table><p>共有 <?= $result->rowCount()?>行</p>
```

请注意，由于 fetchAll()返回的是二维数组，因此读取其中的所有字段需要使用双重循环。

对于结果集比较小时，用 fetchAll()方法效率较高，因为它可减少从结果集中移动指针的次数，但对于大结果集时，一次读取所有记录会占用很大内存，此时使用 fetch()方法更合适。

7.6.5 使用 exec()方法执行增、删、改命令

如果要用 PDO 对数据库执行添加、删除、修改操作，则可以使用 exec()方法，该方法将处理一条 SQL 语句，并返回所影响的记录条数。

例 7.2 使用 exec()方法修改记录的示例程序。

```
<?    require('conn.php');          // conn.php 见 7.6.2 节清单 7-19
 $affected=$db->exec("update lyb set content='用 PDO 修改记录' where author='蓉蓉'");
  ?>
 <p>共有 <?= $affected ?>行记录被修改</p>
```

如果要执行添加、删除操作，只要把上例中的 SQL 语句改为 insert 或 delete 语句即可。

读者可以使用 exec()方法改写 7.2 节中的所有程序，实现对记录的增加、删除、修改等操作。

7.6.6 使用 prepare()方法执行预处理语句

PDO 提供了对预处理语句的支持。预处理语句的作用是：编译一次，可以多次执行。它会在服务器上缓存查询的语法和执行过程，而只在服务器和客户端之间传输有变化的列值，以此来消除这些额外的开销。例如，要插入 1000 条记录，如果使用 exec 方法则需执行 1000 条 insert 语句，而使用预处理语句则只要编译执行一条插入语句。

对于复杂查询来说，如果要重复执行许多次有不同参数的但结构相同的查询，通过使用一个预处理语句就可以避免重复分析、编译、优化的环节。因此在执行重复的单个查询时快于直接使用 query()或 exec()方法，并且可以有效防止 SQL 注入（因为 SQL 语句是固定的，不需接受用户输入的参数值），因此这种方法速度快而且安全。

执行预处理语句的过程如下。

（1）在 SQL 语句中添加占位符，PDO 支持两种占位符：即问号（?）占位符和命名参数占位符，具体使用哪种凭个人喜好。两种占位符示例如下：

```
$sql="insert into lyb(title,content,author) values(?,?,?)";    //?占位符
$sql="insert into lyb(title,content,author) values(:title,:content,:author)";
//命名参数占位符
```

（2）使用 prepare()方法准备执行预处理语句，该方法将返回一个 PDOStatement 类对象。例如：

```
$stmt=$db->prepare($sql);
```

（3）绑定参数，使用 bindParam()方法将参数绑定到准备好的查询的占位符上。例如：

```
$stmt->bindParam(1,$title);                //对于?占位符，绑定第 1 个参数
$stmt->bindParam(':title',$title);         //对于命名参数占位符，绑定:title 参数
```

（4）使用 execute()方法执行查询。例如：

```
$stmt->execute();
```

也可以在执行查询的同时绑定参数，execute 方法的参数是一个数组。代码如下：

```
$stmt->execute(array('PDO 预处理','这是插入的记录','西贝乐'));
```

提示：通过执行 PDO 对象中的 query()方法返回的 PDOStatement 类对象，就是一个结果集对象；而通过执行 PDO 对象中的 prepare()方法返回的 PDOStatement 类对象，则是一个查询对象，本书约定用变量$stmt 表示查询对象。

例 7.3 使用预处理语句插入记录的示例程序。

```
<?    require('conn.php');            // conn.php 见 7.6.2 节清单 7-19
  $sql="insert into lyb(title,content,author) values(?,?,?)";    //用?作占位符
  $stmt=$db->prepare($sql);          //准备执行查询
  $title='PDO 预处理';    $content='这是插入的记录';    $author='西贝乐';
  $stmt->bindParam(1,$title);        //绑定第 1 个参数
  $stmt->bindParam(2,$content);
  $stmt->bindParam(3,$author);
  $stmt->execute();                  //执行插入语句，将插入一条记录
   echo '新插入记录的 ID 是：'.$db->lastInsertId();
          //如果要再插入记录，只要添加下面的代码即可
   $title='第二条';    $content='第二次插入的记录';    $author='书法家';
   $stmt->execute();                 //再次执行重新绑定参数的准备语句，插入第 2 条记录
    ?>
```

例 7.4 使用预处理语句根据关键词查询的示例程序。

该程序将根据关键词查询结果，并将查询结果输出。代码如下：

```
<?    require('conn.php');                          //conn.php 见 7.6.2 节清单 7-19
 $sql="select * from lyb where title like ?";      //用?作占位符
 $stmt=$db->prepare($sql);                          //准备执行查询
 $title='进口';
 $stmt->execute(array("%$title%"));                 //执行查询的同时绑定参数
$row=$stmt->fetch(1);                               //以关联数组的形式将结果集中第 1 条记录取出
var_dump($row);                                     //输出数组
echo $row['title'];        ?>
```

运行结果如下：

```
    object(PDORow)#3 (9) { ["queryString"]=> string(36) "select * from lyb where title
like ?" ["ID"]=> string(3) "178" ["title"]=> string(11) " 好进口红酒" ["content"]=> string(18) "
返回梵蒂冈的航天员" ["author"]=> string(8) "回家看看" ["email"]=> string(9) "yaopi@163.com "
["ip"]=> string(9) "127.0.0.1" }    好进口红酒
```

提示：在 SQL 语句中有 like 的情况下，占位符的正确写法是："select * from lyb where title like ?"，错误的写法是："select * from lyb where title like '%?%'"。因为占位符必须用于整个值的位置，在绑定参数时再给关键词两边加“%”。

PDO 的操作总结如下。

（1）执行查询的操作

PDO::query()：主要是用于有记录结果返回的操作，特别是 select 操作。

PDO::exec()：主要是针对没有结果集合返回的操作，例如，insert、update、delete 等操作，它

返回的结果是当前操作影响的列数。

PDO::prepare()：主要是预处理操作，需要通过$rs->execute()执行预处理里的 SQL 语句，这个方法可以绑定参数，功能比较强大。

（2）获取结果集的操作

fetch()：用来获取一条记录。

fetchALL()：获取所有结果集到一个数组中，获取结果可以通过 setFetchMode 设置需要结果集合的类型。

fetchColumn()：获取结果指定第 1 条记录的某个字段，默认是第 1 个字段。

（3）两个其他操作

PDO::lastInsertId()：返回上次插入操作，主键列类型是自增的最后的自增 ID。

PDOStatement::rowCount()：用于 PDO::query()和 PDO::prepare()进行 delete、insert、update 操作影响的结果集，对 PDO::exec()方法和 select 操作无效。

7.7 用 PDO 制作博客网站

博客是一种个人展示网站，是继 E-mail、QQ、论坛之后出现的一种网络交流方式。用户通过博客可以方便地建立起个性化的私密空间，并将该空间的内容有选择性地与他人交流、沟通。博客一般包括主人的日志、相册、留言等模块。图 7-33 是一个简单博客网站的首页。

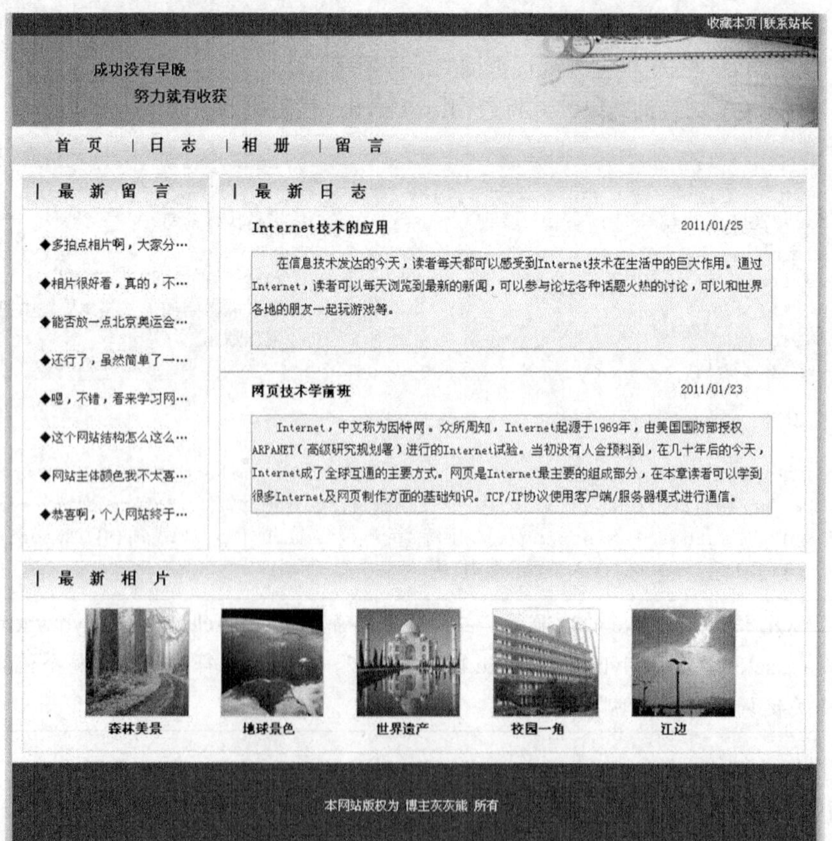

图 7-33　博客网站的首页

7.7.1　数据库的设计

根据博客网站的功能需求，将博客中的日志、相册、评论和留言分别保存在一张单独的表中。此外，为了让博客的主人可以登录后台对博客中的内容进行维护，还创建了一张管理表，用来保存管理员的账号和密码信息。下面是数据库（Blog）中包含的 5 个表的结构。

数据库名：Blog。

- 日志表：article(ID, title, content,author, date, hits, class)。
- 相册表：album(id, title, author, desc, pic)。
- 评论表：comment(id, articleid, author,content,date)。
- 留言表：lyb(ID, title, content, author, email, ip, date, sex)。
- 管理表：admin(id,user,password)。

创建好数据库后，可以在数据库的每个表中添加几行记录作为测试数据。接下来，在 DW 中新建一个动态站点，再在站点目录下新建一个数据库连接文件 conn.php，代码如下。这样就创建了网站与数据库的连接，本例中采用 PDO 方法连接数据库。

--------------------清单 7-20 conn.php-----------------

```
<?	$dsn="mysql:host=localhost;dbname= Blog";
	$db=new PDO($dsn,'root','111');		//连接数据库
	$db->query('set names gb2312');		//设置字符集
?>
```

7.7.2　首页的制作

1. 制作静态页面

制作动态网站的第 1 步是设计静态网页，根据图 7-33 的首页效果图，编写该首页的静态 HTML 代码，并保存为 index.php。结构代码如下（body 元素中的代码）：

```
<div id="top">		<!--网页头部开始-->
    <div id="top_txt"><a href="javascript:addFav('博客网站示例');" title="添加到收藏夹">
收藏本页</a>|<a href="mailto:zh@qq.com" title="给站长发邮件">联系站长</a></div>
</div>
<div id="vi">
    <div id="tt">成功没有早晚<br />努力就有收获</div>
</div>	<!--网页头部结束-->
<div id="nav">		<!--网页导航开始-->
    <ul>
       <li><a href="index.htm" target="_self">首页</a></li>
       <li class="bar">|</li>
       ……
       <li><a href="msg.htm" target="_self">留言</a></li>
   </ul>
</div>	<!--网页导航结束-->
<div id="main">		<!--网页主体开始-->
  <div id="left">		<!--左侧栏开始-->
     <h4>|最新留言</h4>
  <ul>
```

```
        <li>◆多拍点相片啊，大家分享一下。</li>
        ……
        <li>◆恭喜啊，个人网站终于开张了，下次记得请我们吃饭啊。</li>
    </ul>
    </div>      <!--左侧栏结束-->
    <div id="right">          <!--右侧栏开始-->
        <h4>|最新日志</h4>
     <span class="date">2011/01/25</span>
    <h5>Internet 技术的应用</h5>
    <br />
    <p>在信息技术发达的今天，… </p>
    <hr />
          <span class="date">2011/01/23</span>
           <h5>网页技术学前班</h5>
    <br />
    <p>Internet，中文称为因特网。…</p>
     </div>             <!--右侧栏结束-->
     <div id="photo">          <!--相册栏开始-->
         <h4>|最新相片</h4>
     <div id="photo_img">
       <img src="img/l_01.jpg" /> <img src="img/l_02.jpg" />
       <img src="img/l_03.jpg" /> <img src="img/l_04.jpg" />
       <img src="img/l_05.jpg" /> <h5>森林美景</h5>
       <h5>地球景色</h5>  <h5>世界遗产</h5> <h5>校园一角</h5>
       <h5>江边</h5>
     </div>
      </div>      <!--相册栏结束-->
</div>           <!--网页主体结束-->
<div id="bt">本网站版权为 博主灰灰熊 所有<br /><span id="sysmsg"></span></div>
```

博客的首页需要将最新的日志、留言和相片显示出来，其原理主要是输出数据表中的记录。输出记录的步骤是：①创建结果集；②读取记录到数组中；③输出数组元素的值到页面上。如果需要输出多条记录，可使用循环语句。

2. **最新留言的数据绑定**

最新留言需要输出 8 条留言表（lyb）中最新留言的标题（title）字段。为此，需要先创建结果集，将 lyb 表中的记录读取到结果集中来。可在网页的顶部插入如下代码：

```
<?    require('conn.php');
      $result=$db->query("select * from lyb order by ID desc");
?>
```

然后就可输出结果集中的字段到页面相应区域，这要找到静态网页中需被替换成动态字段的代码。可找到如下代码：

```
<div id="left">
      <h4>|最新留言</h4>
      <ul>
          <li>◆多拍点相片啊，大家分享一下。</ li >
                      ……
          <li>◆恭喜啊，个人网站终于开张了，下次记得请我们吃饭啊。</li>
```

```
        </ul>
</div>
```

可以发现，一条留言标题对应一个 li 元素。只要采用循环语句循环输出 8 个 li 元素，就能输出 8 条记录中的留言标题了。为此，先将 ul 中的 li 元素只保留一个，然后将这个 li 元素放到循环语句中循环输出 8 次，再将 li 元素的内容改为<?= $row["title"] ?>。修改后的代码如下：

```
<div id="left">
        <h4>|最新留言</h4>
        <ul>
        <?   if ($result->rowCount()>0){
                for($i=0; $i<8; $i++){
                    $row=$result->fetch(1);     ?>
                        <li>◆<?= $row["title"] ?></li >
                    <? }}
            else echo "<p>目前还没有用户留言</p>";
        ?>
        </ul>
</div>
```

提示：上述代码中含有判断留言记录是否为空的语句。这样将使程序具有容错性，即使留言表中记录为空，程序也不会出错。

3. 最新日志的数据绑定

最新日志版块输出了 article 表中两条最新日志。每条日志分别输出了标题、日期和内容，分别对应 title、content 和 date 字段。找到静态页面中的如下代码：

```
<h4>|最新日志</h4>
      <span class="date">2011/01/25</span>
      <h5>Internet 技术的应用</h5>
   <br />
   <p>在信息技术发达的今天，… </p>
   <hr />
         <span class="date">2011/01/23</span>
          <h5>网页技术学前班</h5>
   <br />
   <p>Internet，中文称为因特网。…</p>
   </div>               <!--右侧栏结束-->
```

可以将两条日志的代码只保留一条，使用循环的方式循环输出两条，然后在相应的位置分别嵌入要显示的动态字段。修改后的代码如下：

```
<h4>|最新日志</h4>
  <? $result=$db->query("select * from article order by ID desc limit 2");
  if ($result->rowCount()>0){
 while($row=$result->fetch(1)){       ?>
  <span class="date"><?= $row["date"] ?></span>
 <h5><?= $row["title"] ?></h5>
 <br />
```

```
<p><a href="article.php?id=<?= $row["ID"] ?>"><?= $row["content"] ?></a></p>
<hr />
<?      }}      ?>
```

提示：上述代码使用“limit 2”子句使结果集中只包含两条记录。

4. **最新相片的数据绑定**

在网页上如果要输出相片，一般是通过将相片的 URL 地址放入 img 标记的 src 属性中来输出。由于每张相片的 URL 地址已保存到数据表 album 的 pic 字段中，直接输出该 pic 字段值到 src 属性中即可。

```
<div id="photo">
      <h4>|最新相片</h4>
 <div id="photo_img">
   <img src="img/l_01.jpg" />
   <img src="img/l_02.jpg" />   <img src="img/l_03.jpg" />
   <img src="img/l_04.jpg" />   <img src="img/l_05.jpg" />
   <h5>森林美景</h5>
   <h5>地球景色</h5>        <h5>世界遗产</h5>
   <h5>校园一角</h5>        <h5>江边</h5>
 </div>
  </div>
```

将静态网页中 5 个重复的 img 元素只保留一个，使用循环语句循环输出 5 次，即得到 5 张图片，图片标题对应的 h5 元素同样也只保留一个，再使用循环语句输出。代码如下：

```
  <div id="photo">
      <h4>|最新相片</h4>
  <div id="photo_img">
  <? $result=$db->query("select * from album order by ID desc limit 5");
  if ($result->rowCount()>0){
 while($row=$result->fetch(1)){        ?>
   <img src="img/<?= $row["pic"] ?>" />
<?   }}
  $result=$db->query("select * from album order by ID desc limit 5");
 while($row=$result->fetch(1)){        ?>
   <h5><?= $row["title"] ?></h5>
   <?   }      ?>
 </div>
  </div>
```

7.7.3 留言模块的制作

博客网站与访客互动主要依靠留言模块和评论模块。从功能上看，留言模块程序分为 3 部分，即显示留言（对应显示记录），发表留言（对应添加记录），以及博客主人对留言的管理（对应修改和删除记录）。

留言模块的界面如图 7-34 所示。该界面上方显示留言列表，下方供访客发表留言。

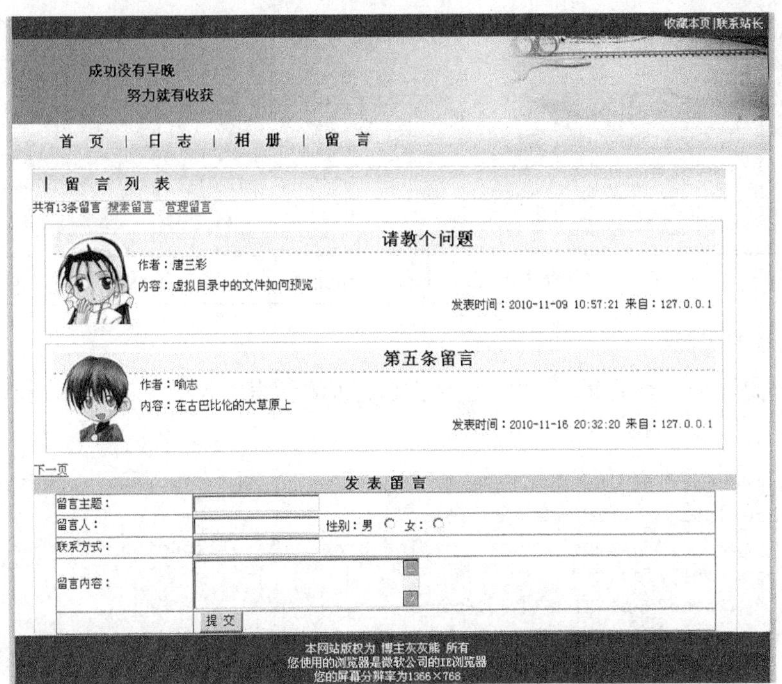

图 7-34　留言模块界面（msg.php）的效果

1. 显示留言列表的代码实现

本例中将一条留言放置在一个 div 元素中，并用 CSS 设置样式。该 div 中可显示留言的标题、作者、作者图像、内容、发表时间和来自等信息，HTML 代码如下：

```
<div id="liuyan"><img src="images/1.gif" style="float:left;"/>
      <h3>请教个问题</h3><p>作者：唐三彩 </p>
      <p>内容：虚拟目录中…</p><p align="right">发表时间：
      2013-9-10 来自：127.0.0.1 </p>  </div>
```

只要将这个 div 放在循环语句中循环输出，并将其中的静态文本替换成对应的动态字段，就得到图 7-34 中留言列表界面，代码如下：

```
<? require('conn.php');
$result=$db->query("select * from lyb order by ID desc");
echo '共有'.$result->rowCount().'条留言';    ?>
 <a href="Search.php">搜索留言</a>  <a href="login.htm">管理留言</a></p>
<?   if ($result->rowCount()>0){
 while($row=$result->fetch(1)){        ?>
     <div id="liuyan"><img src="images/<?= $row["sex"]?>.gif" style="float:left;"/>
     <h3><?= $row["title"] ?></h3><p>作者：<?= $row["author"] ?> </p>
     <p>内容：<?= $row["content"]?> </p><p align="right">发表时间：
     <?= $row["date"]?> 来自：<?= $row["ip"]?> </p>  </div>
<?     }}
else echo "<p>目前还没有用户留言</p>";    ?>
```

该 div 元素调用的全部 CSS 代码如下：

```
<style type="text/css">
#liuyan {
     margin:8px auto;      width:94%;
```

```
     border:1px solid #99CC99;      padding:8px;   }
#liuyan h3 {
     text-align:center;     border-bottom:1px dashed gray;
     background:#FFFF99;   }
#liuyan p {
     font:12px/1.6 "宋体";   margin:2px;   }
</style>
```

说明：表 lyb 的 sex 字段取值为 1 或 2，并在 images 目录下放置了两张图片 1.gif 和 2.gif。

2. 发表留言的实现

发表留言就是添加一条记录，其程序包括供访客发表留言的表单，以及接收表单数据的程序。表单代码如下：

```
<h2 align="center" style="background-color:#cc9; font-size:14px;">发表留言</h2>
<form method="post" action="submit.php">
  <table border="0" align="center" cellpadding="4" cellspacing="1" bgcolor="#666633">
  <tbody bgcolor="#ffffff">
    <tr><td width="125">留言主题：</td>
       <td width="475"><input type="text" name="title"></td></tr>
    <tr><td>留言人：</td>
       <td><input type="text" name="author">
          性别：男<input type="radio" name="sex" value="2" />
          女：<input type="radio" name="sex" value="1" /></td></tr>
    <tr><td>联系方式：</td>
       <td><input type="text" name="email"></td> </tr>
    <tr><td>留言内容：</td>
       <td><textarea name="content" cols="30" rows="3"></textarea></td></tr>
    <tr><td></td>
       <td><input type="submit" name="Submit" value="提 交"></td></tr>
  </tbody></table></form>
```

接收表单数据并将数据作为一条记录添加 lyb 表的程序如下，本例采用 PDO 的预处理语句执行插入记录的 SQL 语句。插入完成后自动转到留言列表页面 msg.php。

```
<?  $title=$_POST["title"];      $author=$_POST["author"];
$sex=$_POST["sex"];   $content=$_POST["content"];
$email=$_POST["email"];   $date=date("Y-m-d H:i:s");
$ip=$_SERVER['REMOTE_ADDR'];
require('conn.php');
$sql="insert into lyb(title,author,content,sex,date,ip) values(?,?,?,?,?,?)";
$stmt=$db->prepare($sql);   //准备执行查询
$stmt->bindParam(1,$title);   //绑定参数
$stmt->bindParam(2,$author);      $stmt->bindParam(3,$content);
$stmt->bindParam(4,$sex);      $stmt->bindParam(5,$date);
$stmt->bindParam(6,$ip);
$stmt->execute();         //执行插入命令
header("Location:msg.php");          ?>
```

7.7.4 博客后台登录的实现

1. 用户登录模块的代码属性

在登录博客后台前，必须先验证用户的用户名和密码，以确定是否是真实的管理员，因此管理

登录将链接到 login.htm，该页面代码如下，效果如图 7-35 所示。

```
<h4 align="center">博客后台用户登录</h4>
<form method="post" action="chklogin.php">
<table border="1"><tr><td align="center">用户名：</td>
     <td><input name="admin" type="text" size="12" /></td></tr>
     <tr><td>密 码 ：</td>
          <td><input name="password" type="password" size="12" /></td></tr>
     <tr><td></td><td><input type="submit" value="提交" /></td></tr>
</table></form>
```

验证用户登录程序是将用户输入的用户名和密码在 admin 表中进行查找，如果查找得到的结果集不为空，就表明有匹配的用户名和密码，验证通过，将转到后台管理页面 admin.php，并赋予用户一个 Session 变量，否则提示用户名或密码不正确。chklogin.php 的代码如下：

博客后台用户登录

用户名：	
密 码 ：	
	提交

图 7-35　用户登录界面

```
<? session_start();
require('conn.php');                              //连接数据库
$admin=$_POST['admin'];                           //获取用户名
$password=$_POST['password'];
$sql="select * from admin where user='$admin' and password='$password'";
$result=$db->query($sql);
if ($result->rowCount()==0){                      //如果 admin 表中查不到对应的记录
      unset($_SESSION['admin']);
      echo "<script>alert('您输入的用户名或密码不正确！');history.go(-1)</script>";
      exit();}
else{
      $row=$result->fetch(1);
      $_SESSION['admin']=$row['user'];     //将用户名保存到 Session 变量中
      echo "<script>location.href='admin.php'</script>";}
?>
```

2. 验证用户是否已经登录的代码实现

在所有后台管理页面开头，都需要验证用户的$_SESSION['admin']变量是否为空，如果为空，就表明没有登录，而是通过直接输入 admin.php 的网址进入的，此时不允许其访问后台，并将其引导至登录页面。

```
<?  session_start();
if($_SESSION['admin']==""){
 echo "<script>alert('您尚未登录或 Session 超时');location.href= 'login.htm'</script>";
 exit();}      ?>
```

由此可见，Session 变量相当于系统给登录成功用户发的一张“票”，而所有后台管理页面都需要先验票才能决定是否允许用户访问，有了这张票才能访问后台管理页面。

7.8 用户注册与登录系统

妥善验证用户身份是网站安全的一道重要保障，本节将利用 PHP 提供的加密函数制作一个用户注册与登录系统，该系统包括用户注册模块（添加用户）、用户登录模块（查询用户）和用户管理模块（删除用户和修改用户密码）等，该系统能对用户提交的认证信息进行危险字符过滤和加密处理。

7.8.1 PHP 的加密函数

PHP 提供了丰富的加密函数，可用来实现身份认证时对口令进行加密，以增强系统的安全性。常用的加密函数如表 7-6 所示。

表 7-6 PHP 内置的加密或编码函数

函数	功能	示例
crypt(str, [salt])	返回使用 DES、Blowfish 或 MD5 加密 str 后的字符串，salt 参数提供盐值。该函数为单向函数，经加密的信息无法解密	crypt("hello","php")，返回“phxL0iPukx0oA”
md5(str, [raw])	计算字符串 str 的 md5 散列值，raw 规定输出格式为十六进制还是二进制	md5("hello")，返回“5d41…”（32 位的十六进制数）
sha1(str, [raw])	计算字符串 str 的 sha1 散列值，raw 规定输出格式为十六进制还是二进制	sha1("hello")，返回“aaf4…”（40 位的十六进制数）
crc32(str)	生成 32 位的循环冗余校验码。可用于检验传输数据的完整性	crc32("hello")，返回“907060870”
uniqid()	根据当前微秒级时间，生成一个唯一的 ID	uniqid()，返回“53b03fed40d9a”
md5_file(filename)	计算文件的 md5 散列值	md5_file("test.txt")
base64_encode(str)	使用 MIME base64 对数据进行编码，编码后可用 base64_decode()函数解码	base64_encode("hello")，返回“aGVsbG8=”
urlencode(str)	对字符串进行 URL 编码，编码后可用 urldecode()函数解码	urlencode("he' 我")，返回“he%27+%CE%D2”

1. crypt()函数

crypt()函数对字符串加密有两种方式，方式一是只提供一个待加密字符串作为该函数的参数，方式二是提供待加密的字符串，并提供一个盐值。例如：

```
$ciph=crypt("hello");                 //方式一，hello 为待加密字符串
$ciph2=crypt("hello","php");          //方式二，hello 为字符串，php 为盐值
```

虽然这两种方式加密的结果都是不可逆的，但是第 1 种加密的安全性不高，缺陷在于：由于 crypt()函数加密的算法是公开的，攻击者可以设计一张 p 到 p'的对应表（称为口令字典），其中 p 是攻击者猜测的所有可能的口令，然后计算每个 p 的加密值 p'。接下来，攻击者通过截获密文信息 p'，在口令字典中查找 p'对应的口令 p，就能以很高的概率获得声称者的口令，这种方式称为字典攻击。

而采用加盐机制后，攻击者在截获密文信息 p'后，必须针对每个 ID 单独设计一张(p,salt)到 p'的对应表，大大增加了攻击的难度。

2. md5()函数

md5()函数使用 MD5 算法计算一个字符串的 MD5 散列值。MD5 算法是一种单向散列算法，也

就是说其加密过程是不可逆的，因此无法从加密后的散列值获取原始信息。其语法如下：

```
string md5 ( string $str [, bool $raw = false ] )
```

其中，参数$raw 的取值只能是 false（默认值）或 true，取值为 true 表示将以 16 位二进制的格式返回散列值，取值为 false 表示以 32 位十六进制形式返回散列值。例如：

```
$ciph=md5("hello");          //返回 5d41402abc4b2a76b9719d911017c592
$ciph2=md5("hello",true);
```

提示：PHP 额外提供了 mcrypt 加密/解密函数库，只要在 php.ini 文件中去掉“;extension=php_mcrypt.dll”前的“;”就可使用该函数库，它提供了可逆加密（即加密后可解密）支持，提供的加密函数超过 35 个（如 DES、3DES、IDEA、CAST 等）。

7.8.2　用户注册模块的实现

用户注册模块的主要功能是：提供一个表单页面供用户输入要注册的用户名和密码等信息，如图 7-36 所示。

图 7-36　新用户注册的界面

用户提交表单后，检查用户输入的用户名是否已经被注册，如果未被注册，则允许注册；程序将对用户输入的密码进行加密，将加密后的密码连同用户名一起存放在数据表 admin 中。接收并处理用户注册信息的程序代码如下。

------------------清单 7-21.php--------------------------------

```
<?   require('conn.php');    //连接数据库，使用 PDO 函数
 //获取表单信息，并过滤表单中的危险字符
$admin= mysql_real_escape_string(strip_tags(substr($_POST['admin'],0,32)));
$password= mysql_real_escape_string(strip_tags(substr($_POST['password'],0,32)));
$crptpw=crypt(md5($password),md5($admin));     //将用户提交的密码进行加密
$sql="select * from admin where user='$admin'";
$result=$db->query($sql);     //查询用户名是否已经被注册
if ($result->rowCount()>0){
 echo "<script>alert('该用户名已经注册，请更换！');history.go(-1)</script>";
 exit();}
$sql="insert into admin(user,password) values('$admin','$crptpw')";
$affected=$db->exec($sql);     //将用户注册信息插入 admin 表中
if ($affected==1){
 echo "<script>alert('用户注册成功！');history.go(-1)</script>";
 exit();   }   ?>
```

7.8.3 用户登录模块的实现

用户登录模块的功能是：提供一个表单页面供用户输入用户名和口令（即密码），如图 7-37 所示。

图 7-37 用户登录页面

当用户提交表单后，对用户输入的用户名和口令进行检查，由于数据表中存放的是已经加密的口令，因此程序需要先对用户输入的口令执行加密操作，再将用户名和加密后的口令与数据表中存放的记录进行比较，如果一致，则说明用户名和密码正确，程序将转到登录成功的页面，并将用户名保存到一个 Session 变量中，以标识用户已登录成功。如果不一致（查询不到记录），则提示用户登录失败。处理用户登录请求的程序如下。

------------------清单 7-22.php--------------------------------

```
<?   session_start();          //开启 session
 require('conn.php');
$admin= mysql_real_escape_string( strip_tags(substr($_POST['admin'],0,32)));
$password= mysql_real_escape_string( strip_tags(substr($_POST['password'],0,32));
$crptpw=crypt(md5($password),md5($admin));       //将用户提交的密码进行加密
$sql="select * from admin where user='$admin' and password='$crptpw'";
$result=$db->query($sql);      //查询是否有与用户提交信息匹配的记录
if ($result->rowCount()==0){
      unset($_SESSION['admin']);
      echo "<script>alert('您输入的用户名或密码不正确！ ');history.go(-1)</script>";
      exit();    }
else{
      $row=$result->fetch(1);
      $_SESSION['admin']=$row['user'];      //设置 session 变量
      echo "<script>location.href='../5-6.php'</script>";    //转到登录成功页面
      }   ?>
```

7.8.4 用户管理模块的实现

用户管理模块包括用户管理主页面，如图 7-38 所示。

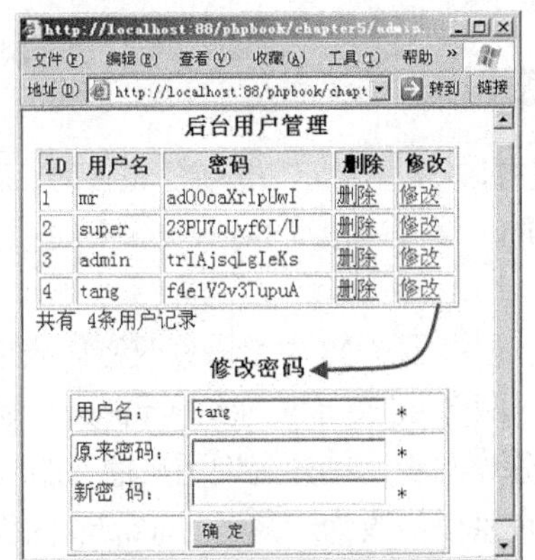

图 7-38　用户管理主页面

在该页面上可以删除用户或修改用户密码。该程序首先执行查询显示 admin 表中所有的用户记录，每条用户记录的右边提供删除和修改密码链接，当单击“删除”链接时，转到 act.php 并根据记录 id 删除对应的用户记录。当单击“修改”链接时，在页面下方弹出修改密码的表单界面，要求用户输入原始密码和新密码，用户输入完成后，单击“确定”按钮将转到 act.php 页面。用户管理模块的代码如下。

----------------------清单 7-23 adminuser.php--------------

```
<?   require('conn.php');
$result=$db->query('select * from admin');              //执行查询创建结果集
 $result->setFetchMode(PDO::FETCH_ASSOC);
?> <h3>后台用户管理</h3>
<table border="1" width="95%">
  <tr bgcolor="#e0e0e0">
     <th>ID</th><th>用户名</th><th>密码</th><th>删除</th><th>修改</th>
  </tr>
<? while($row=$result->fetch())    {                   //读取一条记录到数组$row 中
?> <tr>
      <td ><?= $row['id'];?></td> <td><?= $row['user'];?></td>
     <td><?= $row['password'];?></td>
      <td><a href="act.php?del=y&id=<?= $row['id'] ?>">删除</a></td>
      <td><a href="?mod=y&id=<?= $row['id'] ?>">修改</a></td>
      </tr>
<? } ?>
</table><p>共有 <?= $result->rowCount()?>行</p>
<?
if ($_GET['mod']=='y'){                                 //如果单击“修改”链接
      $id=intval($_GET['id']);                          //将获取的 id 强制转换为整型
      $sql="Select * from admin where ID=$id";          //查询待修改的记录
      $result=$db->query($sql);                         //执行查询创建结果集
      $result->setFetchMode(PDO::FETCH_ASSOC);
      $row=$result->fetch();                            //将待修改记录各字段的值存入数组中
 ?>
<h2 align="center">修改密码</h2>
<form method="post" action="act.php?mod=y&id=<?= $row['id'] ?>">
<table width="400" border="1" align="center" cellpadding="2">
 <tr> <td width="125">用户名: </td>
  <td width="275"><input type="text" name="user" value="<?= $row['user'] ?>"> *</td>
    </tr>
   <tr><td>原来密码: </td>
       <td><input type="text" name="oldpws"> *</td></tr>
   <tr><td>新密码: </td>
      <td><input type="text" name="password"> *</td></tr>
  <tr><td> </td> <td><input type="submit" value="确 定"></td></tr>
  </table></form>
<? } ?>                //if 语句结束
```

7.8.5 删除用户与修改用户密码

删除用户的程序流程是：当在图 7-38 中单击“删除”链接时，就会转到 act.php 页面，并将 del=y 和 id=n 两个 url 变量传递给 act.php，该程序根据 del=y 可判断是要执行删除操作，并根据 id 删除对应 id 的用户记录。

修改用户密码的程序流程是：当在图 7-38 中单击修改密码表单中的“确定”按钮时，就会转到 act.php 页面，并将 mod=y 和 id=n 两个 url 变量传递给 act.php，该程序根据 mod=y 可判断是要执行修改密码操作。修改密码操作又分为两步，首先查询用户输入的原来密码是否正确，如果不正确则退出修改程序，如果正确则将用户密码修改为新密码。act.php 的程序代码如下。

------------------清单 7-24 act.php--------------------------------

```
<?   require('conn.php');
$id=intval($_GET['id']);        //将获取的 id 强制转换为整型
if ($_GET['del']=='y'){           //如果单击“删除”链接
     $sql="delete from admin Where ID=$id";        //根据 id 删除记录
     $affected=$db->exec($sql);
     if ($affected==1){            //判断是否删除成功
           echo "<script>alert('该用户已经被删除！');location.href='adminuser.php';</script>";
           exit();
     }}
if ($_GET['mod']=='y'){          //如果是修改密码操作
          //获取表单信息，并过滤表单中的危险字符
     $admin= mysql_real_escape_string(strip_tags(substr($_POST['user'],0,32)));
     $oldpws= mysql_real_escape_string(strip_tags(substr($_POST['oldpws'],0,32)));
     $oldcrptpw=crypt(md5($oldpws),md5($admin));
     $sql="select * from admin where user='$admin' and password='$oldcrptpw'";
     $result=$db->query($sql);
     if ($result->rowCount()==0){      //如果输入的用户名或原密码有误
           echo "<script>alert('您输入的原密码不正确！');history.go(-1)</script>";
           exit();
     }
     $password= mysql_real_escape_string(strip_tags(substr($_POST['password'],0,32)));
     $crptpw=crypt(md5($password),md5($admin));
     $sql="Update admin Set password='$crptpw' Where ID=$id";    //修改用户密码
     $affected=$db->exec($sql);
     if ($affected==1){
             echo "<script>alert('用户密码修改成功！');location.href='adminuser.php';</script>";
             exit();
     }}     ?>
```

习题

1. PHP 的（　　）函数用于向 MySQL 数据库发送 SQL 语句。

   A. mysql_select_db()　　　　B. mysql_connect()

   C. mysql_query()　　　　D. mysql_fetch_field()

2. PHP 连接上 MySQL 之后，函数（　　）配合循环可以得到指定表中的多条记录。
   A. mysql_fetch_row()　　B. mysql_select_db()
   C. mysql_query()　　D. mysql_data_seek()
3. mysql_query("set names 'gb2312'");代码一般写在（　　）最合适。
   A. 创建结果集之前　　B. 创建结果集之后
   C. 选择数据库之前　　D. 连接数据库服务器之前
4. 函数（　　）可以将结果集的指针移动到指定的位置。
   A. mysql_fetch_row()　　B. mysql_fetch_assoc()
   C. mysql_query()　　D. mysql_data_seek()
5. PHP 连接 MySQL 数据库的连接函数 mysql_connect 的第 3 个参数是（　　）。
   A. 主机名　　B. 数据库密码　　C. 数据库用户名　　D. 报错信息
6. mysql_affected_rows()函数对（　　）操作没有影响。
   A. select　　B. delete　　C. update　　D. insert
7. mysql_insert_id()函数的作用是（　　）。
   A. 返回下一次插入记录的 id 值　　B. 返回刚插入记录的自动增长的 id 值
   C. 查看一共做过多少次 insert 操作　　D. 查看一共有多少条记录
8. mysqli 中返回结果集中记录总数的函数是（　　）。
   A. fetch_row()　　B. fetch_assoc()　　C. num_rows()　　D. field_count()
9. 如果在 PHP 中使用 Oracle 数据库作为数据库服务器，应该在 PDO 中加载驱动程序（　　）。
   A. PDO_DBLIB　　B. PDO_MYSQL　　C. PDO_OCI　　D. PDO_ORACLE
10. PDO 中要设置返回的结果集为关联数组形式，需使用（　　）。
    A. fetch_row()　　B. fetch_assoc()　　C. fetch()　　D. fetch(2)
11. 如果在 PDO 中要执行已准备好的预处理语句，应使用方法（　　）。
    A. query()　　B. execute()　　C. exec()　　D. fetch()

12. 使用 mysql_query()函数发送 SELECT 语句时，执行成功将返回一个__________，若执行查询失败则返回__________。如果执行非 select 语句，执行成功时返回__________，出错时返回__________。

13. 在 mysqli 函数库中，从结果集中取出一行并返回一个关联数组的函数是__________，返回一个索引数组的函数是__________，返回一个混合数组的函数是__________。

14. 在 mysqli 中，用来同时执行多个查询语句的函数是__________。

15. 为了避免访问 MySQL 数据库时出现乱码现象，应在数据库连接文件中添加什么语句?

16. PHP 访问 MySQL 数据库，通常有哪 3 种方法?

17. 修改 7.1.2 节中的 7-2.php，使它只显示 title 字段的字段值，并且一行内显示 3 条记录的 title 字段。

18. 编写程序，将 lyb 表中的无重复的 title 字段值填充到一个下拉列表框中。

19. 为 7.7 节的博客程序开发一个用户注册的模块，要求用户能注册，能检查用户注册名是否重复，保存用户注册的信息到数据库和用户的 Cookie 中，下一次访问时可以用该用户名和密码登录，登录后就可以查看有关网页的内容，如果没有注册，则能重定向回注册页面。

第 8 章　PHP 文件访问技术

PHP 程序有时可能需要对服务器端的文件或文件夹进行操作，对文件的操作包括创建文本文件、写入文本文件（即用文本文件保存一些信息）、读取文本文件内容等。对文件夹的操作包括创建文件夹、复制文件夹、移动文件夹或删除文件夹等。

8.1　文件访问函数

PHP 对文件操作的一般流程是：打开文件→读取或写入文件→关闭文件。这些操作都是通过相应的文件访问函数实现的。

8.1.1　打开和关闭文件

fopen()函数用来打开文件，其语法格式如下：

```
fopen(string filename, string mode)
```

其中，参数 filename 为欲打开的文件（文件路径或 URL 网址），参数 mode 用来指定以何种模式打开，可选值及其说明如表 8-1 所示。

表 8-1　　参数 mode 的可选值说明

参数值	含　义
r	以只读方式打开，如果文件不存在将出错
w	以写入方式打开，将文件指针指向文件头部，并删除文件内容，如果文件不存在则创建文件
a	以追加写入方式打开，将文件指针指向文件末尾，如果文件不存在则创建文件
r+	以读写方式（先读后写）打开，将文件指针指向文件头部
w+	以读写方式（先写后读）打开，将文件指针指向文件头部，并删除文件内容
a+	以追加读写方式打开，将文件指针指向文件末尾
x	以只写方式创建并打开文件，并将文件指针指向文件头。如果指定文件存在，就会打开失败
x+	以读写方式创建并打开文件，并将文件指针指向文件头。如果指定文件存在，就会打开失败
b	以二进制模式打开，可与 r、w、a 合用。UNIX 系统不需要使用该参数

如果 fopen()函数成功地打开了一个文件，该函数就会返回一个指向这个文件的文件指针（资源类型）。对该文件进行读、写等操作，都需要使用这个指针来访问文件。如果打开文件失败，则返回 false。fopen()函数的示例代码如下：

```
<?
$file = fopen ("c:\\data\\info.txt", "r");        //以只读方式打开 c:\data 下的 info.txt 文件
$file = fopen ("http://www.hynu.cn/", "r");       //以只读方式打开网站的首页文件
 //以写入方式打开 ftp 目录下的 exam.txt 文件
$file = fopen ("ftp://user:password@ec.cn/exam.txt", "w");
 //以只读方式打开 UNIX 系统目录下的 file.txt 文件
$file = fopen ("/home/rasmus/file.txt", "r");
 //以二进制写入方式打开 UNIX 系统目录下的 file.gif 文件
$file = fopen ("/home/rasmus/file.gif", "wb");    ?>
```

提示：

① 当以 HTTP 的形式打开文件时，只能采取只读的模式，否则会打开失败。

② 当以 FTP 形式打开文件时，只能采取只读或只写的模式，而不能是读写的模式。

③ 如果 filename 参数中省略了文件路径，则会在当前 PHP 文件所在目录下寻找文件。

文件内容读写结束后，必须使用 fclose()函数关闭文件，其语法是：fclose(resource handle)。例如：

```
fclose($file);                  //关闭$file 指向的文件
```

如果成功关闭文件，则 fclose()函数返回 true，否则返回 false。

8.1.2 读取文件

PHP 提供了多个从文件中读取内容的函数，这些函数功能描述如表 8-2 所示。可以根据它们的功能特性在程序中选择使用。

表 8-2　　读取文件内容的函数

函数名	功　能
fread()	读取整个文件或文件中指定长度的字符串，可用于二进制文件读取
fgets()	读取文件中的一行字符
fgetss()	读取文件中的一行字符，并去掉所有 HTML 和 PHP 标记
fgetc()	读取文件中的一个字符
file_get_contents()	将文件读入字符串
file()	把文件读入一个数组中
readfile()	读取一个文件，并输出到输出缓冲

1. fread()函数

打开文件后，可以使用 fread()函数读取文件内容。其语法如下：

```
string fread( resource handle, int length)
```

其中，参数 handle 用来指定 fopen()函数打开的文件流对象。length 指定读取的最大字节数。如果要读取整个文件，可以通过获取文件大小函数 filesize 来获取文件的大小。

例如，要读取 test.txt 文件中的所有内容，可以使用如下程序，运行效果如图 8-1 所示。

---------------清单 8-1.php---------------------------------

```
<html><body>
 <h2 align="center">读取已有文本文件</h2>
<?
$file=fopen("test.txt","r");                    //以只读方式打开 test.txt
$str=fread($file,filesize("test.txt"));         //读取文件的全部内容
echo nl2br($str);                               //将内容中的回车转<br>再输出
fclose($file);                                  //关闭文件
?>
</body></html>
```

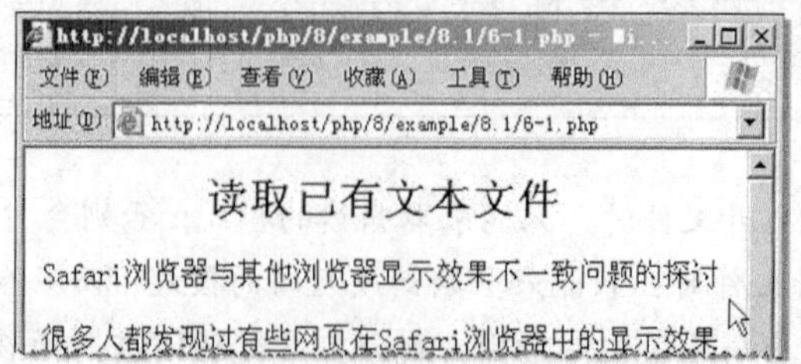

图 8-1　读取文本文件

说明：

① 上面的代码用于读取和 8-1.php 在同一目录下的 test.txt 文件的所有内容。因此，必须保证 test.txt 文件已经存在，否则会出现警告错误。

② 程序中用 filesize()获取文件的大小，如果只希望读取文件中的部分内容，可自定义长度，例如，fread($file,100)表示读取文件中前 100 个字符（中文是 2 个字符）。

③ 由于文本中的换行符会被浏览器当成空格忽略掉，为了在浏览器中保持文件原有的段落格式，通常使用 nl2br(str)函数将换行符转换为
标记。

2. fgets()函数

该函数用来读取文本文件中的一行。其语法格式如下：

```
string fgets(resource handle[, int length])
```

该函数与 fread()函数相似，不同之处在于，当 fgets()读取到文本中的回车符或者已经读取了“length-1”字节时，就会终止读取文件内容，即遇到回车符就会停止读取。fgets()在读取文件成功后返回读取的字符串（包括回车符），否则返回 false。

因此，如果将 8-1.php 中的 fread()函数改为 fgets()函数，则只会读取 test.txt 中第 1 行的内容。如果要用 fgets()函数实现同程序 8-1.php 相同的效果，则代码如下：

----------------------------清单 8-2.php--

```
<?  $file=fopen("test.txt","r");    //以只读方式打开 test.txt
while(!feof($file)){                //利用循环依次读取每一行
    $str=fgets($file);              //读取文件中的一行，读取完后指针会指向下一行
    echo $str."<br>";               //输出读取的一行，再输出<br>
}
fclose($file);    //关闭文件    ?>
```

说明： feof()函数可判断文件指针是否已到达文件末尾（最后一个字符之后），如果已到达，则返回 true，否则返回 false。因此，程序会一直读取到文件末尾。

3. fgetss()函数

fgetss()函数与 fgets()函数功能相似，两者均是从文件指针处读取一行的数据，差别在于 fgetss()函数会删除文件内的 HTML 和 PHP 标记。

4. fgetc()函数

fgetc()函数用来从文件指针处读取一个字符，可用于读取二进制文件。例如：

```
<? $file=fopen("test.txt","r");        //以只读方式打开 test.txt
    $char=fgetc($file);     ?>
```

则代码执行成功后，$char 将保存 test.txt 中的第 1 个字符。

5. file_get_contents()函数

file_get_contents()函数无须经过打开文件及关闭文件操作就可读取文件中的全部内容，其语法如下，如果成功读取文件，就返回文件全部内容，否则返回 false。

```
file_get_contents(string filename)
```

如果用 file_get_contents()函数实现与程序 8-1.php 相同的效果，则代码如下：

```
<?  $str=file_get_contents('test.txt');
    echo nl2br($str);     ?>
```

6. file()函数

file()函数将读取整个文件并将其保存到一个数组中，数组中每个数组元素对应文档中的一行，该函数可用于读取二进制文件。使用 file()函数读取文件的代码如下：

```
<?  $arr=file("test.txt");         //读取文件到数组中
    print_r($arr);
 ?>
```

代码执行成功后，输出结果为：

```
Array ( [0] => Safari 浏览器与其他浏览器显示效果不一致问题的探讨 [1] => [2] => 很多人都发现，有些网页…… [3] => [4] =>我的这个网页，在一个单元格内……)
```

7. readfile()函数

该函数可以读取指定的整个文件，并立即输出到输出缓冲区，读取成功则返回读取的字节数。该函数也不需要使用 fopen()函数打开文件。使用 readfile()函数的示例代码如下：

```
<?  $num=readfile("test.txt");   //直接读取 test.txt 文件，并输出到浏览器
    echo $num;                   //输出读取的字符数     ?>
```

8.1.3 移动文件指针

虽然文件读取函数读完指定的字符后，都会使文件指针移动到下一个字符。但有时在对文件进行读写时，可能需要手动将文件指针移动到某个位置，实现在文件中的跳转、从不同位置读取，以及将数据写入不同位置等。例如，使用文件模拟数据表保存数据，就需要移动文件指针。指针的位置是以从文件头开始的字节数度量的，在文件刚打开时，文件指针通常指向文件的开头或结尾（依据打开模式的不同而不同），可以通过 rewind()、ftell()和 fseek()这 3 个函数对文件指针进行操作，它们的语法为：

```
bool rewind(resource handle)        //移动文件指针到文件的开头
int ftell(resource handle)        //返回文件指针的当前位置
int fseek(resource handle, int offset[, int origin])        //移动文件指针到指定位置
```

使用这些函数前，必须提供一个用 fopen()函数打开的、合法的文件指针，作为函数的 handle 参数。而 fseek()函数除该参数外，还有 2 个参数，如果没有设置第 3 个参数，则 fseek()会将文件指针移动到从文件开头的 offset 字节处。如果设置了第 3 个参数，则表示从何位置开始计算偏移量，可取 3 种值：文件首部、当前位置和文件尾部，实际表示时分别对应值 0、1、2。其表示方法如表 8-3 所示。

表 8-3　fseek()函数 origin 参数的取值（位置指针起始位置）及其代表符号

起始点	符号常量	数字
文件开头	SEEK_SET	0
当前位置	SEEK_CUR	1
文件末尾	SEEK_END	2

如果 fseek()函数执行成功，将返回 0，否则返回-1。如果将文件以追加模式“a”或“a+”打开，写入文件的任何数据总是会被追加到最后，而不会管文件指针的位置。示例代码如下：

-----------------------------清单 8-3.php---

```
<?
$fp=fopen("test.txt","r") or die('文件打开失败');   //以只读方式打开 test.txt
echo ftell($fp).'<br>';                            //输出刚打开文件时指针的位置，为 0
echo fread($fp,10).'<br>';                         //读取文件中前 10 个字符
echo ftell($fp).'<br>';                            //文件指针已移动到第 11 个字符处，输出 10
fseek($fp,100,1);                                  //文件指针从当前位置向后移动 100 个字符
echo ftell($fp).'<br>';                            //当前文件指针在 110 字符处
echo fread($fp,10).'<br>';                         //读取 110 到 119 字符数的字符串
fseek($fp,-10,2);                                  //将指针从文件末尾向前移动 10 个字符
echo fread($fp,10).'<br>';                         //输出文件中最后 10 个字符
rewind($fp);                                       //将指针移动到文件开头
echo ftell($fp).'<br>';                            //指针在文件开头位置，输出 0
fclose($fp);                                       //关闭文件资源     ?>
```

8.1.4 文本文件的写入和追加

有时需要将程序中的数据保存到文本文件中，为此 PHP 提供了写入文件操作的函数，包括 fwrite()函数、fputs()函数和 file_put_contents()函数。

1. fwrite()函数

fwrite()可以将一个字符串写入文本文件中，语法如下：

```
int fwrite( resource handle, string string [, int length])
```

该函数将第 2 个参数指定的字符串写入第 1 个参数指向的文件中。如果设置了第 3 个参数 length，则最多只会写入 length 个字符，否则一直写入，直到达到字符串末尾。

（1）如果要写入两个字符串到文件中，示例代码如下：

```
<?    $fp=fopen("new.txt","w");          //以写入方式打开 new.txt
      fwrite($fp,'这是写入的一行话\n');
      fwrite($fp,'最多写入 12 个字符\n',12);
      fclose($fp);                        //关闭文件资源
?>
```

这样就会将“这是写入的一行话\n”写入 new.txt 中，如果 new.txt 不存在，则 fopen()函数会自动创建文件，如果 new.txt 已经存在并且有内容，则会删除 new.txt 中的内容再写入。

（2）如果不希望在写入时删除文件中原有的内容，可以采用追加写入的方式。代码如下：

```
<?    $fp=fopen("new.txt","a");              //以追加写入方式打开 new.txt
fwrite($fp,'这是写入的一行话\n');
fclose($fp);             //关闭文件资源
?>
```

如果希望在写入后再读取文件中的内容，可以采用可读写的方式写入，代码如下：

```
<?    $fp=fopen("new.txt","w+");          //以读写方式打开 new.txt
fwrite($fp,'这是写入的一行话\n\r');
rewind($fp);                              //将指针指向文件开头
$str=fread($fp,20);                       //读取文件中前 20 个字符保存到$str 中
echo $str;
fclose($fp);                              //关闭文件资源
?>
```

注意：写入后文件指针指向了文件末尾，要读取文件内容的话，需要先将指针移回文件开头。

如果要写入很多行字符串到文件中，可以使用循环语句。例如：

```
for($i=0;$i<10;$i++)
      fwrite($fp,$i.'这是写入的一行话\n\r');
```

2. file_put_contents()函数

file_put_contents()函数无须经过打开文件及关闭文件的操作就可将字符串写入文件，其语法如下，如果写入成功，则返回写入的字节数。

```
int file_put_contents(string filename, string data[, int mode])
```

其中，filename 指定要写入的文件路径及文件；data 指定要写入的内容，可以是字符串，数组或数据流；mode 指定如何打开/写入文件，如果是 FILE_APPEND，表示追加写入。例如：

```
<?   file_put_contents('news.txt','第一次');        //写入字符串
     $data='要写入的数据';
     $num=file_put_contents('news.txt',$data,FILE_APPEND);       //追加方式写入
     echo $num;           //返回写入的字节数    ?>
```

8.1.5 读写文件的应用——制作计数器

很多网站中都有计数器。用来记录网站的访问量。制作计数器一般可以采用以下两种方法。

① 利用文本文件实现。利用 PHP 程序读写文本文件中的访问次数信息实现计数功能。

② 利用图像文件实现。首先仍然是用 PHP 程序读写文本文件中的数字信息，然后把数字值和图像文件名一一对应起来，并予以显示。

1. 用文件实现计数器

该方法将网站的访问次数记录在一个文本文件中，当有用户访问该网站时，打开并读取文件中的访问次数，将该值加 1 后显示在网页上，然后再将新的值写回到文件中。代码如下：

```
<?   $fp=fopen("count.txt","r+");
     $Visitors=intval(fgets($fp));              //读取文件中的内容
     $Visitors++;                               //将计数器加 1
     rewind($fp);                               //将文件指针指向开始，以便重新写
     fwrite($fp,$Visitors);                     //将计数器值写入 count.txt 文件之中
     fclose($fp);    ?>
<html><body>
     <h2>欢迎进入 PHP 的世界</h2><hr>
     您是本站第<?=$Visitors ?>位贵宾。
</body></html>
```

运行上述程序前应先在当前目录下新建一个 count.txt 文件并且在第 1 行开始输入 0。当用户访问该网页时，程序每执行一次就会使 count.txt 文件中的数字加 1。

2. 对计数器设置防刷新功能

上面的计数器可以通过刷新使计数器的值增加，这在许多情况下是开发者不希望看到的。为了解决这个问题，可通过 Session 变量判断是否是同一用户在重复刷新网页。具体代码如下：

```
<? session_start();
$fp=fopen("count.txt","r+");
```

```
$Visitors=intval(fgets($fp));              //读取原有访问次数
if(!$_SESSION['connected']){
      $Visitors++;                         //将访问次数加 1
      $_SESSION['connected']=true;    }
rewind($fp);
fwrite($fp,$Visitors);                     //将新的访问次数写回文件
fclose($fp);
?>
您是本站第<?=$Visitors ?>位贵宾。
```

当用户第 1 次访问时，$_SESSION['connected']的值为空，就会使$Visitors 的值加 1。而访问一次后，$_SESSION['connected']的值就被设为 true，这样，当该用户再次访问或刷新网页时，session 变量的值不会丢失，仍然为 true，就不会使$Visitors 的值加 1 了，而其他用户第 1 次访问时$_SESSION['connected']变量的值仍然为空。

3. 用文件及图像实现计数器

为了使计数器美观，可以设计 0～9 各个数字对应的 gif 图片（0.gif～9.gif），把它们放在网站中相应目录下，然后根据计数的数值读取调用指定的 gif 图片，从而实现以图片形式表示数字计数器，代码如下，运行效果如图 8-2 所示。

```
<? session_start();
$fp=fopen("count.txt","r+");
$Visitors=fgets($fp);                    //读取原有访问次数
if(!$_SESSION['connected']){
      $Visitors++;                       //将访问次数加 1
      $_SESSION['connected']=true;    }
$countlen=strlen($Visitors);             //获取访问次数的数字长度
//逐个取 visitors 的每个字节，然后串成<img src=?.gif>图形标记
for( $i=0;$i<$countlen;$i++)             //下面输出数字对应的 img 元素
      $num=$num."<img src=".substr($Visitors,$i,1) .".gif></img>";
rewind($fp);
fwrite($fp,$Visitors);                   //将新的访问次数写回文件
fclose($fp);   ?>
<h2>欢迎进入 PHP 的世界</h2><hr>
您是本站第<?=$num ?>位贵宾。
```

图 8-2　图片计数器的效果

8.2　文件及目录的基本操作

8.2.1　文件的复制、移动和删除

PHP 提供了大量文件操作的函数，可以对服务器端的文件进行复制、移动、删除、截取和重命

名等操作，如表 8-4 所示。

表 8-4　　文件的基本操作函数

函数	语法结构	描述
copy()	copy（源文件，目的文件）	复制文件
unlink()	unlink（目标文件）	删除文件
rename()	rename（旧文件名，新文件名）	重命名文件或目录，或移动文件
ftruncate()	Ftruncate（目标文件资源，截取长度）	将文件截断到指定长度
file_exists()	file_exists（目标文件名）	判断文件或文件夹是否存在
is_file()	is_file（文件名）	判断指定的路径存在且为文件

说明：rename()函数既可重命名文件，也可移动文件，如果旧文件名和新文件名的路径不同，就实现了移动该文件。移动文件还可以使用 move_uploaded_file()函数。

表 8-4 中前 4 个函数如果执行成功都会返回 true，失败则返回 false。示例代码如下：

```
<?
if(copy('test.txt','./data/bak.txt'))                    //复制文件示例
      echo '文件复制成功';
else echo '文件复制失败，源文件可能不存在';
 //删除文件示例
unlink('./test.txt');                                    //删除当前文件夹下的 test.txt
 //移动文件示例
if(file_exists('./data/bak.txt')){                       //判断源文件是否存在
       if(rename('./data/bak.txt','tang.txt'))           //移动并重命名为 tang.txt
             echo '文件移动并重命名成功';
       else echo '文件移动失败';
}     ?>
```

提示：

① 复制、移动文件操作都不能自动创建文件夹，因此应保证当前目录下 data 文件夹存在，才能运行该程序。

② 如果执行删除文件失败，提示“Permission denied”，一般是网站访问用户没有删除文件的权限，只要在删除文件所在目录上单击鼠标右键，在“属性”面板的“安全”选项卡中，给“Internet 来宾账户”加上修改的权限即可。

8.2.2 获取文件属性

在进行编程时，需要使用到文件的一些常见属性，如文件的大小、文件类型、文件的修改时间等。PHP 提供了很多获取这些属性的内置函数，如表 8-5 所示。

表 8-5　　PHP 获取文件属性的内置函数

函数名	说明	示例
filesize()	只读，返回文件的大小	$fsize=filesize('tang.txt')
filetype()	只读，返回文件的类型，如文件或文件夹	filetype('tang.txt')，返回 file
filectime()	返回文件创建时间的时间戳	date('Y-m-d H:i:s',filectime('8-10.php'))
filemtime()	只读，返回文件的修改时间	

续表

函数名	说明	示例
fileatime()	只读，返回文件的访问时间	
realpath()	返回文件的物理路径	realpath('8-10.php')
pathinfo()	以数组形式返回文件的路径和文件名信息	print_r(pathinfo('8-10.php'))
dirname()	返回文件相对于当前文件的路径信息	dirname('8-10.php')，返回 "."
basename()	返回文件的文件名信息	basename('8-10.php')
stat()	以数组形式返回文件的大部分属性值	print_r(stat('8-10.php'))

说明：

① 如果要返回当前文件的文件名，除了可使用 basename('当前文件名')，更简单的方法是使用 PHP 的系统常量 "__FILE__"，如：echo "文件名".__FILE__;。

② 对于 Windows 系统，filetype()返回的文件类型只可能是 file（文件）、dir（目录）或 unknown（未知）3 种文件类型。而在 UNIX 系统中，可以获得 block、char、dir、fifo、file、link 和 unknown 等 7 种文件类型。这是因为 PHP 是以 UNIX 的文件系统为模型的。

③ dirname 并不会判断返回的文件路径信息是否存在，如果要判断路径是否存在，应使用 is_file()函数。

④ 函数 pathinfo()返回一个关联数组，其中包括文件或文件夹的目录名、文件名、扩展名、基本名 4 部分，分别通过数组键名 dirname、basename、extension 和 filename 来引用。

下面是一个获取并显示文件 tang.txt 各种属性的示例程序，其运行结果如图 8-3 所示。

```
<h2 align="center">获取文件属性示例程序</h2>
<?  $file='tang.txt';
echo "<br>文件名: " .basename($file);
//echo "<br>文件名: ".__FILE__;
$patharr=pathinfo($file);
echo "<br>文件扩展名: ".$patharr['extension'];
echo "<br>文件属性: " . filetype ($file);
echo "<br>路径: ". realpath($file);
echo "<br>大小: " . filesize ($file);
echo "<br>创建日期: " . date('Y-m-d H:i:s',filectime($file)) ;
?>
```

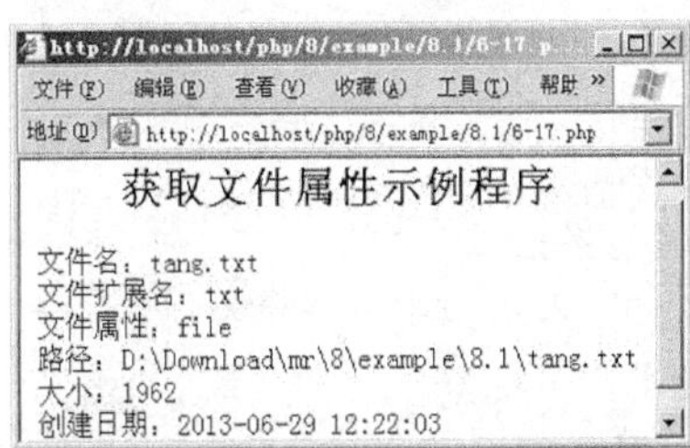

图 8-3 获取文件属性的示例程序

8.2.3 目录的基本操作

使用 PHP 提供的目录操作内置函数，可以方便地实现创建目录、删除目录、改变当前目录和遍历目录等操作，如表 8-6 所示。

表 8-6　　目录操作函数

函数名	说明	示例
mkdir(pathname)	新建一个指定的目录	mkdir('temp')
rmdir(dirname)	删除指定的目录，该目录必须为空	rmdir('data')
getcwd(void)	取得当前文件所在的目录	echo getcwd();
chdir(dirname)	改变当前目录	chdir('../');
opendir(path)	打开目录，返回目录的指针	$dirh=opendir('temp')
closedir()	关闭目录，参数为目录指针	closedir($dirh);
readdir()	遍历目录	$file=readdir($dirh))
scandir(path, sort)	以数组形式遍历目录，sort 参数可设置升序或降序排列	$arr=scandir('D:\AppServ',1); print_r($arr);
rewinddir()	将目录指针重置到目录开头处，即倒回目录开头	rewinddir($dirh)

1. **遍历目录**

有时需要对服务器某个目录下面的文件进行浏览，这通常称为遍历目录，要取得一个目录下的所有文件和子目录，就需要用到 opendir()、readdir()、closedir()、rewinddir()函数。

（1）opendir()用于打开指定的目录，其参数为一个目录的路径，打开成功后返回值为指向该目录的指针。

（2）readdir()用于读取已经打开的目录，其参数为 opendir()返回的目录指针，读取成功后返回当前目录指针指向的文件名，然后将目录指针向后移一位，当指针位于目录结尾时，因为没有文件存在返回 false。

（3）closedir()用于关闭已经打开的目录，其参数为 opendir()返回的目录指针，它没有返回值。

（4）rewinddir()用于将目录指针重新指向目录开头，以便重新读取目录中的内容，其参数为 opendir()返回的目录指针。

下面是一个遍历并输出目录下所有文件和子目录的实例，注意，在运行该程序前请确保当前目录下存在 fnnews 文件夹。程序的运行结果如图 8-4 所示。

```
<?  $num=0;                                        //$num 用来统计子目录和文件的总数
 $dir='fnnews';                                    //$dir 用来设置要遍历的目录名
 $dirh=opendir($dir);                              //用 opendir 打开目录
 ?>
<table border="1" width="600">
<caption><b>目录<?= $dir?>中的内容</b></caption>
<tr align="left" bgcolor="#cccccc">
<th>文件名</th><th>大小</th><th>类型</th><th>修改时间</th></tr>
 <?
while($file=readdir($dirh)) {                      //使用 readdir 循环读取目录内容
 if($file!="." && $file!="..") {
      $dirFile=$dir."/".$file;                     //将目录下的文件和当前目录连接起来
      $num++;
      echo '<tr bgcolor='.$bgcolor.'>';            //输出行开始标记，并使用背景色
      echo '<td>'.$file.'</td>';                   //显示文件名
       echo '<td>'.filesize($dirFile).'</td>';     //显示文件大小
```

```
        echo '<td>'.filetype($dirFile).'</td>';          //显示文件类型
       echo '<td>'.date("Y/n/t",filemtime($dirFile)).'</td></tr>';     //显示修改时间
                   }}
closedir($dirh);                                          //关闭文件操作句柄
 ?></table>
在<b><?= $dir?></b>目录下的子目录和文件共有<b><?= $num?></b>个
```

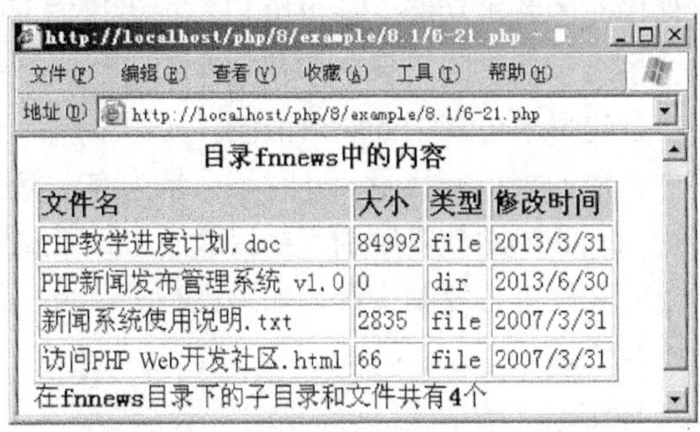

图 8-4　使用目录处理函数遍历目录下的内容

2. 创建、删除和改变目录

创建目录前先要判断该目录是否已存在，删除目录先要判断目录是否不存在。下面是一个创建、删除和改变当前目录的例子：

```
<?
if(!file_exists('temp')) mkdir('temp');        //在当前目录下创建 temp 目录
else echo '该目录已存在，不能创建<br>';
if(file_exists('data')) rmdir('data');         //在当前目录下删除 data 目录
else echo '该目录不存在，不能删除<br>';
echo getcwd();                                 //输出当前所在目录
chdir('../');                                  //转到上一级目录
echo getcwd();                                 //再输出当前所在目录        ?>
```

说明：'../'代表上一级目录，'./'代表当前目录，'/'代表网站根目录。

虽然 rmdir()能删除目录，但它只能删除一个空目录。如果要删除一个非空的目录，就需要先进入目录中，使用 unlink()函数将目录中的所有文件删除掉，再回来将这个空目录删除掉。如果目录中还有子目录，而且子目录也非空，就先要删除子目录内的文件和子目录，这需要使用递归的方法。下面自定义了一个函数 deldir()用于删除非空的目录，代码如下：

```
<?      //功能：用递归的方法删除非空的目录$dir
function delDir($dir) {
if(file_exists($dir)) {                                     //判断目录是否存在
       if($dirh=opendir($dir)) {                            //打开目录返回目录资源$dirh
            while($filename=readdir($dirh)) {               //遍历目录，读出目录中的文件或文件夹
                if($filename!="." && $filename!="..") {      //一定要排除两个特殊的目录
                      $subFile=$dir."/".$filename;           //将目录下的文件和当前目录相连
                      if(is_dir($subFile))                   //如果是目录
                     delDir($subFile);                       //递归调用自身删除子目录
                if(is_file($subFile))                        //如果是文件
                     unlink($subFile);                       //直接删除这个文件
                     }   }
                closedir($dirh);                             //关闭目录资源
```

```
            rmdir($dir);                                    //删除空目录
        }       }   }
    delDir("fnnews10");  //调用 delDir()函数，将当前目录中的 fnnews 文件夹删除
    ?>
```

3. 复制和移动目录

复制和移动目录也是文件操作的基本功能，但 PHP 没有提供这方面的内置函数，需要自己编写函数来实现。要复制一个包含多级子目录的目录，涉及文件的复制、目录创建等操作，其中复制文件可通过 copydir()函数实现，创建目录可使用 mkdir()函数。

函数的工作流程是：首先创建一个目标目录，此时该目录为空，然后对源目录进行遍历，如果遇到的是普通文件，则直接用 copydir()函数复制到目标目录中，如果遍历时遇到一个子目录，则必须建立该目录，再对该目录下的文件进行复制操作，如果还有子目录，则使用递归调用重复操作，最终将整个目录复制完成。函数代码如下：

```
<? //功能：复制带有多级子目录的目录
function copydir($dirSrc, $dirTo) {
     if(is_file($dirTo)) {                                  //如果目标是一个文件则退出
          echo "目标不是目录不能创建!!";
          return 0;                                         //退出函数
     }
     if(!file_exists($dirTo))                               //如果目标目录不存在则创建，存在则不变
          mkdir($dirTo);                                    //创建要复制的目录
     if($dirh=@opendir($dirSrc)) {                          //打开目录返回目录资源，并判断是否成功
          while($filename=readdir($dirh)) {      //遍历目录，读出目录中的文件或文件夹
               if($filename!="." && $filename!="..") {        //一定要排除两个特殊的目录
                    $subSrcFile=$dirSrc."/".$filename;       //将源目录的多级子目录连接
                    $subToFile=$dirTo."/".$filename;         //将目标目录的多级子目录连接
                    if(is_dir($subSrcFile))                  //如果源文件是一个目录
                         copydir($subSrcFile, $subToFile);   //递归调用自己复制子目录
                    if(is_file($subSrcFile))                 //如果源文件是一个普通文件
                         copy($subSrcFile, $subToFile);      //直接复制到目标位置
          }         }
          closedir($dirh);                                   //关闭目录资源
     }   }
   copydir("fnnews10", "D:/admin");                          //调用测试函数
?>
```

如果要移动目录，可先调用 copydir()函数复制目录，然后调用 deldir($dir)删除原来的目录即可。当然，移动目录也可使用 rename()函数对目录重命名，如 rename("fnnews10", "D:/admin")。

8.2.4 统计目录和磁盘大小

计算文件的大小可以通过 filesize()函数完成，统计磁盘的大小可以使用 disk_free_space()和 disk_total_space()两个函数来实现。但 PHP 没有提供统计目录大小的函数，为此，可以编写一个函数完成这个功能。该函数功能是：如果目录中没有包含子目录的话，则目录下所有文件的大小之和就是这个目录的大小。如果包含子目录，就按照这个方法再计算子目录的大小，使用递归的方法就可完成此任务。函数的代码如下：

```
<?    function dirSize($dir) {                 //自定义一个函数 dirsize()，统计传入参数的目录大小
      $dir_size=0;                             //$dir_size 用来统计目录大小
if($dirh=opendir($dir)) {                      //打开目录，并判断是否能成功打开
      while($filename=readdir($dirh)) {        //循环遍历目录下的所有文件
```

```
            if($filename!="." && $filename!="..") {      //一定要排除两个特殊的目录
                $subFile=$dir."/".$filename;              //将目录下的子文件和当前目录相连
                if(is_dir($subFile))                      //如果为目录
                    $dir_size+=dirSize($subFile);         //递归地调用自身函数，求子目录的大小
                if(is_file($subFile))                     //如果是文件
                    $dir_size+=filesize($subFile);        //求出文件的大小并累加
                    }           }
    closedir($dirh);                                      //关闭文件资源
    return $dir_size;                                     //返回计算后的目录大小
        }   }
    $dir_size=dirSize("fnnews");                          //调用函数计算目录 fnnews 的大小
    echo round($dir_size/pow(1024,1),2)."KB";             //将目录大小以“KB”为单位输出
?>
```

8.3　制作生成静态页面的新闻系统

有些网站采用的是 PHP 程序系统，但用户访问网站时看到的却是 HTML 静态页面（后缀名是.html），这是因为网站通过程序生成了静态 HTML 页面。

利用 PHP 程序生成静态 HTML 页面的好处很多：①静态页面不需要 Web 服务器解释执行，用户打开网页的速度会快些；②打开静态页面时 Web 服务器不需要访问数据库，减轻了对数据库访问的压力；③静态 HTML 页面对搜索引擎更加友好，使网站在搜索引擎中的排名能够上升。当然，生成静态页面也有缺点，表现在：随着时间的推移，生成的静态页面越来越多，会占用一些磁盘空间，并使 Web 服务器搜索页面文件的时间增长。

PHP 生成静态页面的主要原理是利用 fopen()方法创建文本文件，再用 fwrite()方法向文件中写入符合 HTML 格式的字符串。因此，用户在后台添加一条新闻后，PHP 程序一方面将这条新闻作为一条记录添加到数据表中，另一方面根据这条新闻创建一个静态的 HTML 页面。

创建静态 HTML 页面过程是：首先制作一个新闻页面的模板页，然后将这条新闻的各个字段替换掉模板页中的标志内容，最后将替换后的模板页用 fwrite()方法写入创建的文件中，即生成了静态 HTML 文件，将其存放在网站相应目录下。之所以要使用模板页，是因为如果完全用 fwrite()方法将整个网页的 HTML 代码一行行写入文本文件中，代码量太大。

对每条新闻创建静态页面的同时，仍然需要将该条新闻添加到数据库中，这是为了方便对静态页面的管理，例如，要修改或编辑静态页面中的新闻内容，就可以修改新闻在数据库中对应的记录，修改后再重新生成静态页面。

本节将制作一个可生成静态 HTML 页面的新闻系统，该新闻系统与 7.5 节中介绍制作的新闻系统有相似的地方，具有添加、删除和修改新闻的功能，因此也需要数据库的支持，但也有不同的地方，表现在该新闻系统能将每条新闻生成静态 HTML 页面。

制作步骤如下：①数据库的设计；②制作模板页；③制作添加新闻页面；④制作修改新闻页面；⑤制作删除新闻页面。

8.3.1　数据库设计和制作模板页

1. 数据库的设计

数据库中保存了一个 news 表，该表用于存放所有新闻的内容。news 表中的字段及字段类型如表 8-7 所示。

表 8-7　　生成静态 HTML 页面的新闻系统数据库中的 news 表结构

字段名	字段类型	说明
id	int(自动递增)	新闻的编号
title	varchar	新闻的标题
content	text	新闻的内容
author	varchar	发布者
time	datetime	发布时间
bigclass	varchar	新闻所属栏目
filepath	varchar	新闻对应的静态页面文件的路径

可以看出，与普通的新闻系统的 news 表相比，生成静态页面的新闻系统主要是多了个 filepath 字段，用于将生成的 HTML 文件的文件名和路径保存到 news 表中，以便在新闻列表页能建立到这些 HTML 文件的链接。

2. 新闻模板页的制作

在数据库中再新建一个表 moban，用来保存模板页的 HTML 代码，之所以要将模板页的代码保存到数据表中，是为了方便地通过新闻系统后台对模板页的代码进行修改，还能在 moban 表中保存多个模板页，让用户从后台发布新闻时可以选择任意一套模板。moban 表中的字段及字段类型如表 8-8 所示。

表 8-8　　保存模板页的 moban 表结构

字段名	字段类型	说明
id	int（自动递增）	模板的编号
html	text	模板的 HTML 代码

然后新建模板文件，模板文件的代码如下：

```
<html><head>
   <meta http-equiv="Content-Type" content="text/html; charset=gb2312" />
   <title>-title-( -lanmu- )</title>
</head>
<body>
<div style="background:#ddd; width:480px; margin:0 auto;">
<h1 align="center" style="border-bottom:1px dashed gray">-title-</h1>
<p style="font:12px/1.5 '宋体'" align="right">发布者: -author-</p>
<p style="font:14px/1.8 '宋体'; text-indent:2em;"> -content- (发布时间: -time-)</p>
</div>
</body></html>
```

将上述模板文件的代码复制到 moban 表中一条记录的 HTML 字段中即可。

说明：

① 上述模板文件中形如“-…-”的地方是作为标志字符供实际新闻进行替换的地方，例如，实际新闻的标题将替换字符串-title-，内容将替换字符串-content-等。这样替换后就是一个显示实际新闻的静态 HTML 页面了。

② 该模板页主要为说明原理，因此设计得比较简单，读者可以将其设计得更美观。

下面来制作这个能生成静态页面的新闻发布系统。具体步骤是：首先制作一个添加新闻的页面，用户在该页面中输入新闻内容并提交新闻后，服务器端获取该页面表单中的新闻信息，一方面将这些信息添加到 news 表中，另一方面替换模板页中的相关位置字符，再用 fopen()和 fwrite()方法将替换后的模板页生成为 HTML 文件。

3. 连接数据库

新闻系统需要访问数据库，该例中数据库名为 htmldb，新建一个数据库连接文件 conn.php，该文件的代码如下，以后网站内其他文件需要连接数据库只要包含 conn.php 即可。

```
<?    $conn=mysql_connect("localhost","root","111");
      mysql_query("set names 'gb2312'");
      mysql_select_db("htmldb");    ?>
```

8.3.2 新闻添加页面和程序的制作

1. 制作新闻添加的前台页面 addnews.php

新闻添加页面 addnews.php 实际上是一个纯静态页面，该页面中只有一个表单，供用户添加新闻。代码如下，显示效果如图 8-5 所示。

```
<h2 align="center">添加新闻页面</h2>
<form method="post" action="add.php">
  <table width="600" border="0" align="center" cellpadding="4" cellspacing="1" bgcolor ="#333333"> <tbody bgcolor="#ffffff">
    <tr><td width="125">新闻标题：</td>
       <td width="475"><input type="text" name="title" size="30"></td></tr>
    <tr><td>发布者：</td>
       <td><input type="text" name="author"></td> </tr>
    <tr><td>所属栏目：</td>
       <td><input type="text" name="lanmu"></td></tr>
    <tr><td>新闻内容：</td>
       <td><textarea name="content" cols="30" rows="3"></textarea></td></tr>
      <tr><td></td><td><input type="submit" name="Submit" value="提交"></td></tr>
    </tbody>
  </table></form>
```

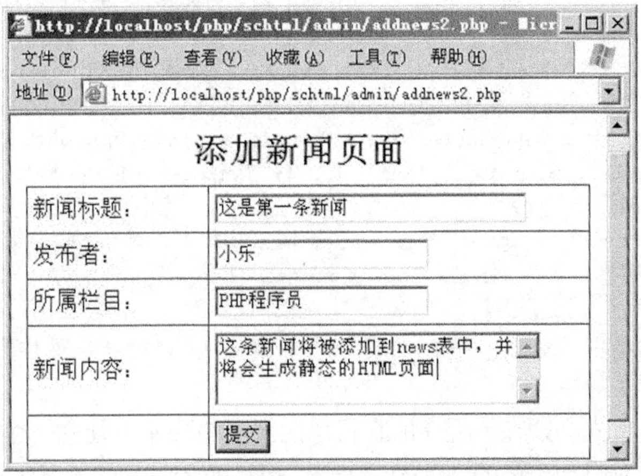

图 8-5　新闻添加页面 addnews.php 的运行结果

2. 保存新闻到 news 表的程序（add.php）

接下来，获取用户在 addnews.php 表单中输入的内容，一方面将这些内容替换掉模板页代码中相应位置的标识符，再将替换后的模板页代码用 fwrite()方法写入一个后缀名为 html 的文本文件中，该文件即生成的静态 HTML 页面。另一方面将这些内容作为一条记录插入 news 表。这两步的顺序最好是先生成静态页面，再往数据库中插入记录。代码如下：

```
<?  require("conn.php");
    $title=$_POST["title"];                     //获取用户在表单中输入的内容
    $author=$_POST["author"];
    $lanmu=$_POST["lanmu"];
    $content=$_POST["content"];
    $time=date("Y-m-d H:i:s");
        //创建存放当天静态 HTML 文件的目录
    $root=$_SERVER['DOCUMENT_ROOT'];
    $foldername=date("Y-m-d");
    $folderpath="../list/".$foldername;       //目录形式是"list\2013-07-01"
    if(!file_exists($folderpath))              //如果该目录不存在
         mkdir($folderpath);                   //创建该目录
         //用时间创建 HTML 文件的文件名
    $filename=date("H-i-s").".html";
    $filepath=$folderpath."/".$filename;      //得到文件相对于网站根目录的 URL（路径名加文件名）
    if(!file_exists($filepath)){               //如果待生成的文件不存在
        //从 moban 表中读取模板页代码
        $sql="select html from moban where id=2";
        $rs=mysql_query($sql);
        $rows=mysql_fetch_row($rs);
        $moban=$rows[0];                       //将模板页代码保存到$moban
           //替换模板页中相应的标识符
        $moban=str_replace("-lanmu-",$lanmu,$moban);
        $moban=str_replace("-title-",$title,$moban);
        $moban=str_replace("-time-",$time,$moban);
        $moban=str_replace("-content-",$content,$moban);
        $moban=str_replace("-author-",$author,$moban);
           //把替换过了的模板页写入文件
        $fp=fopen($filepath,"w");              //创建 HTML 文件
        fwrite($fp,$moban);                    //将替换好的模板页内容写入文件
        fclose($fp);
        $filepath=$foldername."/".$filename;    //保存生成的 HTML 文件的路径
            //将用户在表单中输入的内容插入数据表中
        $sql="insert into newscontent(bigclass,title,content,filepath,author,time)
values ('$lanmu','$title','$content','$filepath','$author','$time')";
        if(mysql_query($sql))                   //如果插入成功
            echo "<script>if (confirm('添加成功!是否继续添加·继续添加·返回查看')){window.
location='addnews2.php'}else {window.location='adminnews.php'} </script>";
        else
             echo "<script>alert('添加失败！');location.href='adminnews.php';
</script>";    }   ?>
```

为了运行该程序，首先必须在该程序所在目录的上一级目录下建立一个名为“list”的子目录，这个子目录用于存放所有自动生成的 HTML 文件。但是随着时间的推移，用该程序生成的 HTML 文件可能会越来越多，如果都直接放在“html”目录下，则该目录下的文件太多太乱，不好管理。

为此，该程序在“html”目录下根据当天的日期新建子目录，把当天生成的新闻文件都放在这个子目录下。这样打开这些静态页面时就能看到诸如 http://localhost/ list/2013-07-02/18-18-26.html 这样的 URL。

而文件名是根据当前的系统时间得到的，程序中采用了 date("H-i-s").".html 生成文件名。执行 addnews.php 并单击“提交”按钮后，就会发现在 list 目录下生成了图 8-6 所示的文件夹和 HTML 文件，双击该 HTML 文件就可打开图 8-7 所示的新闻页。

图 8-6　生成的文件夹和文件

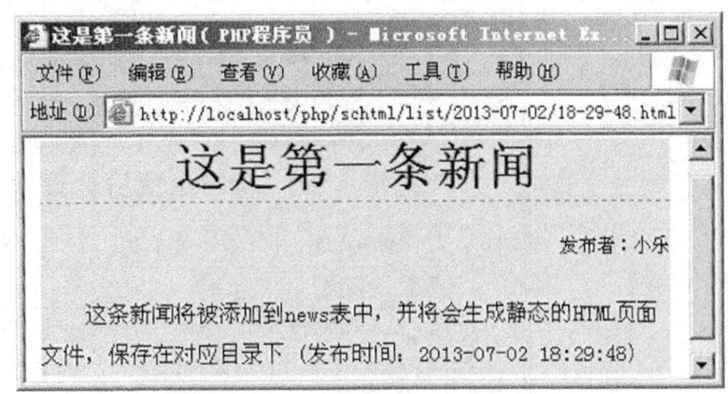

图 8-7　打开生成的静态 HTML 文件

可见，每个 HTML 文件的文件名就是由当前日期和时间值（精确到秒）组成，只要不在同 1 秒内发布两条新闻，则每个文件的文件名都不会重复，新建的文件就不会覆盖以前的文件。当然，为防止生成的文件名重复，更安全的做法是在日期时间值后用 rand()函数再生成一个几位的随机字符串作为文件名的一部分，这样文件名更不可能重复，而且还可防止文件名被浏览者猜测到。

8.3.3　新闻后台管理页面的制作

除了能发布新闻，一个完整的新闻系统还应具有新闻修改和新闻删除的功能。为此，需要先制作一个新闻后台管理页面（admin.php），该页面用来显示所有新闻的列表，并能链接到新闻静态页面，还提供了“编辑”和“删除”的链接供用户执行修改或删除操作。整个程序完全是读取 news 表中的数据（类似 7.2.1 节中的 7-6.php 文件），没有涉及 fopen()方法对文件的操作。关键代码如下，运行效果如图 8-8 所示。

```
    <h2 align="center">新闻系统后台管理</h2>
    <p align="right"><a href="addnews2.php">添加新闻</a></p>
    <table width="600" border="0" align="center" cellpadding="6" cellspacing="1" bgcolor="#
FF00FF"><tbody bgcolor="#ffffff">
      <tr><th>ID</th><th>新闻标题</th> <th>发布者</th>
         <th>发布时间</th> <th>操作</th> </tr>
    <?   require("conn.php");
     $sql="select * from newscontent order by id desc";
     $rs=mysql_query($sql);
    if(mysql_num_rows($rs)){
         while($row=mysql_fetch_assoc($rs)){   ?>
              <tr> <td rowspan="2"><?= $row['id']?></td>
              <td><a href="../list/<?= $row['filepath']?>"><?= $row['title']?></a></td>
              <td><?= $row['author']?></td> <td><?= $row['time']?></td>
              <td rowspan="2"><a href="editnews.php?id=<?= $row['id']?>">编辑</a>
```

```
            <a href="del.php?id=<?= $row['id']?>">删除</a></td> </tr>
          <tr> <td colspan="3">内容: <?= $row['content']?> </td> </tr>
    <? } }
    else echo '<p>没有找到任何新闻</p>';    ?>
    </tbody></table>
```

可见，与 7-8.php 相比，该程序每条新闻的标题都是链接到生成的静态 HTML 文件的 URL 上（$row['filepath']保存了静态文件的 URL 地址），这样用户才能通过链接打开这些 HTML 文件。

图 8-8　新闻后台管理页面（admin.php）

8.3.4　新闻修改页面的制作

当单击图 8-8 中的“编辑”时，就会链接到新闻修改页面（editnews.php），该页面首先提供一个表单供用户修改信息（表单中要显示原来的信息）。当提交修改后的信息后，程序一方面更新这条新闻在 news 表中的对应记录，另一方面还要重新生成同名的 HTML 文件，这样会自动覆盖原来的 HTML 文件。

因此，editnews.php 中的 PHP 程序主要有以下 3 方面的功能：①获取 admin.php 页传过来的 id 值，根据 id 读取原来的记录，显示在该页的表单中供用户修改；②当用户提交该页的表单后，用用户提交的信息更新 news 表中对应的记录；③用用户提交的信息替换模板页中的相应字符，再重新生成同名的 HTML 文件。具体代码如下，运行效果如图 8-9 所示。

```
<? require("conn.php");
 $id=$_GET["id"];
 if($_POST["Submit"]) {            //如果单击“提交”按钮
      $title=$_POST["title"];        //获取用户输入的内容
      $author=$_POST["author"];
      $lanmu=$_POST["lanmu"];        $content=$_POST["content"];
      $path=$_POST["path"];          $time=$_POST["time"];
          //获得已生成的静态 HTML 文件路径
      $root=$_SERVER['DOCUMENT_ROOT'];
      $filepath="../list/$path";
      if(file_exists($filepath))    {    //如果静态 HTML 页面存在
         $sql="select html from moban where id=2";    //读取模板页
           $rs=mysql_query($sql);
           $rows=mysql_fetch_row($rs);
```

```
            $moban=$rows[0];
            //替换模板页中对应字符串
            $moban=str_replace("-lanmu-",$lanmu,$moban);
            $moban=str_replace("-title-",$title,$moban);
            $moban=str_replace("-time-",$time,$moban);
            $moban=str_replace("-content-",$content,$moban);
            $moban=str_replace("-author-",$author,$moban);
            $fp=fopen($filepath,"w");
            fwrite($fp,$moban);       //将依据模板页生成的 HTML 代码写入文件
            fclose($fp);      }
            //修改数据表中对应的记录
        $sql="update newscontent set title='$title',content='$content',author='$author',
bigclass='$lanmu' where id=$id";
        if(mysql_query($sql))         //如果 SQL 语句执行成功
            echo "<script language=javascript>alert('修改成功！'); location.href= 'adminnews.
php'</script>";
        else   echo "<script language=javascript>alert('修改失败！');location.href= 'adminnews.
php'</script>";
        die();                         //退出程序
    }
    $sql="select * from newscontent where id=$id";    //读取 id 对应的记录
    $rs=mysql_query($sql);
    $row=mysql_fetch_assoc($rs);    //接下来将记录显示在表单中
   ?>
   <h3 align="center">新闻修改页面</h3>
   <form method="post" action="?id=<?= $row['id'] ?>"><!--提交表单将发送 URL 字符串-->
     <table width="480" border="0" align="center" cellpadding="4" cellspacing="1" bgcolor=
"#333333"> <tbody bgcolor="#ffffff">
       <tr> <td width="125">新闻标题：</td>
          <td width="375"><input type="text" name="title" size="30" value=<?= $row['title']
?>></td> </tr>
       <tr><td>发布者：</td>
          <td><input type="text" name="author" value=<?= $row['author'] ?>></td></tr>
       <tr><td>所属栏目：</td>
          <td><input type="text" name="lanmu" value=<?= $row['bigclass'] ?>></td> </tr>
       <tr> <td>新闻内容：</td>
          <td><textarea name="content" cols="30" rows="3"><?= $row['content'] ?> </textarea>
</td> </tr>
     <tr> <td><input name="time" type="hidden" value="<?= $row['time'] ?>">
   <input name="path" type="hidden" value="<?= $row['filepath'] ?>"></td>
          <td><input name="Submit" type="submit" value="提 交"> </td> </tr>
     </tbody> </table>
   </form>
```

说明：该文件将显示表单的程序和获取表单并修改数据的程序写在了同一个页面，通过是否按了“提交”按钮来判断是否提交了表单。表单中有两个隐藏域，用于发送新闻的发布时间（time）和新闻页面的路径（filepath）两个信息，这两个信息不要求用户可见，但对找到对应的静态 HTML 文件是必要的。

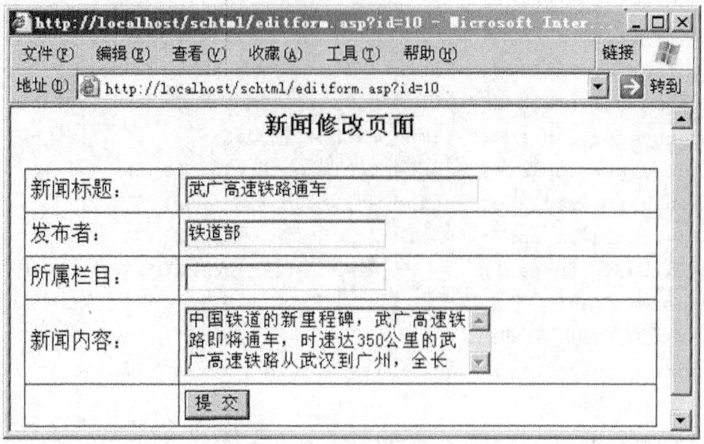

图 8-9　新闻修改页面的制作

8.3.5　新闻删除页面的制作

当用户单击图 8-8 中的“删除”链接时，就会链接到新闻删除页面（del.php）。该页面的功能也分为两部分，其一是将这条新闻对应的记录从 news 表中删除；其二是删除该新闻对应的静态 HTML 文件，这是必要的，否则浏览者还可以通过直接输入 HTML 文件的 URL 访问到该新闻页面。del.php 的代码如下：

```
<?  require("conn.php");
    $id=$_GET["id"];                                    //获取新闻的 id
    $sql="select * from newscontent where id=$id";
    $rs=mysql_query($sql);
    $rows=mysql_fetch_assoc($rs);
    $path=$rows["filepath"];                            //找到待删除新闻对应的静态 HTML 文件的 URL
    $root=$_SERVER['DOCUMENT_ROOT'];
    $filepath="../list/".$path;
    if(file_exists($filepath))
           unlink($filepath);                           //删除静态 HTML 文件
           //找到为存放静态 HTML 文件而创建的目录
    $path=substr($path,0,10);
    $folderpath="../list/$path";
    $folder=opendir($folderpath);                        //打开该目录
    $n=0;
    while($f=readdir($folder))    {
         if($f<>"."&&$f<>"..")                           //如果目录中还有其他文件
              $n++;
    }
    closedir();
    if($n==0)                                            //目录中已经没有任何文件
         rmdir($folderpath);                             //删除该目录
    $sql="delete from newscontent where id=$id";        //删除数据表中的记录
    if(mysql_query($sql))
         echo "<script >alert('删除成功! ');window.location= 'admin.php'</script>";
    else    echo "<script >alert('操作错误! ');window.location= 'admin.php'</script>";
?>
```

至此，一个简单的生成静态 HTML 页面的新闻发布系统就基本实现，读者还可以在 news 表中给新闻添加一个所属栏目的字段，使新闻在首页能按栏目分类显示。也可以增加模板代码管理页，模板管理页通过对 moban 表中记录的修改实现对模板代码的修改，以及向 moban 表中添加新记录实现增加新模板页等。

8.3.6 首页和列表页的静态化

在 8.3.5 节中实现新闻页面静态化的方法是先制作一个模板页，再用动态数据替换模板页中的相应内容，如果需要替换的内容较少，上述方法是可行的。但对于网站的首页或栏目列表页，需要替换的动态内容相当多，而且其要替换内容的数量可能还不是固定的。

为此，实现首页和列表页的静态化通常采用另一种更为简便的办法。也就是使用 file_get_contents() 函数将 PHP 文件的执行结果读入一个字符串变量中，由于 PHP 程序的执行结果是一串静态 HTML 代码，因此可将执行后得到的静态页代码写入一个字符串中，再将该字符串写入文本文件中，即得到一个静态页面。

1. file_get_contents()函数

file_get_contents()函数的语法如下：

```
string file_get_contents(string $url)
```

其中，参数$url 是要执行的文件的 URL，如果该文件是动态网页文件，则该参数必须是绝对 URL 地址，而不能是相对 URL 地址。因为，要执行一个动态网页文件，只能在浏览器地址栏中输入该文件的绝对 URL（如 http://localhost/1.php），而不能输入相对 URL（如 1.php），否则该函数会把 PHP 文件的源代码（而不是执行后生成的 HTML 代码）作为返回的字符串。

下面是一个用 file_get_contents()执行动态 PHP 文件生成静态 HTML 网页的例子。

```
<?    ob_start();                    //打开缓冲区
 //执行 php 文件 news.php，将执行结果（HTML 格式字符串）赋给变量$str
$str=file_get_contents("http://localhost/php/news.php");
$fp=fopen("test.html","w");        //创建文件 test.html
fwrite($fp, $str);                  //将字符串$str 写入 test.html 中，test.html 即为静态页文件
ob_end_clean();                     //清空缓冲区内容并关闭缓冲区
echo '静态 HTML 文件生成成功，请打开目录查看';
?>
```

该程序执行成功后，在当前目录下，就会生成一个 test.html 的文件，其内容正是 news.php 的执行结果。

说明：如果 file_get_contents()要执行的 URL 中有特殊字符（如汉字或空格），就需要用 urlencode()进行 URL 编码。

---

2. 用 include()和 ob_get_contents()方法生成静态文件

生成静态文件还可在打开缓冲区的前提下，用 include()方法去包含要执行的动态文件，这样该动态文件就会在缓冲区中执行，执行完后的静态 HTML 代码就保存在缓冲区中，然后用 ob_get_contents()方法去获取缓冲区中的内容，将这些内容保存到一个字符串中，再将该字符串写入文件中即可。示例代码如下：

```
<?   ob_start();                    //打开缓冲区
include('news.php');               //包含 php 文件 news.php
```

```
$str=ob_get_contents();              //获取缓冲区中的内容
$fp=fopen("tt.html","w");            //创建文件 tt.html
fwrite($fp, $str);                   //将字符串$str 写入 tt.html 中，tt.html 即为静态页文件
ob_end_clean();                      //清空缓冲区内容并关闭缓冲区
echo '静态 HTML 文件生成成功，请打开目录查看';
?>
```

3. 生成静态首页文件

为了方便生成静态页面，可以把生成静态页的代码写在一个函数 createhtml()中，该函数接受两个参数：$sourcePage 是将执行的动态文件的 URL 地址，$targetPage 是生成的静态文件的文件名。函数代码如下：

```
function createhtml($sourcePage,$targetPage)   {
        ob_start();
        $str=file_get_contents($sourcePage);
        $fp=fopen($targetPage,"w") or die("打开文件".$targetPage."出错");
        fwrite($fp, $str);        //将字符串$str 写入目标文件中
        ob_end_clean();           //清空缓冲区内容并关闭缓冲区
        echo '静态 HTML 文件生成成功，请打开目录查看';
        fclose($fp);   }
//下面将生成静态的首页文件，只要调用该函数执行动态首页文件即可
createhtml("http://localhost/index.php","index.html");
```

4. 生成静态栏目首页文件

如果已存在一个动态栏目首页文件（如 list.php），要生成静态栏目首页文件，也只需调用 createhtml()函数即可，这对于没有分页显示功能的栏目首页是可行的。

但是，一个栏目中可能有很多条新闻，栏目首页需要分页显示，在这种情况下，必须为每个分页都生成一个静态文件，所以栏目首页的静态文件是类似 list_1.html、list_2.html……的形式。为此，需要首先获得该栏目总共有多少条记录，然后根据记录数计算有多少个分页，利用循环语句将每个分页都使用 createhtml()函数生成栏目首页的分页。

另外，每个栏目都有栏目首页，它们都有像 list_1.html 这样的文件名。如果把每个栏目的栏目首页都放在同一个目录下，则会因为文件同名而相互覆盖。为了避免这种情况，也为了方便网站文件管理，比较好的办法是为每个栏目建立一个子目录，这个子目录的目录名可以使用栏目名或栏目 id 命名，但由于栏目名通常是中文，因此使用栏目 id 来命名更简单些。这样每个栏目对应的目录都不会同名，实现了不同栏目文件的分门别类存放。

生成栏目首页的流程如下：①计算该栏目有多少分页；②为栏目生成目录；③利用循环语句执行每个栏目分页（这种栏目分页的 URL 形如：http://localhost/list.php?page=n），就生成了每个分页的静态 HTML 文件。下面是生成栏目首页的完整代码。

```
<?   $lanmu=$_GET["lanmu"];                              //获取栏目名
 require("conn.php");
 $PageSize=4;
//根据栏目名创建结果集
$result=mysql_query("Select * from news where bigclass='$lanmu'",$conn);
$RecordCount=mysql_num_rows($result);              //计算该栏目有多少条记录
$PageCount =ceil($RecordCount/$PageSize);          //计算有多少页
     //根据栏目名创建目录
  if(!file_exists($lanmu))                         //如果该目录不存在
```

```
        mkdir($lanmu);
    for($i=1;$i<=$PageCount;$i++){                          //生成每个栏目分页的静态 HTML 文件
        $url='http://localhost/list.php?lanmu=$lanmu&page='.$i;    //要执行的源文件
        $target=$lanmu.'/list'.$i.'.html';              //待生成的文件的文件名和所在目录
        createhtml($url,$target);                       //生成静态 HTML 文件
        echo '静态 HTML 文件 list'.$i.'.html 生成成功<br>';
    }
    function createhtml($sourcePage,$targetPage)    {
        ob_start();
        $str=file_get_contents($sourcePage);
        $fp=fopen($targetPage,"w") or die("打开文件".$targetPage."出错");
        fwrite($fp, $str);                              //将字符串$str 写入目标文件中
        ob_end_clean();                                 //清空缓冲区内容并关闭缓冲区
        fclose($fp);    }
?>
```

该程序执行成功后，运行结果如图 8-10 所示，此时打开当前脚本所在目录，就会发现已根据栏目名创建了一个子目录，在子目录下生成了很多 HTML 文件（形如 list1.html～list12.html）。

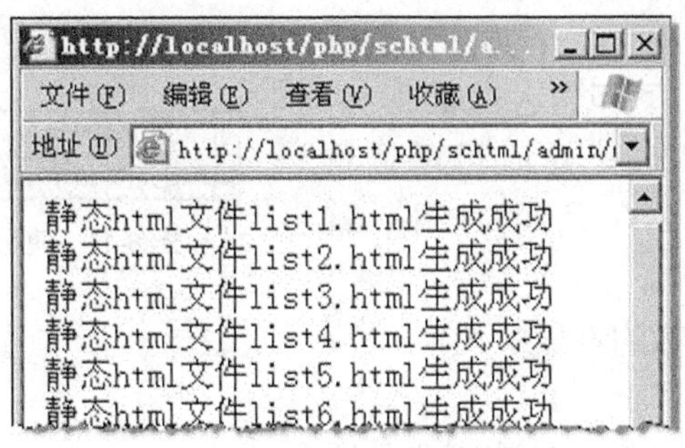

图 8-10　生成静态栏目分页的运行效果

5. 批量生成静态新闻详细页面

还可按照批量生成静态栏目分页的思路，使用 createhtml()函数批量生成新闻详细页面，只要利用循环同时生成网站内所有新闻详细页的静态页面，并将它们分别保存在所属栏目对应的目录中。假设新闻详细页面动态页的 URL 是 shownews.php，则要生成某个静态新闻页面，只需要将 createhtml()的$sourcePage 参数设置为 shownews.php?id=123 即可。

这样就可以生成网站中所有页面了，但生成的首页和栏目首页上的链接还是链接到动态页面，为此，可以在数据表中添加一个 filepath 字段，将生成的静态页面的 URL 保存到该字段中，然后将原来到动态页的链接：

```
<a href="shownews.php?id=<?= $row['id']?>"><?= $row['title']?></a>
```

修改成：

```
<a href="../list/<?= $row['filepath']?>"><?= $row['title']?></a>
```

如果要链接到静态的栏目首页，只要将链接地址修改为“栏目名/list_1.html”即可。而“上一页”的链接就链接到“栏目名/list_n-1.html”。

另外需要注意的是：由于首页静态文件和栏目页静态文件处于不同级的文件夹下，必须保证它们引用的 CSS 文件和图片文件的路径正确，因此一般将这些文件放在一个单独的文件夹下。

8.4 cURL 技术简介

cURL（Client URL）是由瑞典 cURL 组织开发的用于获取远程文件信息或传输文件的工具，它支持很多协议，如 HTTP、FTP 和 Telnet 等，PHP 也支持 cURL 库——libcurl，cURL 支持命令行方式和 PHP 脚本代码两种工作模式。cURL 的官方网站提供了 cURL 技术的源程序和使用文档下载。

cURL 一般用来抓取远程网页，与 file_get_contents()函数相比，其优势在于：①能发送 GET 或 POST 数据给远程网页；②能实现多线程任务式抓取网页（即同时抓取多个网页）。

8.4.1 cURL 的安装和使用

安装 PHP 5.1 以上版本会默认安装 cURL 扩展库，但在使用之前，仍需要进行一些相关配置。打开 PHP 的配置文件 php.ini，找到：

```
;extension=php_curl.dll
```

将前面的“;”去掉。然后把 D:\AppServ\php5 目录下的 libeay32.dll、ssleay32.dll、php5ts.dll 和 php5\ext 目录中的 php_curl.dll 4 个文件复制到 C:\windows\system32 目录下，再重启 Apache 服务，即完成了 cURL 扩展的安装。这时可以查看 phpinfo()函数，如果看到图 8-11 所示的结果，就表明 cURL 扩展库可以使用了。

cURL

cURL support	enabled
cURL Information	libcurl/7.16.0 OpenSSL/0.9.8e zlib/1.2.3

图 8-11 使用 phpinfo()函数查看 cURL 状态

在 PHP 中使用 cURL 函数的步骤如下。

① 初始化 cURL。

② 使用 curl_setopt 设置目标 URL 和其他选项。

③ 使用 curl_exec 方法执行 cURL 请求。

④ 执行完后，使用 curl_close 关闭 cURL。

⑤ 将执行结果输出。

下面是一个最简单的 cURL 程序，该程序可抓取（grab）百度网页的内容，并将内容显示在当前网页中。代码如下：

```
<?
$ch = curl_init();                                          //初始化 cURL 对象（资源类型）
curl_setopt($ch, CURLOPT_URL, "http://www.baidu.com/");     //设置请求的 URL
curl_setopt($ch, CURLOPT_HEADER, 0);                        //设置其他参数，将文件头输出
curl_exec($ch);                                             //抓取 URL 对应的网页
curl_close($ch);                                            //关闭 cURL 资源
?>
```

上例把另外一个网站的内容，获取过来后自动输出到浏览器，实际上，如果希望获取内容但不输出到当前网页中，可以使用 curl_setopt，设置它的 CURLOPT_RETURNTRANSFER 参数为非 0 或 true 即可，代码如下：

```
<?
$ch = curl_init();
curl_setopt($ch, CURLOPT_URL, "http://www.baidu.com/");
curl_setopt($ch, CURLOPT_RETURNTRANSFER, true);        //不输出内容
curl_setopt($ch, CURLOPT_HEADER, 0);
```

```
curl_exec($ch);
curl_close($ch);
?>
```

这样，浏览器就不会输出任何获取的内容了。浏览器需不需要输出内容取决于具体的应用情况，例如，要实现模拟登录就不需要输出获取的内容。

有时可能希望对获取的内容进行修改，再显示在浏览器中，这需要将 curl_exec 执行的结果赋给一个变量，然后可修改该变量的值，再在网页中输出该变量，代码如下，运行结果如图 8-12 所示。

```
<?
$ch = curl_init();
curl_setopt($ch, CURLOPT_URL, "http://www.baidu.com/");
curl_setopt($ch, CURLOPT_RETURNTRANSFER, true);  //不输出内容
curl_setopt($ch, CURLOPT_HEADER, 0);
$output = curl_exec($ch);                        //将获取的内容赋给变量$output
curl_close($ch);
$output = iconv('utf-8','gb2312',$output);       //将获取内容转换为 gb2312 编码
$output = str_replace('百度','快乐', $output);    //将获取内容中的"百度"换成"快乐"
$output = strip_tags($output);                   //去除获取内容中的 HTML 标记
echo $output;                                    //输出修改后的获取内容
?>
```

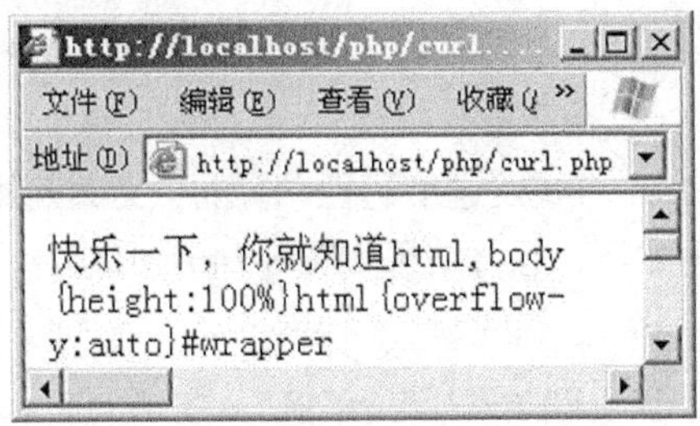

图 8-12　对 cURL 获取的内容进行修改

由图 8-12 可见，上述程序将百度首页中的"百度一下"替换成了"快乐一下"，并过滤掉了网页中的所有 HTML 标记。实际上，采用这种方法可以提取出目标网页中需要的内容，并将这些内容放置到自己网页中，称为网页采集。

8.4.2　cURL 发送请求的方式

cURL 除了可获取远程网页的内容，其最大的优势在于还可使用 GET 或 POST 方式发送数据给远程网页。例如，远程网页是一个查询网页，则可使用 cURL 技术发送一个关键词给远程网页，再获取远程网页返回的查询结果，从而实现了不打开某个网页也能查询该网站的内容，并可进一步将该网站的查询结果嵌入自己的网页中。

1. GET 方式发送数据

cURL 默认以 GET 方式发送数据，发送 GET 数据只需要将发送的数据附在远程网页的 URL 后即可。下面的例子将发送数据"Web 标准"给百度首页，然后获取该关键词在百度的查询结果，代码如下，运行结果如图 8-13 所示。

```
<?
$ch = curl_init("http://www.baidu.com/s?wd=web标准") ;
curl_setopt($ch, CURLOPT_RETURNTRANSFER, true) ;        // 获取数据返回
curl_setopt($ch, CURLOPT_BINARYTRANSFER, true) ;
```

```
    echo $output = curl_exec($ch) ;                           // 输出获取的结果
    curl_close($ch);
    ?>
```

图 8-13　cURL GET 方式发送数据

如果要在人民邮电出版社网站查询书名含有“Web 前端”的书籍，只需把上例中请求的 URL 改为如下 URL 即可。

```
$ch = curl_init("http://www.ryjiaoyu.com/search?q=web 前端") ;
```

其中“q=web 前端”将会以 GET 方式发送给 URL 为 http://www.ryjiaoyu.com/search 的页面。

2. POST 方式发送请求

很多表单中的数据是以 POST 方式发送给远程网页的，尤其是用户登录之类的表单。cURL 以 POST 方式发送数据的示例代码如下，运行结果如图 8-14 所示。

```
<?
$uri = "http://localhost/php/phpbook/chapter4/4-2.php";
$fields = array(                                    //将要发送的 POST 请求数据保存在一个数组中
            'userName'=>'tang',
            'PS'=>'1235',
            'submit'=>''    );
 $ch = curl_init ();
curl_setopt ( $ch, CURLOPT_URL, $uri );
curl_setopt ( $ch, CURLOPT_POST, 2);                    //以 POST 方式发送请求
curl_setopt ( $ch, CURLOPT_HEADER, 0 );
curl_setopt ( $ch, CURLOPT_RETURNTRANSFER, 1 );
curl_setopt ( $ch, CURLOPT_POSTFIELDS, $fields);    //设置发送的 POST 数据
$return = curl_exec ( $ch );
curl_close ( $ch );
echo $return;
?>
```

图 8-14　cURL POST 方式发送数据

可见，要发送 POST 数据，一般将数据放在一个数组中，该数组元素的索引名是表单元素的 name 属性值，元素值是表单元素的 value 属性值。

与GET方式相比,POST方式发送请求需要额外设置CURLOPT_POST和CURLOPT_POSTFIELDS两个参数。CURLOPT_POST 启用时会发送一个常规的 POST 请求，类型为 application/x-www-form-urlencoded，就像表单提交的一样。一般设置该参数的值为表单元素的个数，只要值为非 0 就表示该次请求为 POST。CURLOPT_POSTFIELDS 用来设置提交 POST 请求的参数内容，值一般为数组名。

8.4.3　cURL 的多线程函数

cURL 拥有一个高级特性——多线程函数。这一特性允许用户同时或异步地打开多个 URL 链接，从而可以同时获取多个网页的内容。例如，需要同时采集很多个网站的内容，或者要同时探测多个网站的运行状态。这些情况下都可使用 cURL 的多线程函数，cURL 提供了一组多线程函数，使用步骤如下。

① 调用 curl_multi_init()，初始化多线程函数。

② 循环调用 curl_multi_add_handle()，添加资源句柄（handle），这一步需要注意的是，curl_multi_add_handle 的第二个参数是由 curl_init 而来的子句柄。

③ 循环调用 curl_multi_exec()，同时执行多个 cURL 请求。

④ 根据需要循环调用 curl_multi_getcontent()获取结果。

⑤ 调用 curl_multi_remove_handle()，并为每个子 handle 调用 curl_close()结束资源。

⑥ 调用 curl_multi_close()，关闭多线程函数。

下面是一个例子，该例使用多线程函数同时访问 3 个网站，并将获取到的这些网站的内容保存到$res 数组中，然后输出$res 数组的值，代码如下。

```
<?
$connomains = array(                                      //设置请求的 URL（将这些 URL 保存到数组中）
    "http://www.cnn.com/",
    "http://www.canada.com/",
    "http://www.yahoo.com/ "
);
$mh = curl_multi_init();
foreach ($connomains as $i => $url) {
    $conn[$i]=curl_init($url);
    curl_setopt($conn[$i],CURLOPT_RETURNTRANSFER,1);    //不输出内容
    curl_multi_add_handle ($mh,$conn[$i]);               //添加 cURL 资源句柄
}
do { $n=curl_multi_exec($mh,$active); }
while ($active);
foreach ($connomains as $i => $url) {
    $res[$i]=curl_multi_getcontent($conn[$i]);           //将获取的内容保存在数组元素中
    curl_close($conn[$i]);     }                      //循环关闭每个 cURL 请求
print_r($res);                                        //输出获取的内容
?>
```

cURL 多线程函数还能用来检测网站中有多少个页面链接打不开，当需要检查大量的网页时，cURL 相对手工检测可节约大量的时间和人力。

cURL 检测网页是否能正常显示的原理是，使用 curl_getinfo($ch)函数对 curl 获取网页的执行结果进行检测，该函数的参数是一个 curl 句柄，返回值是一个数组，该数组包含了返回网页的各种信息，其中一个数组元素的索引值是[http_code]，如果该[http_code]的值为 404 或空就表明该网页打不开。下面是一个示例程序，关键代码如下。

```
    if($mhinfo=curl_multi_info_read($mh)){                  //如果获取网页成功
        $chinfo= curl_getinfo($mhinfo['handle'];            //获取网页执行的信息
        if(!$chinfo['http_code']){                          //如果 http_code 值为空
            $dead_urls[]=$chinfo['url'];}                   //将网页的 URL 保存到死链的数组中
        else if(!$chinfo['http_code']==404){                //如果网页找不到了
            $notfound_urls[]=$chinfo['url']; }              //将网页的 URL 保存在找不到的数组中
        else{
            $good_urls[]=$chinfo['url'];
        }}
```

习题

1. 下列（　　）函数可以用来打开或创建一个文件。

   A. open()　　B. fopen()　　C. fwrite()　　D. write()

2. fopen()函数的（　　）参数值表示打开一个文件进行读取并写入。

   A. w　　B. r　　C. w+　　D. r+

3. 如果要从文本文件中读取一个单独的行，应使用（　　），如果要读取二进制数据文件，应使用（　　）。

   A. fgets(), fseek()　　B. fread(), fgets()　　C. fgets(), fgetss()　　D. fgets(), fread()

4. file()函数返回的数据类型是（　　）。

   A. 数组　　B. 字符串　　C. 整型　　D. 根据文件而定

5. PHP 中删除文件的函数是（　　）。

   A. rm()　　B. del()　　C. unlink()　　D. drop()

6. PHP 中用来获取当前目录的函数是（　　）。

   A. cd()　　B. chdir()　　C. rmdir()　　D. getcwd()

7. 使用 fopen()函数刚打开一个文件时，文件指针指向（　　）。

   A. 文件开头　　B. 文件末尾

   C. 文件中间　　D. 根据该函数参数而定

8. 使用 fopen()函数时，打开文件的基本模式有________、________、________。

9. ________函数将文件指针移动到文件开头，________函数可检测文件指针是否到达了文件末尾的位置。

10. rename()函数除可以重命名文件或目录外，还有________功能。

11. 若要列出一个目录中的所有文件和子目录，可以使用________函数或________函数。

12. 在 PHP 中，读取文件内容有哪 4 种方式？

13. fopen()函数访问文件模式中的“w+”和“a+"有什么区别？

14. 如果知道一个网页的网址，如何将该网页的内容保存到一个字符串中？

15. 编写 PHP 程序，显示 C 盘根目录下的所有文件夹和文件的完整路径。

16. 编写程序，打开一个英文文本文件，然后将英文中的所有字母转换成大写字符，再存入一个新的文本文件 target.txt 中。

17. 不使用数据库，通过将留言保存在文本文件中，实现一个完整的网页留言板的功能。

18. 编写程序，用文件的方式实现投票系统，即将每个投票项目的票数均保存在一个文本文件中。

附录　实验

本课程宜采用理论课与上机实验课相结合的方式讲授，可在讲授完相关理论课内容后，安排 11 次实验课环节，如果实验课时不够，也可将部分实验内容作为课后作业。

A.1 实验 1：搭建 PHP 运行和开发环境

【实验目的】

了解 Web 应用程序的工作原理。掌握 AppServ 集成开发环境的安装；掌握 Apache 服务器的有关配置；学会使用 Dreamweaver 建立 PHP 动态站点；学会运行简单 PHP 程序的方法。

【实验准备】

在 Windows 下安装或提供以下软件：

① Dreamweaver；② AppServ 的安装包（不必安装）。

【实验内容和步骤】

（1）安装 AppServ，并查看 AppServ 安装后的目录，以及进入 phpMyAdmin 的主界面（步骤见 1.3.1 节的内容）。

（2）用记事本新建一个 PHP 文件，并运行（步骤见 1.3.2 节的内容）。

（3）设置 Apache 服务器的主目录为 E:\web，网站首页文件名为 default.php，端口为 88，并新建一个虚拟目录 E:\eshop（步骤见 1.3.3 节的内容）。

（4）在 DW 中新建一个 PHP 动态站点，新建完成后在 DW 代码视图中新建一个 PHP 文件，并能单击“预览”按钮运行（步骤见 1.4 节的内容）。

A.2 实验 2：PHP 语言基础

【实验目的】

了解 PHP 语言的基本语法和嵌入方法，了解 PHP 注释的使用方法，了解 PHP 的数据类型，掌握 PHP 常量、变量的定义及使用，理解变量的作用域和有效期，掌握 PHP 处理字符串的方法，掌握使用 PHP 的常用语句，掌握 PHP 数组的创建和使用方法。

【实验准备】

安装有 Dreamweaver 和 AppServ 的计算机，并且已在 Dreamweaver 中配置好 PHP 动态站点。

【实验内容和步骤】

（1）编写 4 个简单的 PHP 程序（程序见 3.1.2 节 3-1.php 至 3-4.php）。

（2）测试变量的作用域和有效期，编写 3.2.2 节中的 4 个程序，观察运行结果是否与书上所说的一致，并得出自己的结论。

（3）编写程序使用 3 种方法定义字符串（程序代码参考 3.3.2 节）。

（4）编写条件语句结构的程序（参照 3.4.1 节 3-5.php）。

（5）编写循环语句结构的程序（参照 3.4.2 节 3-6.php 至 3-9.php）。

（6）编写创建数组和引用数组元素的程序（参照 3.5.1 节和 3.5.2 节的内容）

（7）学有余力的同学本次实验可编写第 3 章后的编程题。

A.3 实验 3：函数的定义和调用

【实验目的】

了解函数的概念，学会创建和调用函数的方法。学会自定义函数中参数和返回值的使用方法。能运用函数解决实际问题。熟记 PHP 常用的内置函数。

【实验准备】

安装有 Dreamweaver 和 AppServ 的计算机，并且已在 DW 中配置好 PHP 动态站点。

首先要了解函数（Function）由若干条语句组成，用于实现特定的功能。函数包括函数名、若干参数和返回值。一旦定义了函数，就可以在程序中调用该函数。

【实验内容和步骤】

（1）练习使用 PHP 字符串处理内置函数（程序见 4.1.1 节例 4.1～例 4.3）。

（2）练习使用自定义函数（程序见 4.2.1 节例 4.4～例 4.8）

（3）自定义函数解决实际问题（编写第 4 章后的编程题 5～13 题）。

（4）在自定义函数时练习使用传值赋值和传地址赋值（程序代码参考 4.2.4 节）。

A.4 实验 4：面向对象程序设计

【实验目的】

了解面向对象程序设计的思想，学习定义和使用类的方法，理解构造函数和析构函数的功能。学习创建对象的方法，学会引用对象中的属性和方法。

【实验准备】

安装有 Dreamweaver 和 AppServ 的计算机，并且已在 Dreamweaver 中配置好 PHP 动态站点。

首先要了解面向对象编程是 PHP 采用的基本编程思想，它可以将属性和方法集成在一起，定义为类，通过对象可以调用类中的属性和方法，类还可以实现继承和多态。

【实验内容和步骤】

（1）练习定义类（参照 4.3.1 节 4-10.php）。

（2）在类中添加构造函数和析构函数（参照 4.3.1 节 4-11.php）。

（3）练习定义对象。

（4）练习使用对象引用类中的属性和方法（参照 4.3.1 节 4-12.php）。

（5）编写类的继承的程序（参照 4.3.2 节 4-13.php）。

（6）编写类的多态的程序（参照 4.3.2 节 4-14.php）。

A.5 实验 5：获取表单及 URL 参数中的数据

【实验目的】

理解 GET 和 POST 两种 HTTP 请求发送的基本方式。学会使用$_POST 或$_GET 获取表单中的数据，学会获取表单中一组复选框的数据。学会设置和获取 URL 字符串数据，学会使用$_SERVER[]获取环境变量信息。

【实验准备】

安装有 Dreamweaver 和 AppServ 的计算机，并且已在 Dreamweaver 中配置好 PHP 动态站点。

首先要了解浏览器发送 HTTP 请求有 GET 和 POST 两种基本方式，获取不同的 HTTP 请求信息需要使用不同的超全局数组。

【实验内容和步骤】

（1）编写表单页面及获取表单数据的程序（程序见 5.1.1 节 5-1.php 和 5-2.php）。

（2）改写 5-1.php 和 5-2.php，将表单页面和获取表单数据的程序写在一个文件中（程序见 4.1.1 节 5-3.php）。

（3）编写复杂的表单页面和获取有复选框的表单数据程序（程序见 5.1.1 节 5-4.php 和 5-5.php）。

（4）编写一个简单计算器程序，具体要求见第 5 章后的习题。

（5）改写 5-1.php 和 5-2.php，采用 GET 方式发送，并采用$_GET 接收数据。

（6）编写使用$_GET[]获取 URL 字符串信息的程序（程序见 5.1.3 节 5-8.php 到 5-10.php）。

A.6 实验 6：Session 和 Cookie 的使用

【实验目的】

了解会话处理技术产生的背景；了解 Session 的工作原理；了解 Cookie 的工作原理；学习设置、获取和删除 Session 变量的方法；学习设置、读取和删除 Cookie 变量的方法。

【实验准备】

安装有 Dreamweaver 和 AppServ 的计算机，并且已在 Dreamweaver 中配置好 PHP 动态站点。

首先要了解由于 HTTP 是一个无状态协议而造成的问题，以及常用的解决方案，包括 Session 和 Cookie。了解 Session 可以实现客户端和服务器的会话，Session 数据以“键-值”对的形式存在于服务器内存中。了解 Cookie 是 Web 服务器存放在用户硬盘中的一段文本，其中存储着一些“键-值”对信息，每个网站都可以向用户机器上存放 Cookie，每个网站都可以读取自己写入的 Cookie。

【实验内容和步骤】

（1）练习设置和获取 Session 变量信息（程序见 5.3.1 节 5-12.php 和 5-13.php）。

（2）编写利用 Session 限制未登录用户访问的程序（程序见 5.3.3 节 5-14.php 和 5-15.php）。

（3）编写通过删除 Session 实现用户注销功能的程序（程序见 5.3.4 节 5-16.php）。

（4）练习创建和修改 Cookie 变量（程序见 5.4.1 节 5-17.php 和 5.4.2 节 5-18.php）。

（5）编写使用 Cookie 实现用户自动登录的程序（程序见 5.4.5 节 5-19.php 和 5-20.php）。

（6）编写利用 Cookie 记录用户浏览路径的程序（程序见 5.3.3 节 5-21.php 和 5-22.php）。

A.7 实验 7：MySQL 数据库的管理

【实验目的】

了解数据库的基本概念，学会使用 MySQL 数据库管理工具 phpMyAdmin 和 Navicat for MySQL，学会创建和维护数据库及表，学会迁移数据库。了解 MySQL 数据库中常见的几种数据类型，学会使用基本的 SQL 语句进行查询。

【实验准备】

安装有 Dreamweaver、AppServ 和 Navicat for MySQL 的计算机，并且已在 Dreamweaver 中配置好 PHP 动态站点，以及“夏日 PHP 新闻系统”源程序包和的 Access 数据库文件（.mdb）

首先要了解数据库由若干个表组成，每个表中含有若干个字段，定义表时必须定义每个字段的字段名、数据类型、长度等（通常还必须定义主键和自动递增字段）。

【实验内容和步骤】

（1）使用 phpMyAdmin 创建数据库 test（步骤见 6.2.1 节的内容）。

（2）使用 phpMyAdmin 创建两个表 lyb 和 admin(id, user, pw)，并向表中添加数据（步骤见 6.2.1 节的内容）。

（3）使用 phpMyAdmin 导出和导入数据（步骤见 6.2.2 节的内容）。

（4）使用 Navicat for MySQL 管理数据库，包括新建数据库和新建表，导出和导入数据，将 Access 数据库转换成 MySQL 数据库等（步骤见 6.2.3 节的内容）。

（5）部署一个 PHP 网站“夏日 PHP 新闻系统”（步骤见 6.2.3 节的介绍）。

A.8 实验 8：在 PHP 中访问 MySQL 数据库

【实验目的】

熟记使用 PHP 访问 MySQL 数据库的步骤。学习使用 mysql_connect()函数连接 mysql 数据库服务器，学习使用 mysql_select_db()函数选择数据库，学习使用 mysql_query 函数设置字符集，学习使用 mysql_query()函数创建结果集，学习使用 mysql_fetch_assoc()读取结果集中记录到数组，学习输出结果集中的记录到页面上，学习使用 mysql_query()函数添加、删除、修改记录。

【实验准备】

安装有 Dreamweaver 和 AppServ 的计算机，已经在 Dreamweaver 中配置好 PHP 动态站点，并且 MySQL 数据库中已经存在 guestbook 的数据库。

要了解各种 mysql_*函数的功能，其输入参数个数和类型，以及返回值的类型。要掌握通过超链接传递记录 id 的方法。

【实验内容和步骤】

（1）使用 PHP 连接数据库服务器、设置字符集与选择数据库（程序见 7.1.1 节清单 7-1）。

（2）编写创建结果集并以表格形式输出数据的程序（程序见 7.1.2 节清单 7-2）。

（3）在清单 7-2 的基础上添加显示总共有多少条记录的功能。

（4）编写使用 mysql_query()方法执行 Insert、Delete、Update 语句的程序（程序见 7.1.2 节清单 7-3 至清单 7-5）。

（5）编写添加、删除和修改记录综合实例的程序（程序见 7.3 节清单 7-6 至清单 7-12）。

（6）编写查询记录的程序（程序见 7.2.6 节清单 7-8.php）。

A.9 实验 9：分页程序的设计

【实验目的】

了解分页程序实现的步骤，学会分页显示结果集的方法，即在数据库端实现分页和在 Web 服务器端实现分页。学会将分页功能写成函数；学会对条件查询的结果集进行分页显示。

【实验准备】

安装有 Dreamweaver 和 AppServ 的计算机，已经在 Dreamweaver 中配置好 PHP 动态站点，且 MySQL 数据库中已经存在 guestbook 的数据库。

【实验内容和步骤】

（1）编写程序在表格中只显示第 3 页的记录（每页显示 4 条记录），参考 5.4.1 节的程序。

（2）编写分页显示程序的完整代码（程序见 7.3.1 节 7-13.php）。

（3）编写通过移动结果集指针进行分页的程序（程序见 7.3.1 节 7-14.php）。

（4）将分页程序写成函数并进行调用完成 7-14.php 的功能（程序见 7.3.3 节 7-15.php）。

（5）编写对查询结果进行分页的程序（程序参考 7.3.2 节）。

（6）编写可设置每页显示记录数的分页程序（程序见 7.3.4 节 7-16.php）。

A.10 实验 10：使用 mysqli 函数访问数据库

【实验目的】

了解 PHP5 提供的一组 mysqli 函数；学会以面向对象的方式调用 mysqli 函数；学习使用 mysqli 函数连接 MySQL 数据库，创建结果集，显示数据到页面，添加、删除、修改记录等功能。

【实验准备】

安装有 Dreamweaver 和 AppServ 的计算机，已经在 Dreamweaver 中配置好 PHP 动态站点，并且 MySQL 数据库中已经存在 guestbook 的数据库。

【实验内容和步骤】

（1）在 php.ini 文件中启用 mysqli 函数（步骤见 7.4 节）。

（2）编写程序使用 mysqli 函数连接数据库并设置字符集（程序参考 7.4.1 节）。

（3）编写程序创建结果集并显示数据到页面上（程序见 7.4.3 节 7-17.php）。

（4）编写程序使用 mysqli 函数同时执行多条 SQL 语句（程序见 7.4.4 节 7-18.php）。

（5）利用 mysqli 函数改写 5.3 节中清单 7-6 至清单 7-12 的所有程序，实现添加、删除和修改记录。

（6）利用 mysqli 函数制作新闻网站（程序参考 7.5 节）。

A.11 实验 11：使用 PDO 访问数据库

【实验目的】

了解 PDO 访问数据库的原理；熟记常用的 PDO 函数及其常用方法和属性，能使用 PDO 函数连接数据库、创建结果集、添加删除数据等。

【实验准备】

安装有 Dreamweaver 和 AppServ 的计算机，并且已在 Dreamweaver 中配置好 PHP 动态站点。

【实验内容和步骤】

（1）编写用 PDO 连接数据库的程序 conn.php（程序见 7.6.2 节）。

（2）编写用 PDO 在网页上显示结果集中所有记录的程序（程序见 7.6.3 节）。

（3）使用 PDO 方法添加、删除、修改记录（参考程序见 7.6.5 节）。

（4）使用 Prepare 方法执行预处理语句（程序见 7.6.6 节中的例 7.4）。

（5）使用 PDO 编写制作博客系统的程序（程序见 7.7 节）。